零起点学习单片机
多语言编程

杨西明　朱　骐　主编

机械工业出版社

本书遵循"以工作过程为导向"的理念，以读者为本，构建了一个做中学、学中做、用中学、学中用的学习环境。本书立足于自学化、可操作化，小步递进，积累提高，同时又不减少必要的理论知识的讲解，是一本零起点的技术入门、理论和操作紧密结合的练习指导用书。本书内容包括学习用实验板的组成及实际装焊方法，宏指令编程基础和宏指令编程练习，MCS51 系列单片机汇编语言编程，以及嵌入式 C 语言编程等。

　　本书适合广大电子爱好者及单片机自学者阅读，特别适合高等、中等职业学校学生，以及少年宫、科技馆的学生作为练习指导。

图书在版编目（CIP）数据

零起点学习单片机多语言编程/杨西明，朱骐主编. —北京：
机械工业出版社，2014.8
　ISBN 978 - 7 - 111 - 47138 - 7

　Ⅰ.①零…　Ⅱ.①杨…②朱…　Ⅲ.①单片微型计算
机 - 程序设计　Ⅳ.①P368.1②TP312

中国版本图书馆 CIP 数据核字（2014）第 134765 号

机械工业出版社（北京市百万庄大街22 号　邮政编码 100037）
策划编辑：徐明煜　责任编辑：徐明煜　任　鑫
版式设计：霍永明　责任校对：任秀丽
封面设计：陈　沛　责任印制：刘　岚
北京京丰印刷厂印刷
2014 年 8 月第 1 版·第 1 次印刷
169mm×239mm·20.25 印张·410 千字
0 001—3 000 册
标准书号：ISBN 978 - 7 - 111 - 47138 - 7
定价：49.90 元

凡购本书，如有缺页、倒页、脱页，由本社发行部调换
电话服务　　　　　　　　　　网络服务
社服务中心：(010) 88361066　教 材 网：http://www.cmpedu.com
销 售 一 部：(010) 68326294　机工官网：http://www.cmpbook.com
销 售 二 部：(010) 88379649　机工官博：http://weibo.com/cmp1952
读者购书热线：(010) 88379203　**封面无防伪标均为盗版**

前　　言

近年来，单片机技术与应用都有了重要的发展。在单片机领域新推出了C8051F 系列。它是一个典型的 SoC（片上系统）单片机，性能优越，且与 8051 指令兼容。现在甚至 ARM 架构的 32 位嵌入式处理器也有了低价机，有进入低端市场的趋势。由于移动互联网、物联网、智能手机、WiFi（无线高保真）的大量应用，信息技术已经成为加速传统工农业和服务业发展的重要条件。嵌入式系统（包括单片机）是信息技术应用的重要基础。

本书遵循"以工作过程为导向"的理念，以读者为本，构建了一个做中学、学中做、用中学、学中用的学习环境。本书立足于自学化、可操作化，小步递进，积累提高，同时又不减少必要的理论知识的讲解，是一本零起点的技术入门、理论和操作紧密结合的练习指导用书。本书适合广大电子爱好者及单片机自学者阅读，特别适合高等、中等职业学校的学生，以及少年宫、科技馆的学生作为练习指导。

多语言是指宏指令汇编语言、MCS51 系列汇编语言和嵌入式 C 语言编程。本书第一章介绍了学习用实验机的组成及实际装焊方法，引入了宏指令编程的概念，宏指令汇编语言编程特别适合于零起点的读者。它具有上手快、实用、简单的特点。第二章是大量宏指令编程练习。第三章介绍 MCS51 系列单片机汇编语言编程。由于 MCS51 系列机具有典型结构，而 MCS51 汇编语言是理解单片机结构的有利工具。书中结合实际操作，深入浅出地讲解了定时器/计数器、中断、串行接口通信和常用指令的使用，以及汇编语言程序的软仿真调试方法。第四章介绍了嵌入式 C 语言的编程，并通过实例讲解了嵌入式 C 语言基础，围绕学习机硬件练习了 C 语言编程方法。书中介绍的 Keil C51 的软仿真调试功能可以为读者在工作过程中验证各种应用设想，建立一个先期的评估模型，从而节约实验所需的大量器材和时间。学习是为了更好的工作，更好的上岗，并从事单片机的开发与应用，但对于初学者，一步跨入是非常困难的，而本书所介绍的实际机器的装调及编程就是初学者们很好的入门阶梯。

本书由杨西明、朱骐主编，参加编写工作的还有薛炳楠、孟宪刚、罗海红、杨莹、哈文、王建宇、宋丹、查力、费全玲、张玉兰、田兆英等。本书在编写过程中还学习和参考了很多 C 语言和单片机方面的书籍、资料，在此特向作者表示感谢。由于编者水平有限，书中的缺点和错误在所难免，欢迎各位读者、老师批评指正。

读者查询本书的有关器材情况请联系：

单　　位：北京市实验职业学校

地　　址：北京市西城区广外大街三义里 5 号

邮　　编：100055

电　　话：（010）52990911—8627

手　　机：15726600353　　18610984152

电子邮箱：ximingyang@ sohu. com　　zhuqi-321@ 163. com

联 系 人：杨西明　朱　骐

目　　录

前言
第一章　单片机实验机 ……………………………………………………………… 1
　第一节　初识单片机 ……………………………………………………………… 1
　　一、引论 …………………………………………………………………………… 1
　　二、嵌入式系统 …………………………………………………………………… 1
　　三、单片机的基本组成 …………………………………………………………… 2
　　四、单片机实验机 ………………………………………………………………… 3
　第二节　实验机 DIY ……………………………………………………………… 4
　　一、DIY 准备 ……………………………………………………………………… 4
　　二、DIY 操作 ……………………………………………………………………… 9
　　三、实验机的检验 ………………………………………………………………… 11
　第三节　编程准备 ………………………………………………………………… 12
　　一、单片机程序设计语言概述 …………………………………………………… 12
　　二、二进制数与十六进制数 ……………………………………………………… 13
　　三、简易汇编语言 ………………………………………………………………… 14
　　四、宏指令集说明 ………………………………………………………………… 15
　　五、宏指令集 ……………………………………………………………………… 15
　　六、宏指令程序操作示例 ………………………………………………………… 17
　第四节　连接 PC …………………………………………………………………… 21
　　一、PC 连接检验 ………………………………………………………………… 21
　　二、在 PC 上编程举例 …………………………………………………………… 23
　第五节　8051 汇编语言源程序下载 ……………………………………………… 31
　　一、集成开发环境 IDE 的使用 ………………………………………………… 31
　　二、软仿真调试 …………………………………………………………………… 35
　　三、ISP …………………………………………………………………………… 36
　第六节　C51 语言源程序下载 …………………………………………………… 38
　第七节　实验机信息 ……………………………………………………………… 39
　　一、实验机整机电路原理图 ……………………………………………………… 39
　　二、实验机元器件表 ……………………………………………………………… 39
　　三、二进制数与计算机 …………………………………………………………… 39
　　四、数制与运算 …………………………………………………………………… 43
　　五、中、小规模数字集成电路介绍 ……………………………………………… 48
第二章　宏指令汇编语言 ………………………………………………………… 50
　第一节　I/O 接口位状态指令 …………………………………………………… 50

一、I/O 接口位状态指令实例 ………………………………………………… 50
二、汇编语言 ………………………………………………………………… 51
三、指令学习 ………………………………………………………………… 51
四、I/O 接口位状态指令编程练习 ………………………………………… 56
五、应用举例 ………………………………………………………………… 61
六、宏指令集 ………………………………………………………………… 64
第二节 显示器赋值指令 …………………………………………………… 66
一、显示器赋值指令实例 …………………………………………………… 66
二、指令学习 ………………………………………………………………… 66
三、显示器赋值指令编程练习 ……………………………………………… 68
四、应用举例 ………………………………………………………………… 69
五、显示器显示相关指令应用 ……………………………………………… 75
第三节 转移指令 …………………………………………………………… 76
一、转移指令实例 …………………………………………………………… 76
二、指令学习 ………………………………………………………………… 76
三、编程练习 ………………………………………………………………… 80
四、应用举例 ………………………………………………………………… 86
第四节 端口读、判指令 …………………………………………………… 96
一、端口读、判指令实例 …………………………………………………… 96
二、指令学习 ………………………………………………………………… 97
三、端口读、判指令编程练习 ……………………………………………… 99
四、应用举例 ………………………………………………………………… 101
第五节 位传送、操作指令 ………………………………………………… 103
一、位传送、操作指令实例 ………………………………………………… 103
二、指令学习 ………………………………………………………………… 104
三、编程练习 ………………………………………………………………… 107
四、实际举例 ………………………………………………………………… 109
第六节 乐曲编程指令 ……………………………………………………… 110
一、乐曲编程指令实例 ……………………………………………………… 110
二、简谱基础知识 …………………………………………………………… 112
三、指令学习 ………………………………………………………………… 113
四、编程练习 ………………………………………………………………… 117
五、应用举例 ………………………………………………………………… 120
第三章 MCS51 系列单片机汇编语言 ……………………………………… 123
第一节 I/O 接口操作指令 ………………………………………………… 123
一、I/O 接口按口输出操作 ………………………………………………… 123
二、I/O 接口按口输入、输出操作 ………………………………………… 131
三、I/O 接口位输出操作 …………………………………………………… 132
四、I/O 接口位输入操作 …………………………………………………… 137

　　五、MCS51 系列单片机 I/O 接口按口操作指令 ················· 139
　　六、MCS51 系列单片机 I/O 接口按位（线）操作指令 ············· 139
　　七、应用举例 ··· 139
第二节　转移指令 ··· 141
　　一、无条件转移指令 ··· 141
　　二、条件转移指令 ··· 144
　　三、应用举例 ··· 153
第三节　数码显示器操作指令 ··· 158
　　一、数码管静态显示操作 ··· 159
　　二、数码管动态显示操作 ··· 166
　　三、编程练习 ··· 171
　　四、实际应用 ··· 176
第四节　中断、计数器/定时器、串行通信的应用 ························· 178
　　一、中断 ··· 178
　　二、定时器/计数器（TC0/TC1）的定时功能 ··················· 186
　　三、定时器/计数器（TC0/TC1）的计数功能 ··················· 196
　　四、串行通信 ··· 201
　　五、应用举例 ··· 209
第五节　汇编语言的软仿真调试 ······································· 212
　　一、汇编语言的软仿真软件 ······································· 212
　　二、I/O 接口软仿真调试 ··· 212
　　三、间接寻址软仿真调试 ··· 214
　　四、提取存储器代码软仿真调试 ··································· 215
第六节　MCS51 系列单片机芯片介绍 ································· 217
　　一、MCS51 系列单片机的指令系统 ······························· 218
　　二、MCS51 系列单片机汇编语言 ································· 225
　　三、汇编语言程序的基本结构 ····································· 226
　　四、MCS51 系列单片机 ··· 227

第四章　嵌入式 C 语言基础 ··· 234
第一节　C 语言初步 ··· 234
　　一、嵌入式 C 语言特点 ··· 234
　　二、第一个 C 语言源程序 ··· 235
　　三、编译预处理 ··· 238
　　四、头文件 reg51.h ··· 239
第二节　数据运算 ··· 241
　　一、赋值运算 ··· 241
　　二、算术运算 ··· 241
　　三、增量运算 ··· 242
　　四、关系运算和逻辑运算 ··· 244

五、位运算 ·· 245
六、条件运算 ··· 247
七、运算顺序 ··· 248
第三节 流程控制 ··· 248
一、C 语言的流程控制语句分类 ····················· 248
二、分支语句 if-else ···································· 248
三、开关分支语句 switch-case ······················· 251
四、for 语句 ·· 253
五、循环语句 while ····································· 255
六、循环语句 do-while ································· 257
第四节 数组 ·· 258
一、一维数组练习 ······································· 259
二、多维数组 ··· 260
第五节 函数 ·· 262
一、函数的特点 ·· 262
二、函数的定义 ·· 263
三、函数的数据传送 ····································· 264
四、关于变量的作用范围 ······························ 267
第六节 指针 ·· 267
一、基本概念 ··· 267
二、指针与数组 ·· 268
三、举例 ··· 268
第七节 编程练习（一）································· 272
一、LED 灯 ·· 272
二、数码管静态显示器 ·································· 276
三、独立键应用 ·· 282
第八节 编程练习（二）································· 285
一、定时器/计数器 ······································ 285
二、关于中断的概念 ····································· 290
第九节 编程练习（三）································· 305
一、I²C 总线器件 ·· 305
二、24C02 编程 ·· 305
第十节 编程练习（四）································· 308
一、8051 系列单片机与 PC 通信 ····················· 308
二、应用举例 ··· 312
参考文献 ·· 316

第一章 单片机实验机

第一节 初识单片机

一、引论

单片机就是单一芯片的微计算机，国外称它为微控制器或微控制单元（Micro Control Unit，MCU），主要应用于机器控制。当时，由于大量工业设备对控制系统的需要，迫切要求有一种具有软件控制功能的芯片来担负此任务，微控制器应运而生。它将微计算机的基本功能集成在一块小小的芯片上，这种结构使其使用非常灵活，可以"嵌入"任何控制对象内，组成具有计算机功能的控制系统。在纯电子系统中引入了软件，从而导致了一系列新的品质，如可以在不改变任何硬件的条件下，提高产品的性能；可以在产品临出厂前"嵌入"当时市场所需的要求，紧跟市场，避免产品积压；在同样产品下，可增加多样性，满足市场需要。这是一个重大的改变。由于巨大的经济价值，直到现在其发展前景仍然方兴未艾。在信息化、数字化的大规模应用浪潮中，学习它是非常有意义的。

与通用计算机软件的学习有所不同，单片机的软件和硬件结合非常紧密，如何确定要进行综合比较。这就要求系统设计者具备较全面的知识，这些既是它的特点也是它的难点。因而，要学习好单片机，必须多实践、多操作，在实际操作中理解理论。为此，一块适合初学者的单片机实验机就是必需的硬件。本章重点介绍单片机实验机的装焊和检验。但在实际动手前，为了能顺利地进行下面的学习，明确一些基本概念以及有关的术语是非常必要的。

二、嵌入式系统

所谓嵌入式系统，就是将包含计算机软件的微处理器（Micro Processor Unit）芯片，"嵌入"到被控对象内，执行各种控制功能。在当前移动互联网、物联网及智能化产品发展的大背景下，嵌入式系统正是这些应用技术中的最核心部分，发展迅速。据相关网站统计，短短几年里，32 位 ARM（Advanced RISC Machine）微处理器芯片已售出超过 100 亿片。平板电脑、智能手机、机器人等均大量地应用微处理器。由于 ARM 微处理器功耗很低，故非常适合移动设备。它与无线高保真传输技术（Wireless Fidelity，WiFi）结合，让手机、笔记本电脑等终端可以近距离进行无线互联，从而促进了移动互联网的飞快发展。

单片机组成的控制系统也属于嵌入式系统，是较简单的一种。但它却是进入这一领域的学习捷径。

三、单片机的基本组成

单片机是将 CPU + ROM + RAM + I/O 集成在一块小小的芯片上（见图 1-1），这种结构使用非常灵活，可以"嵌入"任何控制对象内，组成嵌入式系统。本实验机所用的单片机芯片有两种：STC89C51RC 和 AT89S51/52。

从结构上看，单片机可分为以下几部分：

1）中央处理机（Center Processor Unit，CPU）。它包括一个独立的指令系统，负责执行程序存储器中存入的指令，对输入/输出的信息进行处理。普遍的简单应用以 4/8 位为主体，8051 系列单片机即属于 8 位机。

2）程序存储器。单片机中的片内程序存储器是一种可编程可擦除的只读存储器。运行时不能写入，只能读出信息。它可以由用户使用软件电擦除/写入，擦/写速度很快，并具有非易失性，掉电后存储的信息，能长久保持，并且可加密。这项技术被称为"Flash（闪速）"，现已被广泛应用在单片机当中。

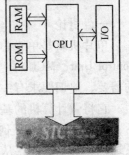

图 1-1 MCU 组成

3）随机存取存储器（Random Access Memory，RAM）。常作为随机数据读/写使用。片内 RAM 单元负责保存各种寄存器的内容，也作为指令运行中的数据缓冲区，一般容量很小，为 256B ~ 4KB。RAM 可以任意擦/写为"0"或"1"状态，存取速度很快。它具有易失性，掉电后信息不能保存。

片外 RAM 是对片内 RAM 的扩展。当需要大量处理随机信息时，就有必要扩展片外存储器。片外 RAM 可以使用并行 RAM（例如 6264/62256 等），其存取速度很快，但也具有易失性，掉电后信息不能保存。

片外 RAM 也可用 I^2C 存储器。这是一种串行 E^2PROM，全称为电可擦除可编程只读存储器（Electrical Erase Programming Read Only Memory）。它按照 I^2C 总线协议进行电读/写，特点是可以任意按字节擦/写，也可按位擦/写。既可以由"1"写为"0"状态，也可以由"0"写为"1"状态。其读/写速度慢，但具有非易失特性，在掉电后信息可长期保存，常作为单片机外部电子盘存储信息。

4）输入/输出端口（Input/Output，I/O 端口）。单片机的端口与 PC 的端口有很大不同。PC 的端口（如串行接口 RS232，并行接口 LTP 以及 USB）必须编程才能应用，透明度差，应用有一定的难度，适合大量信息的传送。单片机的端口是一种二进制逻辑口，可通过编程设置它的状态。可以设为"1"，也可以设为"0"。用简单的指令即可以控制端口的状态，可以直接对外围电子元器件进行逻辑控制，与被控对象的结合非常紧密。

通用计算机的 CPU 主要是进行高速数据处理。对于机器的直接控制任务，必须寻求一种能直接控制电子器件的低成本的具有 CPU 功能的芯片，为解决这个任务，导致了单片机的出现。

单片机体积很小，可以直接"嵌入"到机器的控制板上，实际上就是将计算机系统嵌入到机器内，组成所谓的"嵌入式系统"。芯片内的控制程序可以方便地进行改变，即在电子硬件系统中引入了"软件"，极大地提升了电子控制系统的水平。MCU 的出现，起到了划时代的作用。其发展方兴未艾，特别是 32 位 MCU/MPU，更是具有极广阔的发展前景。

四、单片机实验机

1. 实验机特点

1) 三阶段学习。在开始进行单片机编程的学习时，若直接进入 8051 汇编语言，对于初学者特别是自学的读者，一方面指令多，另一方面对逻辑硬件也较生疏，会遇到较大的困难。而直接学习 C51 编程，也要求对 8051 的硬件结构有一定了解。总之，对于初学者都不是一件轻松的事情。为此，本书所介绍的使用实验机学习分为三个阶段：

第一阶段，简易汇编语言编程。本机引入了一组"宏"指令集，共有 30 条，每条"宏"由多条 51 指令组成，其功能强、指令简单，只要几条就可以完成相应的功能。可直接在本机输入机器代码编程，这给输入、编辑带来很大方便。可以立即观察执行的效果，增加学习兴趣，增强学习信心。本机可用 4 节可充电电池作为电源，在普通房间即可进行学习，无需 PC 支持。

本阶段的学习，将为轻松进入下一步提供良好的支持。

第二阶段，8051 汇编语言编程。本阶段以通用性强的 8051 单片机为目标，以本机自带的硬件资源为条件，在 Keil μVision 2 开发平台的支持下，通过边操作、边理解，硬件、软件紧密结合，可以使读者较快地熟悉 8051 汇编语言编程，同时也熟悉 8051 的典型硬件结构。

第三阶段，嵌入式 C 语言编程。分为两步：第 1 步，结合基础知识进行各种语句练习。第 2 步，进行与汇编语言对应的编程练习，较快地熟悉 C51 编程。

2) 采用插座结构。本机为保证灵活性，所有集成电路芯片均采用 IC 插座，对阻容元件不用贴片，而用插装。一旦芯片发生故障，可以很容易地进行调换。

3) 容易扩展。机器装有 2×20 双排插针，用杜邦线可以很方便地与板外部件连接，进行外围扩展。

2. 实验机组成

整机组成如图 1-2 所示。

1) 单片机。单片机的型号为 STC89C51RC，程序存储器容量 4KB，内部 RAM 的容量为 256B，指令与 8051 全部兼容。一片单片机内置"宏指令"解释程序，可以执行"宏"汇编程序。

2) 存储器。一片 24C02 用于存储用户自编写的"宏"指令程序代码，这是一款 E^2PROM 型串行可直接电擦/写的非易失性存储器，掉电后信息可长期保存。

3) 显示器。由两片 74HC164 串行移位寄存器控制两个共阳极数码管组成，作为地址和数据的显示器。

4）键盘。由 6 只按键进行程序的输入、编辑和执行。

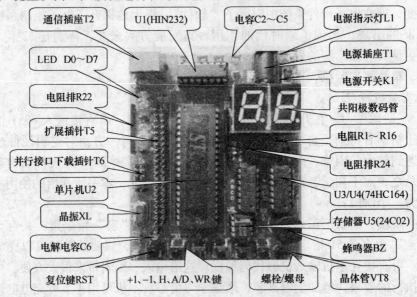

图 1-2　实验板整机组成

5）声音。一只 PNP 型晶体管控制蜂鸣器发声，可输出报警声和乐曲声。

6）与 PC 连接。由一片 MAX232 芯片与 PC 进行通信。可以外加一个 USB/RS232 转换器与 PC 的 USB 口连接，在软件的支持下将程序下载到 STC89C51RC。

7）可以通过本机自带（T6）10 针插针，用专用下载线与并行接口 LPT 连接，在软件的支持下对 AT89S51/52 编程，擦除和写入新程序。

8）可用 5V 稳压电源作为实验机电源，也可用 4 节充电电池作为电源，还可用 USB 本身的 5V 电源。

第二节　实验机 DIY

一、DIY 准备

所谓 DIY（Do It Yourself）即自己做。对学习 MCU 来说，自己装焊一块实验电路板可以学习到许多有关的实际技能，同时对后面的编程学习也是非常重要的。要实现 DIY 并不困难，只要具备基本的电子电路的焊接技能，了解电子元器件的基础知识，会使用多用表（万用表），就可以按照本书的步骤完成本单片机实验机的自装，并能顺利地投入使用。

1. 工具准备

DIY 前，应准备下列工具：

1）25 ~ 30W 内热式尖头电烙铁 1 把；

2）高质量直径为 0.8mm 的焊锡丝 1 轴；

3）电烙铁焊接支架 1 个；

4）平板整形锉 1 把；

5）尖嘴钳 1 把；

6）斜口钳 1 把；

7）镊子 1 把；

8）十字小螺钉旋具 1 把；

9）酒精，擦拭布条；

10）液晶数字多用表 1 块；

11）鳄鱼夹子若干；

12）5 号可充电电池 4 节（1800mA·h）；

13）5V 直流稳压电源一个（1A）。

2. 外观初检

当拿到本单片机实验板的全部元器件、资料和光盘后，请按装箱单检验全部物品是否齐全，最好用一块白纸作为铺垫，以免元器件因疏忽丢失。首先进行外观检查。查看元器件、接插件、印制电路板是否完好，数量是否正确，有无明显缺陷。

（1）电阻的色环标示法

由于电子电路正向低电压、低功耗方向发展，所以电阻的体积也越来越小，在电阻上用数字表示阻值就很困难了。用色环表示阻值和准确度既方便又美观。电阻色环表如图 1-3 所示。

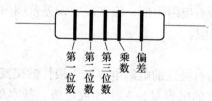

色标	有效数字	乘数	偏差(%)	色标	有效数字	乘数	偏差(%)
黑	0	10^0		蓝	6	10^6	
棕	1	10^1	F(±1)	紫	7	10^7	(±0.1)
红	2	10^2	(±2)	灰	8	10^8	
橙	3	10^3		白	9	10^9	
黄	4	10^4		金		10^{-1}	J(±5)
绿	5	10^5	D(±5)	银		10^{-2}	(±10)

图 1-3　电阻色环表

金属膜电阻外形如图 1-4 所示。

（2）电阻的识别

1）首先确定电阻的等级。米黄色表示碳膜电阻，偏差为 ±5%，在本机中不采用。浅蓝色表示金属膜电阻，偏差为 1% ~ 2%，是本机所用。黑色表示电阻排。

图1-4　金属膜电阻外形

2）确定第 1 环的位置。距电阻引出端最近的色环就是第 1 环。一般用 5 色环表示阻值和准确度。

3）确定色环的颜色。电阻的色环共有 12 种颜色，识别时，必须准确识别从第 1 环到第 4 环的颜色，在准确判定色环的颜色排列后，下一步就是按色环表读出阻值和准确度。

4）确定电阻阻值和准确度。

例如，一只浅蓝色金属膜电阻，用 5 环标示。第 1 环为橙色，第 2 环为白色，第 3 环为黑色，第 4 环为黑色，第 5 环为棕色。查表可知第 1、2、3 环是有效数字，顺次排列应是 390，第 4 环是乘数 $10^0 = 1$，它的阻值应为 $390 \times 1\Omega = 390\Omega$。第 5 环为棕色，表示偏差为 F（ ±1% ），它的合格范围应为 386 ~ 394Ω，用数字万用表测量它的实际阻值为 390Ω，在合格范围内，证明金属膜电阻准确度较高。

3. 电阻的检测

在测量时，要先选择大于被测阻值的量程。例如测量 4.7kΩ 电阻应选 R×10k 电阻挡，然后用左手将表笔的金属棒与电阻的一端紧捏在一起，将另一支表笔的金属棒碰触电阻的另一端。注意，另一端不要与手接触，以免影响测试结果，然后读出结果。

对电阻排一般是黑色的，有白色圆形标志的一端为电源端，其他 8 个引脚是电阻端，用数字万用表分别测试 8 个电阻端与电源端之间的阻值，偏差应在 ±10% 之内。

用数字万用表测量所有电阻阻值，应在规定误差范围内。本机所用的电阻，均为功率为 1/8W 的小型电阻。

4. 电容的标注

从结构原理上可分为有极性的电解电容和无极性的交流电容两种。电容器需要标注两个数值，一个是它的电容量，有 3 种数量级。基本单位是微法（μF）。1nF $= 10^{-3}\mu F$，1pF $= 10^{-6}\mu F$。另一个是额定电压值，例如 16V 或 25V。对于电解电容，由于体积较大，可直接在电容上标出电容量和额定电压值，例如 220μF/16V 或 4.7μF/50V。对于无极性的交流电容，由于体积小，一般用数字表示，例如 103 表示电容量为 $10 \times 10^3 pF = 10^4 \times 10^{-6}\mu F = 0.01\mu F$。100 表示 $10 \times 10^0 pF = 10pF$。一般无极性交流电容的额定电压值都是 50V，不进行标注。电容外形如图 1-5 所示。

电容　　晶体管

发光二极管

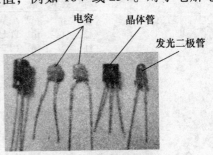

图 1-5　电容，晶体管，
发光二极管外形图

5. 电容的检测

由于电容量准确度对整机影响不大，在装机前可用万用表做粗略检测。对电解电容，先将数字万用表放在 R×10k 电阻挡，用镊子将电容两端短接放电，然后测电容两端电阻，由于充电电流的作用，电阻值立即变小，以后充电电流慢慢变小，电阻值上升到最大值，超出量程，充电电流为零。可根据变化的时间粗略判断电容量的大小。电容量大，充电时间就长；电容量小，充电时间就短。若最后数字万用表的显示不能超出量程，说明电容存在漏电，耐压条件不合格，不能使用。如果出现短路就更不行了。对于电解电容，要特别注意它的极性和标示电压。一般情况下，长引脚是正极。标示电压就是额定电压，使用电压应是额定电压的 1/2 或 1/3。

对于无极性交流电容，本实验机有两种类别：一种是独石电容（本实验机中 C1～C5），另一种是小容量瓷片电容（本实验机中 C7 和 C8）。用万用表 R×10k 挡，检测电容两个引脚的电阻（手不要碰表笔），只要不通即可。若有指示，说明可能存在漏电，应进行调换。

6. 发光二极管的检测

发光二极管的全称是光发射二极管（Lighting Emitting Diode，LED）。它具有单向导电性，正向工作电压为 2～3V，工作电流约为 10mA，主要用于发光指示。用很小的功率就能发出鲜艳的光，广泛地用于各种显示设施上。其外形图见图 1-5。

发光二极管的长引脚为正极，短引脚为负极。检测时，可用 4 节 5 号电池作为电源，发光管正极（长引脚）接电池正极，发光管负极（短引脚）通过一个 390Ω 电阻接电池负极，应看到发光并有较高的亮度即为正常。注意必须加限流电阻，且 $R \geq 300\Omega$，一般取 $R = 390\Omega$ 即可。

7. 晶体管的开关状态

晶体管分 NPN 型和 PNP 型两种。在本实验机中只用 PNP 型，型号为 9012，用于驱动蜂鸣器。MCU 发出的音频信号是方波，晶体管工作于开关状态，当在基极加低电平（0V）时，晶体管的 e、b 极导通，达到"饱和"状态，集电极 c 对地输出高电平（5V），即逻辑"1"。当在基极加高电平 5V 时，晶体管达到"截止"状态，集电极 c 对地输出低电平（0V），即逻辑"0"。这样，晶体管在基极输入电平的控制下驱动蜂鸣器发声。

9012 型晶体管的引脚排列：面对标志，从左到右，依次为 e、b、c，晶体管外形见图 1-5。

8. 晶体管的简单测试

在 DT-830B 数字万用表上设有"hFE"挡，专门用于测试晶体管的直流放大倍数。测试步骤如下：

1）将量程旋钮旋至"hFE"处。

2）面对晶体管的标记面（即标示型号的一面），从左起依次为 e、b、c。将晶体管按类别及 e、b、c 的位置插入左侧对应的管座。

3）用手压紧晶体管，应看到液晶板上有读数显示，这就是该管的放大倍数，应在 200 以上。若显示数字过低，说明该管性能不好，应予以调换。

"hFE" 挡测试插座如图 1-6 所示。

4）焊完后，可以进行在板检测。主要是用万用表测试集电结和发射结的电阻是否正常。若短路或不通，表明晶体管已损坏。

9. 数码管检测

数码管和发光二极管的原理是一样的，只不过将显示的"点"变成"段"而已。这种显示器件驱动简单，价格低廉，可显示数字，得到了广泛应用。

从驱动原理上分共阳极型和共阴极型两种。对共阳极型，数码管的公共极"COM"端接正电源；对共阴极型，数码管的公共极"COM"端接负端。每个数码管有 7 个"段"和一个"点"，控制各"段"的亮和灭，就可以显示各种数字。本实验机使用共阳极型。数码管外形和引脚如图 1-7 所示。

图 1-6   晶体管测试插座   图 1-7   数码管引脚图

限流电阻。实际上，数码管的每"段"就是一只发光二极管。在电源电压 5V 条件下，每段（包括小数点）必须接入一只限流电阻。若每段的发光电压是 2V，限流电阻 $R = 390\Omega$，则通过每段的电流 $I = (5-2)\text{V}/390\Omega = 0.00769\text{A} = 7.69\text{mA}$，对于高亮数码管，可以达到很好的亮度。

检测操作。检测前要准备好 5V（或 6V 电池）电源及两条鳄鱼夹子线。以共阳极数码管为例，先将夹子线一端接电源正极，另一端接数码管的公共电源端。

再用另一夹子线接 390Ω 电阻，夹子线的另一端接电源的负极。用电阻的空余端逐次接触数码管的"a"、"b"、"c"、"d"、"e"、"f"、"g"、"h"各引脚，应看到各段逐次被点亮，亮度应较高，证明数码管质量良好。

10. 按键

6 只按键在机器中作为键盘使用。可以用数字万用表测试它们的通断情况。

11. 接插件

在本实验机中应用了许多接插件。这些接插件对连接固定电子元器件很重要。焊接前一定要注意方向是否正确，避免错焊。

12. 蜂鸣器

蜂鸣器输出声音作为发声器。用 3V 电压碰触蜂鸣器两端，若有"喀喀"声表示无问题。蜂鸣器分为信号型和电源型两种，本机使用信号型。

二、DIY 操作

在一切准备好后即可进行实际装焊。从大量的实践来看,控制装焊的风险是最重要的。一定要避免出现全部装焊完成,但上电后无反应或显示错误,机器不能正常运行。为此,我们采用逐次逼近,边焊边试的操作方法,保证读者能 100% 按质量完成整机装焊。

1. 工艺要求

1)每一只元器件要按电路板元器件面标示的编号位置进行放置,焊接点的操作必须在焊接面进行,千万不能将元器件装反。

2)对电阻、晶体管、发光二极管焊完后应进行在板测试,不管在任何时间,加焊前都要将所有芯片取下。

3)对元器件加焊时,应先焊第 1 引脚,或对角线,验证正确后,再焊其余引脚。键只需在元件面加焊对角两点,以利于维修。

4)对电解电容、发光二极管要注意极性,对电阻排要注意对准电源端。

2. 第 1 步,装焊单片机最小系统

1)逐次装焊下列元器件:U2-IC 插座(40 引脚),电源指示灯 L1(绿色),电阻 R17、R23、R18,电解电容 C6,电源开关 K1,晶体 XL,RST 键,电源插座 T1,U3-IC 插座(14 引脚),共 11 只。其中晶体要先焊好插针,再将晶体焊在插针上,以便容易更换。

2)准备。现在已做成了一个单片机最小系统。下面要准备测试这个系统是否能运行。首先将随机提供的 STC 单片机芯片插放到插座 U2 上,将 74HC164 芯片插放到插座 U3,连接直流 5V 电源到电源插座 T1。

3)测试。闭合电源开关 K1,绿色指示灯 L1 亮,单片机系统冷启动,开始执行程序。轻按一下 RST 键,让单片机重新复位。用逻辑笔测试 U3-74HC164 的引脚 13、12、11、10、6、5、4、3 的状态,应为 11000110。逻辑笔的红色指示灯亮为逻辑 1,绿色指示灯亮为逻辑 0。这一串编码就是十六进制码的 C6H。也就是字符 "C" 的字形码。若手上无逻辑笔,也可用数字万用表的直流电压挡测试,+5V 为逻辑 1,0V 为逻辑 0。若不能显示以上状态,应立即断开电源开关 K1,逐项检查。特别是焊接是否正常,直到显示达到以上要求为止,否则不能进行下一步。如果直接进行下一步会相当危险,可能导致整板报废。这一步的完成结果如图 1-8 所示。

4)断开电源,取下所有芯片。

3. 第 2 步,装焊数码管显示器

1)逐次装焊下列元器件:电阻 R1 ～ R16,电

图 1-8 第 1 步完成图

阻排 R24，插座 U4，数码管插针座 T4。注意 T4 要上下朝同一方向安装。

2）将 STC 单片机插放到 U2，将 74HC164 小心插放到 U3 和 U4 上。

3）测试。闭合 K1，系统冷启动，绿色指示灯 L1 亮，单片机开始执行程序。用逻辑笔测试 U3 输出端 h、g、f、e、d、c、b、a（引脚 13，12，11，10，6，5，4，3）的逻辑状态应为 1100 0110；U4 的输出端 h、g、f、e、d、c、b、a（引脚 13，12，11，10，6，5，4，3）的逻辑状态应为 1111 1111，这就是字形码"C"。证明单片机运行正常。断开电源，将数码管插放到插座 T4 上，闭合电源，按 RST 键，应显示"C"。若显示不正常，应检查各段电阻及数码管的插座 T4 是否正常，直到显示"C"为止。若达不到要求不能进行下一步。第 2 步完成结果如图 1-9 所示。

4）断开电源，取下所有芯片。

4. 第 3 步，装焊存储器

1）逐次装焊下列元器件：电阻 R19、R20、R21，插座 U5（8 引脚），键（+1，-1，H，A/D，WR），晶体管 T8（9012），蜂鸣器 BZ。

2）插放芯片 U2、U3、U4、U5 及数码管。

3）测试。闭合电源，系统冷启动，绿色指示灯 L1 亮，单片机开始执行程序。数码管应显示"C"，按 A/D 键显示"00."抬起显示"FF"。按 +1 键，显示变为 00。按 WR 键，发出"嘟"的声响，证明单片机运行正常。否则应立即断开电源，逐项检查，直到正常为止。达不到要求不能进行下一步。第 3 步完成结果如图 1-10 所示。

图 1-9　第 2 步完成图

图 1-10　第 3 步完成图

4）断开 K1，取下所有芯片。若前 3 步装焊完成，并检验正常，就证明整机关键性能已经合格，剩下的部分对性能的影响已经不重要了，可以放心地完成剩余的工作。

5. 第 4 步，装焊余下的所有元器件

1）逐次装焊下列元器件：8 个发光二极管 D7 ~ D0（排列从高位到低位应为

红、绿、黄、蓝、红、绿、黄、蓝），U1-IC 插座（16 引脚），独石电容 C1（104）、C2（105）、C3（105）、C4（105）、C5（105），瓷片电容 C7、C8，通信插座 T2，电阻排 R22，插针 T5、T6，T3 空。

注意：D7～D0 要上下左右排列整齐，如发现距离过近，可稍微抬高一点。

2）测试。不插入所有芯片，闭合电源，用鳄鱼夹子线一端接地，另一端碰触U2 的 1～7 引脚，D7～D0 灯应正常点亮。断开电源，将所有芯片安到插座上，再闭合电源，系统冷启动，绿色指示灯 L1 亮，单片机开始执行程序。按第 3 步 3）操作，应正常显示。

3）最后加上 4 套 M2 螺栓螺母。

整机装焊完成，如图 1-11 所示。

用酒精和布条将电路板焊接面遗留的松香擦干净。至此，实验机全部装焊完成。但此时不要装入芯片和数码管。

图 1-11 装焊完成图

三、实验机的检验

1. 硬件检验

这一步的目的是检验整个电路板的焊接质量。在上电的条件下，用各种手段检验元器件的工作是否正常，为软件运行检验创造条件。

准备好工具：数字万用表一块，鳄鱼夹子线多条。

1）电源测试。用 5V 直流稳压电源（1A）连接到板上的电源插座 T1，闭合开关 K1，实验机上电，绿色指示灯 L1 应正常点亮。用数字万用表依次检测 U1、U2、U3、U4、U5 的电源端对地电压应为 5V。

2）数码管测试。关断开关 K1，将 2 个数码管插装到插针座 T4，闭合开关 K1，用鳄鱼夹子线一端接地（电源"－"极），另一端碰触 U3-IC3 的引脚 3、4、5、6，高位数码管的 a、b、c、d 段应顺序正常点亮。再碰触 U3-IC3 的引脚 10、11、12、13，高位数码管的 e、f、g、h 段应顺序正常点亮。同样操作，测试 U4-IC4 各引脚，低位数码管应顺序正常点亮，证明数码管部分合格。

3）发光二极管测试 用鳄鱼夹子线一端接地，另一端碰触 U2-ZIF 插座的引脚1、2、3、4、5、6、7，各个发光二极管（灯）应顺序点亮，证明发光二极管部分合格。

4）按键测试。

按下 RST 键，用数字万用表 20V 电压挡测 U2-IC 插座的 8 脚应为 5V，证明复位合格。

按下 +1 键，用数字万用表电阻 R×1k 挡测试 U2 的 21 脚与地端应导通。

按下 –1 键，用数字万用表电阻 R×1k 挡测试 U2 的 22 脚与地端应导通。

按下 H 键，用数字万用表电阻 R×1k 挡测试 U2 的 23 脚与地端应导通。

按下 A/D 键，用数字万用表电阻 R×1k 挡测试 U2 的 24 脚与地端应导通。

按下 WR 键，用数字万用表电阻 R×1k 挡测试 U2 的 25 脚与地端应导通。

以上操作正常，证明各键合格。

5）蜂鸣器测试。用鳄鱼夹子线一端接电源正极，另一端碰触 U2-IC 插座的 28 脚，若听到"喀喀"声，证明蜂鸣器部分合格。

若以上各项检验通过，即可进入下一项。若发现存在不正常情况，应消除缺陷后再进入下一项检验。

2. 软件检验

确定机器执行程序是否合格，检验机器性能是否能投入使用。

1）准备。断开开关 K1，装入 U3、U4（74HC164）到 IC 插座。装入 U1、U5 到 IC 插座，最后将带有驻机程序的单片机装入到 U2 插座。注意，一定要按图示上的插座的方向，绝不可装错，否则会损坏芯片。

2）实验机上电。所有芯片插装完后，检查正确，即可闭合开关 K1，实验机上电，指示灯 L1 点亮。按下 RST 键，数码管应显示"C"。若显示不正常，或无显示，应立即断开 K1，进一步检查各芯片是否有错。

3）擦除片外 RAM。

按"RST"键，数码管应显示"C"。

按"－1"键并保持，再按"WR"键，然后全部抬起，显示"F"。等待约 1s，蜂鸣器发出"嘟"的一声，表示存储器 24C02 已完全擦除。

按"A/D"键，应显示"00."，表示当前地址是"00"。

抬起后，应显示"FF"，表示地址"00."的内容为"FF"。

连续按"WR"键，检查其他地址内容，也应显示"FF"。证明 RAM 信息已被擦除，检验正确。

至此，我们已经具备了进一步学习的硬件条件，有了一套单片机实验机，也就是一个单片机最小系统。在开始输入程序前，必须了解必要的基本知识。

第三节　编　程　准　备

一、单片机程序设计语言概述

尽管单片机有许多特点，但仍然属于计算机的范围。

计算机与人的交互必须通过一种特殊的语言才能进行，起码到目前为止计算机是无法直接识别人类语言的。这种特殊的语言就是程序设计语言，也就是由一系列语句组成的程序。

程序设计语言从原理上可分为机器语言、汇编语言和高级语言三种类型，单片机也不例外。

1. 机器语言

机器语言是最底层直接可由机器执行的语言。其语句（即指令）由二进制或十六进制编码组成。其阅读困难，不通用，但可由机器直接执行，效率高。每种系列的单片机都具有自己专用的一套机器指令。一般情况下较少被采用。

2. 汇编语言

为了克服机器语言的缺点，采用助记符表示指令。而且这种助记符是用表示指令意义的英语缩写字符代表，因而方便人们阅读。但这种助记符指令组成的语句，单片机本身无法识别，必须靠 PC 通过专用软件将它们转换为 ASCII 码组成的十六进制文件，也就是二进制文件才能下载到单片机中执行。这个转换过程称为"汇编"，执行汇编的软件称为汇编软件。由于汇编语言指令具有直接对应机器语言指令的特点，因而生成的机器代码效率高，执行速度快，至今在单片机程序设计中仍被采用。

3. 高级语言

计算机高级语言种类繁多，例如 BASIC、VB、VC ++ 等，主要以屏幕信息交换为主。对于单片机它的任务是对用户机器的控制。在众多高级语言中，只有 C 语言具有对底层硬件直接控制的能力，而又具有高级语言人性化阅读的特点。在众多高级语言中，只有 C 语言成了应用于单片机系统的高级语言。但也必须靠 PC 通过专用软件将它们转换为 ASCII 码组成的十六进制文件，下载到单片机才能执行。这个转换过程称为"编译"，执行编译的软件称为编译软件。由于 C 语言语句简洁，适宜结构化自顶向下的设计特点，程序坚固性良好，现已在单片机系统中广泛采用。由于单片机主要用于嵌入式系统，而这种嵌入式系统的 C 语言有与通用 C 语言不同的一些特点，因而需要不同的学习方法和学习条件。

二、二进制数与十六进制数

如果在程序中出现了"0B"和"13"这样的数字，它不是十进制数，而是十六进制数。在计算机硬件原理的学习中，二进制数和十六进制数是经常使用的。特别是在单片机的学习中也是这样。什么原因呢？举一个例子，8051 单片机是 8 位机，按一字节由 8 位二进制数进行输入/输出。例如它的 P1 口输出的逻辑状态 P1.7 ~ P1.0 依次为 1100 0101B，如果用十进制表示就必须将二进制化为对应的十进制，一时很难看出结果。而用十六进制就很容易。因为 1100 0101B = 0C4H。因为高 4 位大于 10，所以前面加"0"。如果是 1000 0101B，则 1000 0101B = 84H，前面不加"0"。转化为十六进制后再转为十进制，就很容易了。0C4H = $12 \times 16 + 4$ = 196。84H = $8 \times 16 + 4 = 132$。下面列出二进制/十六进制和十进制的对应关系表，按一字节计算，如图 1-12 所示。在汇编语言中，数字后"H"代表十六进制数，数字后"B"代表二进制数。

二进制	十六进制	十进制	二进制	十六进制	十进制
0000 0000	00	0	0000 1000	08	8
0000 0001	01	1	0000 1001	09	9
0000 0010	02	2	0000 1010	0A	10
0000 0011	03	3	0000 1011	0B	11
0000 0100	04	4	0000 1100	0C	12
0000 0101	05	5	0000 1101	0D	13
0000 0110	06	6	0000 1110	0E	14
0000 0111	07	7	0000 1111	0F	15
			0001 0000	10	16
			0001 0001	11	17

以上是一个字节8位二进制数，满16进位

图1-12　二进制、十进制、十六进制数对应表

按图1-12，我们很容易得出任何字节的十六进制数到十进制数的换算结果。当然，若进行可逆换算，例如由十进制换算为十六进制，就比较麻烦了，在实际使用中较少用到。对于各种进制之间换算的详细内容可参考本章最后一节。

此外，我们还常常会用到一种编码，即 BCD 码（Binary Code Decimal）。它意思是二进制码的十进制表示。

例如，时钟数值的小时显示 0000 1001 = 09，只能逢 10 进 1 位，取消 A、B、C、D、E、F 的编码表示。对于 0001 0000 = 10，而不是 16。在数码管显示方面广泛应用 BCD 码。

三、简易汇编语言

1. 名词与概念

单片机只能直接接收二进制码组成的机器指令。这是因为它本身组成简单，存储量小，速度低，无法直接编译复杂的文字指令。例如，一条 2 字节机器码指令

0000 1011　　　0000 0000

若直接阅读，除非查指令表，否则很难识别它的含义。为此，出现了用代表指令意义的助记符表示指令。上面指令可以表示为

RTB　00

这里，第 1 字节称为"操作码"。RTB 是复位端口的位（reset bit），即端口相应位置 0。后面的字节称为"操作数"，表示端口的编号是 00。对一条指令，操作码是必需的，操作数是可选项。

操作码　＜操作数 1＞　　＜操作数 2＞

对于有的指令，可以无操作数。有的指令可有两个操作数。例如，指令"STOP"，它只有操作码，无操作数，意义是停止程序向下进行；指令"TIMER 01 02"有两个操作数，意义是延时 1 ×1s。

2. 指令格式例

下面用助记符指令编辑一段程序，让指示灯 D0 点亮。

例如：指令 RTB 00

指令 STOP

1）生成机器代码。要想让单片机执行这段程序，首先要将它变换为对应的机器指令代码，还必须指出机器码分配到存储器内的地址。根据"宏"指令集，上面程序的机器代码如下：

0B	00		RTB	00	；宏指令集第 12 条，令端口 00 复位为 0
13			STOP		；宏指令集第 20 条，程序停止向下执行，原
					；地踏步

2）加入存储器地址。从 00 地址开始，地址后面要加冒号"："，表示与机器码的区别。注意，任何程序起点必须从 00 地址起始。编辑时要用英文格式。

00： 0B 00 RTB 00

02： 13 STOP

以上格式表明，存储器内容被分配如下：

地址	00	01	02
数据	0b	00	13

经过以上变换，即可将程序顺利地输入到单片机中执行。将助记符表示的程序变换为包括地址和机器码在内的可执行程序的过程，称为"汇编"。一般由专用的软件负责，但这一过程也可由人工查表负责。

以上介绍的指令，称为"宏"。对"宏"助记符指令进行的"汇编"，称为"简易汇编"。"宏"只有 30 条，易学易用，学习它不必了解单片机的内部结构，程序可以由键和数码管输入、编辑并执行，使用非常灵活。利用"宏"作为学习8051 汇编语言和 C 语言的入门阶梯，对初学者是较好的一种选择。

若要执行"宏"指令程序，必须依靠放置在实验机 MCU 芯片内的驻机解释程序，而用户程序放在片外 E^2PROM 内，单片机从地址 00H 开始由 E^2PROM 内取指令逐条执行语句，直到程序循环或停止。

四、宏指令集说明

1）d, dx：表示 8 位数据，范围 00 ~ FFH，即 0 ~ 256。可以输出到数码管显示，可以比较判转。

2）n：可以表示输出/输入的端口号 00 ~ 07，也可以表示要跳转的地址，也可以表示数码管的字形码或定时器的定时数据。

3）c：是 1 位寄存器，只有两种状态（即 1 或 0），负责保存端口的状态，也可以与寄存器 m 交换信息。

4）m：是 8 个连续排列的 1 位寄存器，编号为 08 ~ 0FH。负责逻辑运算结果的暂存，也可与寄存器 c 交换信息。

五、宏指令集

"宏"指令共 30 条，若在 PC 上使用要加两条伪指令。以下逐条解释。

1.　STD　d　　　　　00　　d

对 d 赋值，范围 00 ~ FFH（十六进制数）。

2.　DSD　　　　　　01

令 d 输出到数码管。

3.　OFFD　　　　　02

关闭显示器。

4.　INCD　dx　　　　03　　dx

dx 是 8 位无符号整数，范围为 00 ~ FFH。本指令将 d + dx 结果送 d，若结果大于 FFH，则返回 0。

5.　JNZD　n　　　　04　　n

d - 1 若结果非 0，则跳转到地址 n，否则执行下一条语句。

6.　JNED　dx　n　　05　　dx　　n

d - dx 若结果非 0，则跳转到地址 n，否则执行下一条语句。

7.　JZC　n　　　　　06　　n

若 c = 0，则跳转到地址 n，否则执行下一条指令。

8.　JNZC　n　　　　07　　n

若 c = 1，则跳转到地址 n，否则执行下一条指令。

9.　STC　　　　　　08

令 c = 1。

10.　RTC　　　　　09

令 c = 0。

11.　STB　n　　　　0A　　n

令端口 n 置位为"1"状态，n = 00 ~ 07。

12.　RTB　n　　　　0B　　n

令端口 n 复位为"0"状态，n = 00 ~ 07。

13.　SND　　　　　0C

蜂鸣器响 1s。

14.　SUBX　n　　　　0D　　n

无条件跳转到子程序首地址 n 执行。

15.　RETX　　　　　0E

结束子程序，返回主程序继续执行。

16.　MZC　　　　　0F

开始乐曲编程。

17.　JMP　n　　　　10　　n

无条件跳转到地址 n 执行，n = 00 ~ FFH。

18.　NOTC　　　　　11

令 C 取反状态。

19.　　TIMER　n1　n2　　12　　n1　　n2

定时器。定时倍率 n1 = 01 ~ FFH，定时基准 n2 = 00 ~ 03。

00 表示 0.01s，01 表示 0.1s，02 表示 1.0s，03 表示 10.0s，定时时间 t = n1 × n2。

20.　　STOP　　　　　　　　13

程序停止向下执行，原地踏步。

21.　　WCM　m　　　　　14　　m

寄存器 m（08 ~ 0FH）内容送 c。

22.　　WMC　m　　　　　15　　　m

C 内容送寄存器 m（00 ~ 0FH）。

23.　　LOAD　n　　　　　16　　　n

端口（n）内容送 c。

24.　　OUT　n　　　　　　17　　　n

C 内容送端口（n）。

25.　　ANDX　m　　　　18　　　m

寄存器 m（08 ~ 0FH）内容与 c 进行逻辑与，结果送 c。

26.　　ANDNOT　m　　19　　m

寄存器 m（08 ~ 0FH）内容取反与 c 进行逻辑与，结果送 c。

27.　　ORX　m　　　　　1A　　　m

寄存器 m（08 ~ 0FH）内容与 c 进行逻辑或，结果送 c。

28.　　ORNOT　m　　　1B　　　m

寄存器 m（08 ~ 0FH）内容取反与 c 进行逻辑或，结果送 c。

29.　　ORG　n　　伪指令（PC 编辑专用指令）

若开始一个不连续的新地址 n，必须双击 ORG　n，自动产生标志语句　n:1c ∗。

30.　　END　　　　伪指令（PC 编辑专用指令）表示程序结束。PC 上编辑程序结束，下一步必须双击 END，自动产生标志语句 n:1d ∗。伪指令不产生执行代码，也不参与指令执行。

31.　　DISP　n1　n2　　　1E　　　n1　　　n2

数码管显示器字形码输入。n1 表示高位数码管内容，n2 表示低位数码管内容。此指令只能用数码管手工输入。

六、宏指令程序操作示例

在上面已经介绍了简易汇编的概念和"宏"指令的特点，现在我们可以进行"宏"指令源程序的编辑、输入和执行操作。

1. 各按键功能介绍

符号定义：↓表示按下，↑表示抬起，↓↑表示按下立即抬起。

　　　　　RST 键↓↑，机器手动复位，显示"C"。

A/D 键↓，显示当前地址，↑显示当前地址存储的数据。

在显示数据时，+1 键↓↑，数据 +1。

在显示数据时，−1 键↓↑，数据 −1。

A/D 键↓并保持，+1 键↓↑，地址 +1。

A/D 键↓并保持，−1 键↓↑，地址 −1。

H 键↓并保持，再↓↑ +1，当前数据的高位 +1。

H 键↓并保持，再↓↑ −1，当前数据的高位 −1。

WR 键↓↑，将当前显示的数据写入片外存储器，蜂鸣器响一声，显示下一个地址的内容。

A/D 键↓并保持，H 键↓并保持，↓↑ +1，地址高位 +1。

A/D 键↓并保持，H 键↓并保持，↓↑ −1，地址高位 −1。

−1 键↓并保持，WR 键↓，同时抬起↑，显示 "F"，表示进入存储器清 FF 状态。等待几秒，蜂鸣器响一声，表示完成。

A/D 键↓保持，WR 键↓，同时抬起↑，显示 " −1"，表示进入用户程序执行状态。

2.【例 1-1】 指示灯 D0 点亮

asm（asm 是 assembly 的缩写，就是汇编文件）文件：

```
        RTB   00
        STOP
```

查 "宏" 指令集汇编后，生成机器码源程序 LST 文件（就是列表文件）为

```
00:     0B 00     RTB   00
02:     13        STOP
```

hex 文件（hex 是 hexadecimal 的缩写，就是十六进制文件）为

地址	00	01	02
数据	0B	00	13

（1）程序输入操作

↓↑RST 键，显示 "C"，机器初始化。

输入第 1 个字节：地址 00 输入 0B。

↓A/D 键，显示 "00."，↑显示 "FF"，表示当前地址 00 存储的内容。

↓↑ +1 键，显示 "00"，表示当前地址内容 +1 后结果为 "00"。

↓↑ +1 键，连续进行，直到显示 "0b" 为止。表示存储器内容改变为 "0b"。

↓↑WR 键，蜂鸣器响一声，表示显示的内容已经被写入存储器的当前地址内，并自动显示下一个地址 01 的内容为 "FF"。

输入第 2 个字节：地址 01 输入 00。

↓↑ +1 键，显示 "00"。表示当前地址内容 +1 后结果为 "00"。

↓↑ WR 键，蜂鸣器响一声，表示显示的内容已经被写入存储器的当前地址内，并自动显示下一个地址 02 的内容为 "FF"。

输入第 3 个字节：地址 02 输入 13。

↓↑ +1 键，显示 "00"。表示当前地址 02 内容 +1 后结果为 "00"。

↓ H 键，并保持，↓ +1 键，全部抬起，高位数码管 +1 显示 "10"。

↓↑ +1 键，连续进行，直到显示 "13" 为止。

↓↑ WR 键，蜂鸣器响一声，表示显示的内容已经被写入存储器的当前地址内，并自动显示下一个地址 03 的内容为 "FF"。第 4 个字节无效。

到此，程序代码输入结束。

（2）程序校验

↓↑ RST 键，显示 "C"。

↓ A/D 键显示 "00."，↑ 显示 "0b"。表示当前地址 00 的内容为 "0b"。

↓↑ WR 键，抬起，蜂鸣器响一声，显示地址 01 的内容应为 "00"。

↓↑ WR 键，抬起，蜂鸣器响一声，显示地址 02 的内容应为 "13"。

若以上显示正确，表示程序代码输入正确。

（3）程序执行

↓↑ RST 键显示 "C"，同时地址初始化为 00。

↓ A/D 键并保持，↓ WR 键并全部 ↑↑，应显示 " -1"。指示灯 D0 被点亮，表示程序从地址 00 开始正确执行。

↓↑ RST 键，显示 "C"，指示灯 D0 灭。机器返回初始状态。可反复操作，表示机器功能正确，可以使用。如果输入新程序，应当先进行存储器擦除，然后输入新数据。当然，这不是必须的，主要是因为原有的程序数据不擦除可能会引起混乱。

（4）硬件连接原理

指示灯 D0 的 " - " 极接 00 口，" + " 极通过 390Ω 电阻接 5V 电源，实验机上电复位后，00 口置"1"，灯 D0 电路被关断，灯灭。当00 口被程序置"0"，指示灯 D0 电路被导通，灯亮，如图 1-13 所示。

这个程序虽然很简单，但却说明了一个重要概念，即通过软件的变化，能够在硬件不变的条件下改变功能。这对无软件的纯电子系统是无法

图 1-13　指示灯 D0 电路连接图

实现的。应用单片机能够在低成本的条件下，实现较高的功能，能够迅速升级产品性能。如果通过实际操作了解了这一点，可以深切地体会到它的重大经济意义。

3.【例 1-2】　指示灯 D0 闪烁

（1）源程序（asm 文件）

```
X1:     LOAD 00          ；端口 00 内容送 c
        NOTC             ；c 取反送 c
        OUT 00           ；c 送端口 00
        TIMER 05 01      ；延时 5 ×0.1s
        JMP X1           ；跳转到标号地址 X1
```

（2）查表"宏"指令集汇编后，生成机器码文件（LST 文件）

```
00：16  00      X1：   LOAD 00
02：11                 NOTC
03：17  00             OUT 00
05：12  05  01         TIMER 05 01
08：10  00             JMP X1
```

因为标号地址 X1 所表示的目的地址是"00"，所以地址 09 的内容就是"00"。

（3）hex 文件

地址	00	01	02	03	04	05	06	07	08	09
数据	16	00	11	17	00	12	05	01	10	00

（4）程序输入

对于 hex 文件用上面示例的方法，将机器码输入到存储器内。

复位后显示"C"表明机器已初始化。

输入第 1 字节：

↓A/D 键显示"00."，↑显示"FF"，表示当前地址 00 存储的内容。

↓H 键并保持，↓ + 1 键，全部抬起，高位数码管 +1，显示"10"。

↓↑ + 1 键，连续进行，直到显示"16"为止。

↓↑ WR 键，蜂鸣器响一声；表示显示的内容已经被写入存储器的当前地址内，并显示下一个地址 01 的内容为"FF"。

输入第 2 字节：

↓↑ +1 键显示"00"。

↓↑ WR 键，蜂鸣器响一声，表示显示的内容已经被写入存储器的当前地址内，并自动显示下一个地址 02 的内容为"FF"。

按此方法逐步顺序输入全部存储器字节，直到地址 09 为止。

（5）程序校验

从地址 00 开始，用 WR 键核对全部地址内容应与 hex 文件相符合，否则要进行修改直到正确为止。

（6）程序执行

按例 1-1 中的方法执行程序，应能看到指示灯 D0 闪烁，间隔为 0.5s。

第四节 连 接 PC

一、PC 连接检验

PC（Personal Computer）是个人计算机的简称。在 PC 支持下，输入、编辑程序，可自动按语句生成机器码文件，可以存储到 PC 内存档，比较方便。下面进行 PC 连接操作。

本实验机通过 MAX232 电平转换芯片与 PC 的串行接口连接。若 PC 无串行接口，而只有 USB，则可以用 USB/RS232 转换器与 USB 连接。对于这方面的原理，可参见本书第三章。

1. 连接串行接口

关断开关 K1，用 4 芯通信线一端连接实验机的通信插座，另一端 9 针插座连接 PC 的串行接口。

2. 安装"学习平台"软件

1）在随机带的光盘中找到"学习平台"文件夹，将文件夹内容复制到硬盘。

2）解压"学习平台"压缩文件到本文件夹。共有 4 个文件：support、mcux-x13. cab、setup. exe、SUTUP. LST。

双击执行 setup. exe，按系统提示操作。最好将执行文件安装到默认文件夹 C:\Program Files 内。

安装完成后，在 C:\Program Files\工程 1\内建立快捷方式到桌面，例如，"学习平台"，可方便启动。

3）进入"学习平台"。在桌面执行"学习平台"，立即弹出"学习平台"软件启动窗口。单击软件说明，显示软件的界面。

3.【例 1-3】 点亮指示灯 D0

（1）输入源程序

在界面的 . org 文件窗口内，输入下列程序：

```
RTB   00
STOP
```

注意，必须在 . org 文件窗口内，而不能在 . asm 文件窗口中。

此程序已执行过，在此不再解释，主要是练习操作方法。

（2）汇编

在指令表窗口用鼠标点选指令　RTB　N，显示蓝色光条。

双击指令，弹出对话框，输入端口号"00"。

单击"确定"按钮，在 .asm 文件窗口显示第1条语句代码。

在指令表窗口用鼠标点选指令　STOP，显示蓝色光条。

双击指令，在 .asm 文件窗口显示第2条语句代码。

指令表窗口用鼠标点选伪指令 END，显示蓝色光条。双击指令，在 .asm 文件窗口显示第3条结束语句代码。

注意，在本 PC 软件上编辑的任何程序最后，都必须加入 END 语句，否则不能存储。至此，就完成了对源程序的汇编，生成了机器码文件。

（3）软仿真

在主菜单中单击"调试"按钮弹出对话框，若已保存源文件，单击"是"，弹出调试窗口。

第1步，单击"复位"按钮，显示"-1"，表示已进入程序。光条停在初始位置。

第2步，单击"单步"按钮，执行第1条语句，指示灯 D0 变成绿色，表示置0状态。

第3步，单击"单步"按钮，执行第2条语句，弹出对话框，表示程序自停，单击"确定"按钮返回。单击"复位"，指示灯 D0 变成红色，表示置1状态，光条返回原点。

完成以上操作，证明已通过仿真，程序执行正确。对于较复杂的程序，操作方法相同。

（4）存储文件

在菜单中单击"文件→打开→asm"，弹出文件窗口。选择文件路径和文件名，例如 D:\asm\demo_1.asm，单击"保存"，文件被保存到 PC 内，可留做参考。

（5）下载文件

在主菜单中单击"通信"将弹出对话框，若已保存源文件，单击"是"按钮，弹出通信窗口。

若 PC 自带串行接口，串口号选为"COM1"。用鼠标选择包括程序行全部代码，显示蓝色光条。闭合实验机电源开关 K1，绿色指示灯亮，按 RST 键显示"C"。

按 H 键并保持，按 WR 键同时抬起，显示"PC"，即表示实验机已准备好。在 PC 上单击"行发送"，立即弹出系统提示"发送过程结束!"。单击"确定"按钮返回原状态。

（6）下载文件的检查和执行。

实验机 ↓↑RST 键，显示"C"。

↓A/D 键显示"00."，↑应显示"0b"。

↓↑WR 键，应显示 "00"。

↓↑WR 键，应显示 "13"。

↓↑RST 键，显示 "C"。

若以上操作正常，证明程序已正确下载到实验机的存储器内。

↓A/D 键并保持，↓WR 键并同时↑↑，显示 –1，灯 D0 亮。

↓↑RST 键，显示 "C"，指示灯 D0 灭。可重复操作几次，均应正确执行，证明下载程序正确。

（7）使用 USB

当所用 PC 没有串行接口时，可以使用 USB/RS232 转换器。将实验机的通信座与 USB 连接，但需要预装驱动程序。具体方法如下：

在随机光盘中，执行驱动程序 HL-232-340，弹出对话框。

单击 "INSTALL"，出现提示。

单击 "确定" 按钮返回。将 USB/RS232 转换器接入计算机的 USB 口，在弹出的 "新硬件向导" 窗口中选择 "自动安装" 按钮，单击 "确定" 按钮进入。直到出现 "新硬件可以使用"。

在 USB/RS232 转换器连接到实验机后，必须确定新的串口号。方法如下：

进入桌面→计算机管理→设备管理器→端口，可以看到附加了串行接口 COM5，表明计算机已加入了一个新串行接口。在转换器移出后，串行接口自动消失。

若需连接单片机，只要将通信线的 DB9 插头连接到转换器的 DB9 插座，另一端连接实验机的通信插座即可。通信操作与串行接口相同，只需要将下载窗口的 COM1 改为 COM5 即可。若用其他型号的 USB/RS232 转换器，其串口号也可能不同，应按系统标识的串行接口号进行。

二、在 PC 上编程举例

本例是为了进一步熟悉 PC 上的编程方法。任何源程序应先在 .org 文件窗口中编辑好，再在 .asm 文件窗口中用指令表产生地址和机器代码。而不要直接在 .asm 文件窗口中输入。

1. 【例 1-4】 指示灯 D0 闪烁，间隔为 0.5s。

（1）编程

进入 "学习平台"，在 .org 文件窗口中，输入源程序如下：

```
X1:    LOAD 00          ；端口 00 内容送 c
       NOTC             ；c 取反送 c
       OUT 00           ；c 送端口 00
       TIMER 05 01      ；延时 5×0.1s
       JMP X1           ；跳转到地址 X1
```

将上述程序输入到 .org 文件窗口中。

（2）汇编

将助记符指令组成的程序，编辑为机器代码程序。

在窗口左侧的指令表中，逐一选择对应指令，按系统提示操作。在 .asm 文件窗口中得到汇编结果：

```
00：16  00        X1：     LOAD 00
02：11                     NOTC
03：17  00                 OUT 00
05：12  05  01             TIMER 05 01
08：10  00                 JMP X1
   ：1D                    *
```

在程序末尾，单击指令 end，加入伪指令代码 ":1d   *"。

将标号地址 X1 改为绝对地址 00。

（3）软仿真

在主菜单中单击"调试"按钮将弹出对话框，若已保存源文件，单击"是"，弹出调试窗口。

单击"复位"按钮，显示"-1"，表明仿真开始。

单击"单步"按钮，执行第 1 条语句，端口 00 输出到 c。由于端口 00 复位后为 1，所以 c=1。

单击"单步"按钮，执行第 2 条语句，c 取反，c=0。

单击"单步"按钮，执行第 3 条语句，端口 00 输出，端口 00=0。端口 00 变为绿色。

单击"单步"按钮，执行第 4 条语句，由于是延时，略过。

单击"单步"按钮，执行第 5 条语句，程序转移到起点，继续循环。

单击"跟踪"按钮，程序连续单步执行，可观察到端口 00 循环置 0 再置 1 再置 0……也就是闪烁。因是纯软件执行，对延时不做计算。

通过软仿真，可以确定程序逻辑正确。

（4）下载到实验机执行

按之前介绍的方法将此程序下载到实验机执行，应观察到同样效果。

（5）存储程序

在主菜单中单击"文件→另存为→asm"，在当前文件夹输入 demo_2.asm，单击"保存"按钮，将文件保存到 PC。

2.【例 1-5】 指示灯 D0、D1、D2 循环闪烁，间隔为 0.5s。

（1）编程

进入"学习平台"，在 .org 文件窗口中，输入源程序如下：

```
X4：    SUBX X1        ;跳转到子程序首地址 X1
        SUBX X2        ;跳转到子程序首地址 X2
        SUBX X3        ;跳转到子程序首地址 X3
```

```
        JMP X4                    ;跳转到地址 X4
X1：    RTB 00
        TIMER 05 01
        STB 00
        RETX
X2：    RTB 01
        TIMER 05 01
        STB 01
        RETX
X3：    RTB 02
        TIMER 05 01
        STB 02
        RETX
```

将上述程序输入到 .org 文件窗口中。

（2）汇编

在 PC 左侧指令表中选（14）SUBX n 并双击，弹出对话框，输入标号地址 X1，然后单击"确定"按钮，在 .asm 文件窗口显示语句。

在 PC 左侧指令表中选（14）SUBX n 并双击，弹出对话框，输入标号地址 X2，然后单击"确定"按钮，在 .asm 文件窗口显示语句。

在 PC 左侧指令表中选（14）SUBX n 并双击，弹出对话框，输入标号地址 X3，然后单击"确定"按钮，在 .asm 文件窗口显示语句。

在 PC 左侧指令表中选（17）JMP n 并双击，弹出对话框，输入标号地址 X4，然后单击"确定"按钮，在 .asm 文件窗口显示语句。

一般子程序地址距离主程序较远，这里设为 20。

在 PC 左侧指令表中选中（29）ORG n 并双击，弹出对话框，输入绝对地址 20。

单击"确定"按钮后，在 .asm 文件窗口显示语句："20：1C   *"，表示新的起始地址是 20。同样操作继续选其他 4 条指令，生成机器码。子程序的结束要用 RETX 指令结束。

确定第 2 个子程序的起始地址为 30。

在 PC 左侧指令表中选（29）ORG n 并双击，弹出对话框，输入绝对地址 30。

单击"确定"按钮，在 .asm 文件窗口显示语句："30：1C   *"，表示新的起始地址是 30。继续选其他 4 条指令，生成机器码。子程序的结束要用 RETX 指令结束。

确定第 3 个子程序的起始地址为 40。

单击"确定"按钮，在 .asm 文件窗口显示语句："40：1C   *"，表示新的起始地址是 40。继续选其他 4 条指令，生成机器码。子程序的结束要用

RETX 指令做结束。

在第 3 个子程序结束后，选用 END 做整个程序结束。

在通过汇编生成机器代码后，还要将标号地址 X1、X2、X3、X4 改为绝对地址，X1 是 20、X2 是 30、X3 是 40、X4 是 00。

至此，汇编完成。

（3）软仿真

在主菜单中单击"调试"按钮将弹出对话框，若已保存源文件，单击"是"，弹出调试窗口。

单击"复位"按钮显示 −1，仿真开始。

单击"单步"按钮，执行第 1 个子程序，端口 00 置 0。

单击"单步"按钮，执行第 2 个子程序，端口 01 置 0。

单击"单步"按钮，执行第 3 个子程序，端口 02 置 0。

单击"单步"按钮，执行跳转指令到地址 00，循环进行。

单击"跟踪"按钮，观察到端口 00 ~ 02 循环置 0，置 1。也就是灯的循环闪烁。

（4）下载到实验机执行

按上节的方法将此程序下载到实验机执行，应观察到同样效果。

（5）存储程序

在主菜单中单击"文件→另存为→asm"，在当前文件夹输入 demo_ 3. asm，单击"保存"按钮，将文件保存到 PC。

3.【例1-6】 3 键抢答器

所谓抢答器，就是判断比赛中谁先按下按键的机器。由于计算机程序运行速度要比人操作按键快得多，所以无论 3 个人如何抢按键，结果只能有一只键显示按下。3 个按键的编号是 08（ +1 键），09（ −1 键），0a（H 键）。

（1）编程

在 . org 文件窗口内，输入下列程序：

```
X4:     LOAD  08          ;端口 08 装入 c
        JNZC  X1          ;若 c = 1 转 X1
        RTB   00          ;灯 D0 点亮
        SND               ;蜂鸣器响
        STOP              ;停止
X1:     LOAD  09          ;端口 09 装入 c
        JNZC  X2          ;若 c = 1 转 X2
        RTB   01          ;灯 D1 点亮
        SND               ;蜂鸣器响
        STOP              ;停止
```

X2:	LOAD 0A	；端口 0A 装入 c
	JNZC X3	；若 c = 1 转 X3
	RTB 02	；灯 D2 点亮
	SND	；蜂鸣器响
	STOP	；停止
X3:	JMP X4	；转 X4 继续循环

单击"文件→另存为→. org 文件",保存 . org 文件为 demo_ 2. org。

（2）汇编

在 . asm 文件窗口内按 . org 文件选择指令,逐条汇编生成机器码。

00：16 08	LOAD 08
02：07 X1	JNZC X1
04：0B 00	RTB 00
06：0C	SND
07：13	STOP

下面的指令应当转移到一个新地址,这主要是为了使程序更清晰。方法是选中指令 ORG n,并双击,在弹出的对话框中输入新实际地址 10,单击"确定"按钮,生成新的起始地址。

00：16 08	LOAD 08
02：07 X1	JNZC X1
04：0B 00	RTB 00
06：0C	SND
07：13	STOP
10：1C	* ；伪指令,表示起始地址

继续按 . org 文件选择指令,逐条汇编生成机器码。在第 2 段起始改变起始地址为 20。程序结束要加指令 END。

00：16 08	X4:	LOAD 08
02：07 X1		JNZC X1
04：0B 00		RTB 00
06：0C		SND
07：13		STOP
10：1C		*
10：16 09	X1:	LOAD 09
12：07 X2		JNZC X2
14：0B 01		RTB 01
16：0C		SND
17：13		STOP

```
20：1C                              *
20：16  0A          X2：    LOAD  0A
22：07  X3                 JNZC  X3
24：0B  02                 RTB   02
26：0C                     SND
27：13                     STOP
28：10  X4          X3：    JMP   X4
  ：1D                             *
```

下面还必须将标号地址 X1，X2，X3，X4 改为绝对地址，即 X1 = 10，X2 = 20，X3 = 28，X4 = 00。

```
00：16  08          X4：    LOAD  08
02：07  10                 JNZC  X1
04：0B  00                 RTB   00
06：0C                     SND
07：13                     STOP
10：1C                             *
10：16  09          X1：    LOAD  09
12：07  20                 JNZC  X2
14：0B  01                 RTB   01
16：0C                     SND
17：13                     STOP
20：1C                             *
20：16  0A          X2：    LOAD  0A
22：07  28                 JNZC  X3
24：0B  02                 RTB   02
26：0C                     SND
27：13                     STOP
28：10  00          X3：    JMP   X4
  ：1D                             *
```

至此，源程序汇编结束，保存文件 demo_ 4. asm。

（3）下载到目标板，并运行

下载程序机器码检验正确后，进入执行状态，显示 - 1。当按 + 1 键时，灯 D0 点亮，同时蜂鸣器响。按 - 1 键，灯 D1 点亮，同时蜂鸣器响。按 H 键，灯 D2 点亮，同时蜂鸣器响。可以 3 人共同进行抢答验证。

4．【例1-7】 在数码管上显示"LL"

（1）说明

输出口 0D 就是 U3（74HC164）的数据输入口，输出口 0E 就是 U3（74HC164）的移位脉冲输入口。由于电路板的限制，这两个端口只能做输出使用。利用 0D、0E 输出可以控制 74HC164 显示任意字形，包括文字和数字，例如 "P"、"L"、"0"、"8" 等。

（2）74HC164 真值表

首先应了解移位寄存器 74HC164 的真值表，也就是它的动作时序。引脚图和真值表如图 1-14 所示。

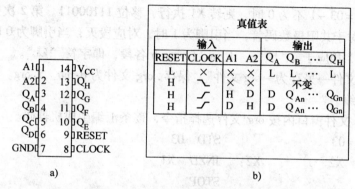

图 1-14 74HC164 引脚图和真值表

当 74HC164 的 1、2 引脚输入为 1 或 0 状态时，在 CLOCK 时钟端输入一个上升沿脉冲，输入状态即移位到 Q_A。当下一个上升沿脉冲时，继续移位。按照真值表就可以将任意 2 个数据字节移位到 2 个 74HC164 显示字符。

（3）编程

在 .org 文件窗口内输入下列程序：

```
        STD   03      ；d 赋值
X2：    JNZD  X1      ；若 d-1≠0 转 X1
        STOP           ；停止
X1：    SUBX  X3      ；移位 1xxx xxxx xxxx xxxx
        SUBX  X3      ；移位 11xx xxxx xxxx xxxx
        SUBX  X4      ；移位 011x xxxx xxxx xxxx
        SUBX  X4      ；移位 0011 xxxx xxxx xxxx
        SUBX  X4      ；移位 0001 1xxx xxxx xxxx
        SUBX  X3      ；移位 1000 11xx xxxx xxxx
        SUBX  X3      ；移位 1100 011x xxxx xxxx
        SUBX  X3      ；移位 1110 0011 xxxx xxxx
        JMP   X2      ；转 X2
X3：    STB   0D      ；0D 置 1 数据位
```

```
        RTB    0E          ; 0E 置 0
        STB    0E          ; 0E 置 1 脉冲上升沿
        RETX               ; 子程序返回
X4:     RTB    0D          ; 0D 置 0 数据位
        RTB    0E          ; 0E 置 0
        STB    0E          ; 0E 置 1 脉冲上升沿
        RETX               ; 子程序返回
```

当 d－1＝03－1 不为 0 时，则转 X1 执行，移位 11100011。第 2 次执行，移位 11100011。对于共阳极数码管，当引脚为 1 时，对应段灭；当引脚为 0 时，对应段亮。11100011 相应于 a、b、c、d、e、f、g、h 各段，即字符 "LL"。

单击 "文件→另存为→org 文件"，保存 .org 文件为 demo_ 5. org。

(4) 汇编

在 .asm 文件窗口内按 org 文件选择指令，逐条汇编生成机器码。

```
00 : 00   03                    STD    03
02 : 04   X2         X2 :       JNZD   X1
04 : 13                         STOP
05 : 0D   X3         X1 :       SUBX   X3
07 : 0D   X3                    SUBX   X3
09 : 0D   X4                    SUBX   X4
0B : 0D   X4                    SUBX   X4
0D : 0D   X4                    SUBX   X4
0F : 0D   X3                    SUBX   X3
11 : 0D   X3                    SUBX   X3
13 : 0D   X3                    SUBX   X3
15 : 10   X2                    JMP    X2
20 : 1C                          *
20 : 0A   0D         X3 :       STB    0D
22 : 0B   0E                    RTB    0E
24 : 0A   0E                    STB    0E
26 : 0E                         RETX
30 : 1C                          *
30 : 0B   0D         X4 :       RTB    0D
32 : 0B   0E                    RTB    0E
34 : 0A   0E                    STB    0E
36 : 0E                         RETX
   : 1D                          *
```

将文件中的标号地址改为绝对地址。

00：00　03		STD　03
02：04　05	X2：	JNZD　X1
04：13		STOP
05：0D　20	X1：	SUBX　X3
07：0D　20		SUBX　X3
09：0D　30		SUBX　X4
0B：0D　30		SUBX　X4
0D：0D　30		SUBX　X4
0F：0D　20		SUBX　X3
11：0D　20		SUBX　X3
13：0D　20		SUBX　X3
15：10　02		JMP　X2
20：1C		*
20：0A　0D	X3：	STB　0D
22：0B　0E		RTB　0E
24：0A　0E		STB　0E
26：0E		RETX
30：1C		*
30：0B　0D	X4：	RTB　0D
32：0B　0E		RTB　0E
34：0A　0E		STB　0E
36：0E		RETX
：1D		*

至此，汇编结束，保存文件 demo_ 5. asm。

（5）下载到目标板

执行后，数码管显示器显示"LL"。若在实验机上直接输入机器代码，则应取消所有伪指令。

第五节　8051 汇编语言源程序下载

一、集成开发环境 IDE 的使用

IDE（Integrated Development Environment）就是将程序输入、编辑、汇编、软模拟调试等功能集成在一个操作环境内，让操作更加方便。尤其是它的软调试功能，可以在无硬件系统的条件下，预先通过跟踪、单步、设断点、全速运行等手段调试程序，修改程序中的错误，并进行改进。这样可以减少错误，缩短程序调试的时间，是程序开发中的重要一环。当前最流行的 IDE 就是 Keil μVision2 或 Keil μVision3。它可以编辑、汇编 8051 源程序，也可以编辑、编译 C51 源程序，得到 hex 文件。

为了配合实验机的应用，只介绍 IDE 的 Keil μVision 2，因它对编辑的程序无代码限制。本软件可以在随机光盘内复制安装，也可以在网上下载。

1. Keilc51v612 的安装

1）解压缩。选中随机光盘压缩文件 Keilc51v612，单击鼠标右键，在下拉菜单中单击"解压到 Keilc51v612 文件夹"执行解压操作，出现文件夹 Keilc51v612。

2）在文件夹 Keilc51v612 中，双击 1 KEIL 主程序，显示 setup 文件夹。打开文件夹执行 setup，进入安装引导。

3）按系统提示操作，单击 Eval Version 试用版，进入操作界面。

4）按默认路径安装到 C:\Keil。安装结束后，在 C:\Keil\uv2 中执行 uv2. exe，即进入软件界面。此时软件是英文版。

5）汉化。如希望汉化，在安装文件中执行 3 Keil 汉化程序，在窗口中单击 un-zip，解压缩，单击"确定"按钮，再单击"CLOSE"按钮关闭窗口。此时 Keil 已被汉化。

6）返回桌面，在 C:\Keil\uv2 中，执行 uv2 图标，即进入 KeilμVision2 窗口，如图 1-15 所示。

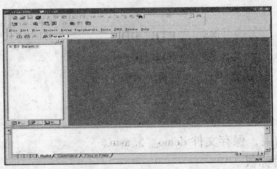

图 1-15　Keil μVision2 窗口

2. 源程序文件的建立和编辑

（1）建立文件夹

Keil C51 是按"工程项目"来组织程序的。在一个"工程项目"内要建立多个程序文件，而汇编也是以"工程项目"为对象进行的。一个工程项目就是一个独立的体系，如果多个不同对象的工程项目设在一个文件夹内，极容易出错。因此建议工程项目名与文件夹名同名，一个"工程项目"就有一个独立的文件夹。

现在，让我们在计算机的 E 盘建立一个新文件夹。

（2）建立"工程"

启动 Keil μVision2，进入软件主窗口。注意，若窗口内已显示有其他项目的内容，可以单击"工程→关闭工程"关闭当前显示的内容，重新开始新工程设置。

单击"工程→新建工程"，均显示文件对话框。在已建立的文件夹 E：\a51\exam_1\内文件名栏键入 exam_1，取工程名和文件夹名一致，单击"保存"按钮，弹出器件选择窗口，如图 1-16 所示。

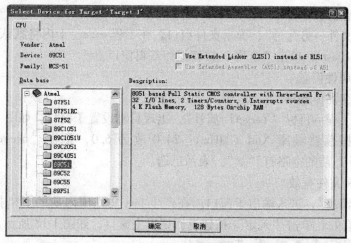

图 1-16 器件选择窗口

（3）选择器件

选择 Atmel 公司的 AT89C51，单击"确定"按钮返回主窗口。因 AT89C51 与 STC89C51RC 兼容，所以对编程无影响。

单击"文件→新建"，弹出编辑窗口。此时系统给出默认文件名是 text1。

（4）编辑源程序

【例 1-8】 灯 D0 闪烁，间隔时间 0.5s。

在编辑窗口内键入以下程序内容：

```
        ORG 0000H
        LJMP    MAIN
        ORG 0030H
MAIN：   CPL P1.0        ；P1.0 取反
        LCALL DELAY     ；延时 0.5s
        SJMP    MAIN    ；循环

DELAY： MOV R5, #5      ；500ms
L_2：   MOV R6, #100    ；100ms
L_1：   MOV R7, #250    ；250×4μs=1000μs=1ms
```

```
        DJNZ R7, $
        DJNZ R6, L_ 1
        DJNZ R5, L_ 2
        RET
        END
```

（5）保存源程序

单击"文件→另存为"，弹出文件窗口。在工程 exam_ 1 内将默认文件名 text1 改为 exam_ 1. asm，单击"保存"按钮返回编辑窗口。

3. 目标属性设置

（1）改变晶体频率

单击"工程→目标'Target'属性"，出现目标设置子窗口，如图 1-17 所示。

将晶体振荡器频率 Xtal（MHz）：24.0 改为 6.0，并在"use on-chip ROM（0x0-0xFFF）"前的空格打"✓"，表示已选。

（2）hex 文件有效

单击"输出"，进入输出子窗口。在产生 hex 文件项内前的空格打"✓"，表示 hex 文件有效。单击"确定"按钮返回编辑主窗口，如图 1-18 所示。

图 1-17　目标子窗口

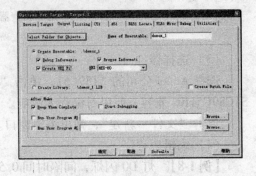

图 1-18　输出子窗口

4. 附加源文件到目标

在左侧"工程管理器"窗口内，已显示"+Target 1"。

1）单击"+"号，显示源文件组 Source Group 1。

2）选 Source Group 1，单击鼠标右键，出现下拉菜单。单击"增加文件到源文件组 Source Group 1"，出现文件窗口。

3）在文件类型栏选择"所有文件"，单击 exam_ 1. asm（可将光标放在文件上，即显示该文件类型），文件名栏内显示 exam_ 1. asm，如图 1-19 所示。

4）单击"Add"（附加）按钮，再单击"关闭"按钮，关闭该窗口。单击文件组前的"+"号，在左侧"工程管理器"窗口内即显示目标源文件名 exam_

1. asm，表示本工程的目标系统已经建立。

至此，已建立了源程序文件，并加入到目标系统。

5. 汇编

在工程管理器中选择源程序文件 exam_1.asm，单击鼠标右键，在下拉菜单中选择"构造目标"，系统开始对源程序进行汇编。若程序无语法错误，则在下面信息栏内显示汇编结果，如图1-20所示。

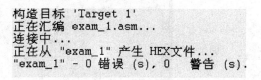

图1-19　附加源文件窗口　　　　　　　　图1-20　汇编完成信息

结果显示汇编完成，已生成 hex 文件。程序无错误，无警告。如果源程序有语法错误，应按信息栏指示的错误地点对源程序进行修改，重复以上步骤，直到汇编完成无错误为止。

但汇编软件只能找出程序中的语法错误，对程序设计上的逻辑错误是无能为力的。最终只能以目标系统硬件正确运行为准。

6. 显示汇编文件

汇编完成后，生成两个文件，hex 文件和 lst 文件。

1) 单击文件/打开，在文件夹 exam_1 下列出所有文件。

2) 单击 exam_1.hex，可显示 hex 文件。

3) 单击 exam_1.lst，可显示 lst 文件。

hex 文件是下载到目标机执行所必须的条件，lst 文件可以清楚地观察到助记符指令对应的全部机器码和地址列表，对理解程序是非常有帮助的。

二、软仿真调试

软仿真就是在无硬件目标系统的条件下，利用开发平台提供的跟踪、单步、断点、全速等手段对程序进行调试，为修改程序提供依据，是 IDE 的重要功能之一。

1. 进入调试状态

1) 单击主菜单中的"调试→开始/停止"进行调试，编辑窗口的第1条指令处出现黄色箭头光标，表示已进入软调试状态。

2）单击主菜单中的"外围设备→I/O-Ports/Ports 1"，出现 P1 口状态栏。用鼠标调整到合适位置。

2. 执行

单击调试菜单中的"单步"，可以看到 P1.0 口的变化。在 P1 口状态栏中，"□"表示输出逻辑 0，"√"表示输出逻辑 1。逻辑 0 即灯 D0 亮，逻辑 1 即灯 D0 熄灭。调试窗口如图 1-21 所示。

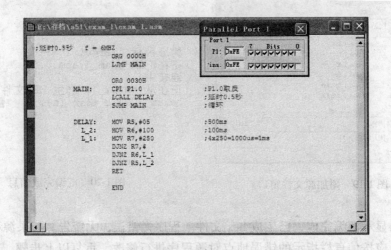

图 1-21　【例 1-8】软仿真

单击调试菜单中的"RST"，系统返回初始状态。单击"Start/Stop"返回编辑窗口。可以在信息栏观察 RAM 单元状态。详细内容参见本书第三章和第四章内容。

三、ISP

ISP 是 In System Programming 的缩写，意思是在系统内可编程。这是芯片制造公司给予用户的下载专用机制，包括片内固件和下载专用软件。ISP 功能的优点是可以不必取下芯片，即可在系统目标板下载应用程序，这对用户带来很大方便，省去购置昂贵的编程器。本机用的 MCU 芯片是 STC89C51RC，是宏晶公司产品。它带有专用的 ISP 下载程序，可在互联网上及时下载最新的版本。

1. 与 PC 的连接

1）若 PC 有串行接口，则将随机附的通信线的 DB9 插头连至 PC 的 DB9 串行接口插座上，另一端连至目标板的 T2 通信插座上。

2）若 PC 无串行接口，可将随机附送的通信线的 DB9 插头连至 USB/RS232 转换器的 DB9 插座上，另一端同样连至目标板的通信插座 T2 上。USB 转换器的另外插口连到 PC 的 USB 插口上。

3）将5V稳压电源或USB电源线连至目标板电源插座T1，但不开电源开关。

4）将STC89C51RC芯片（非解释程序）放置到目标板插座U2上。

2. hex文件下载操作

1）在随机光盘内执行STC_ISP_V483.EXE，显示界面窗口，如图1-22所示。

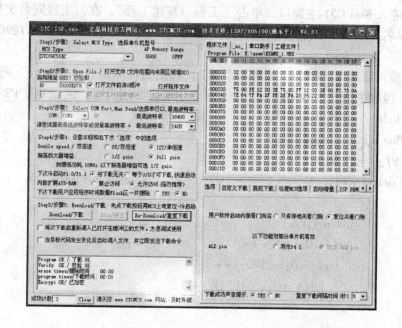

图1-22　STC-ISP

2）选择MCU型号：STC89C51RC。

3）装入源程序到ISP。在主窗口单击"打开程序文件"，在文件窗口内找到exam_1.hex，单击"打开"按钮，hex文件即被装入到文件窗口内。

4）选COM口：若用PC本机串行接口，在串行接口栏选COM1。若用USB/RS232转换器，串行接口号应按本章介绍的操作方法进行查验后，按机器的显示结果进行串行接口号设置。例如，COM5，或其他串行接口号。

5）通信波特率选择2400～38400bit/s。其他按默认选项。

6）单击"下载"按钮，并立即闭合电源开关冷启动目标板。若连接正确，系统自动进行擦除、下载和校验一起完成，并显示："下载OK，校验OK，已加密"。

7）执行ISP后，系统自动转入执行用户程序，可以看到P1口D0灯的闪烁，间隔约0.5s。芯片一经下载，写入的信息自动加密。

对于C语言程序只要通过编译生成hex文件，其下载方法与汇编语言的hex文件相同，此处不再重复。

第六节 C51 语言源程序下载

【例 1-9】 灯 D0 闪烁，间隔 0.5s

1. 建立源程序

1）进入 Keil C51 主窗口，单击"工程→新建工程"，在与工程同名文件夹下，输入工程名，单击"保存"按钮，弹出器件选择窗口。选择 Atmel/AT89C51，单击"确定"按钮返回。

2）输入源程序。单击"文件→新建"，弹出文件编辑窗口。输入下列 C 语言源程序。程序中语句内容用小写字母，对专用端口要用大写，例如 P1，P2 等。

```c
#include < reg51. h >
#define uchar unsigned char
sbit P1_0 = P1^0;
void delay(void)                        //延时 5 × 100 × 1ms
{
        uchar i,j,k;
        for(i = 0;i < 5;i ++ )
          for(j = 0;j < 100;j ++ )
            for(k = 0;k < 167;k ++ );
}
void    main(void)
{
    loop:      P1_0 = ~ P1^0;
               delay( );
               goto loop;
}
```

2. 编译

1）单击"文件→另存为"，在文件窗口内将源程序名改为 exam_ 1c. c，后缀用 . c，点击"保存"按钮。

2）在目标窗口，晶体振荡频率改为 6MHz，在输出窗口，产生 hex 文件设为"√"。

3）将源程序加入到目标管理器。

4）执行编译，如果程序无语法错误，则显示通过。

3. 显示 hex 文件

以上操作与 a51 相同，只不过源文件内容不同而已，不多重复。比较两种 hex 文件，C51 的 hex 文件要比 a51 生成的代码多，但在程序的简洁性、可读性、坚固性方面，C 语言程序是优于汇编程序的。尽管这样，在有些情况下，仍必须用汇编语言编程。作为嵌入式系统，汇编是不能被忽略的。

4. 软仿真

操作与 a51 基本相同，详情见本书第三章和第四章中的内容。

第七节　实验机信息

一、实验机整机电路原理图

整机电路原理图如图 1-23 所示。

二、实验机元器件表

实验机元器件表见表 1-1。

注意：1×2 插针，其中一个用于作为振荡晶体 XL 的底座。可以先焊好插针底座，在插针上焊装晶体。主要是为了需要更换晶体时方便操作。机器电源可由计算机 USB 口通过 USB 电源线供电，也可用 4 节 5 号电池供电，也可用 5V 直流稳压电源供电。本机只提供一条 USB 电源线，其他请用户自备。

三、二进制数与计算机

数字技术是计算机的基础，也是理解和运用单片机过程中必需的技术铺垫。对初学者更是十分重要的部分。这里所谓"数字"，就是二进制数。下面让我们先从数制开始。

我们日常都用十进制编码，共有 10 个数字组成，分别是 0、1、2、3、4、5、6、7、8、9。用十进制进行算术运算是很容易的。但只能限于手工和机械方法。若用电子技术的方法直接以十进制进行算术运算，就要以电子的方式建立 10 种状态，而且要进行复杂的运算处理，这从技术上和经济上都是不可行的。若用二进制数，用电子技术实现就容易多了。

二进制数只有两个数组成，即"1"和"0"。如果以一个晶体管来看，它的截止状态，就是输出"1"，而它的"饱和"状态，就是输出"0"。用二进制数也可以很容易进行加、减、乘、除的算术运算。二进制就是数学和电子学之间联系的理想通道。由于电子在导体中是以光速来传输的，每秒达到 30 万千米，这样就可以让电子运算达到极高的速度，正是这个伟大的设想诞生了 20 世纪最伟大的发明——电子计算机。

用电子技术处理二进制数，与传统的模拟电路的处理方法有很大不同。由于二进制数是只有"1"和"0"的两值逻辑变量，它必须用数字逻辑电路处理，数字逻辑电路是计算机组成的硬件基础。这种由计算机发展而带来的数字化，其影响绝不止仅限于计算机领域，它对通信传输也产生了巨大的影响。模拟量传输容易受到干扰，要想 100%、完全不变地传送到接收端代价太大。而数字量传输，只要编码正确，就可以达到较理想的结果。数字量可以很容易地被存储、传送，可以容易地变换为点阵图像。

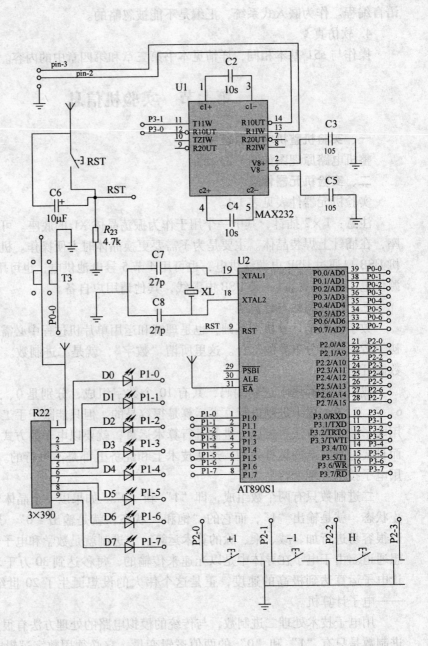

图 1-23　实验板整

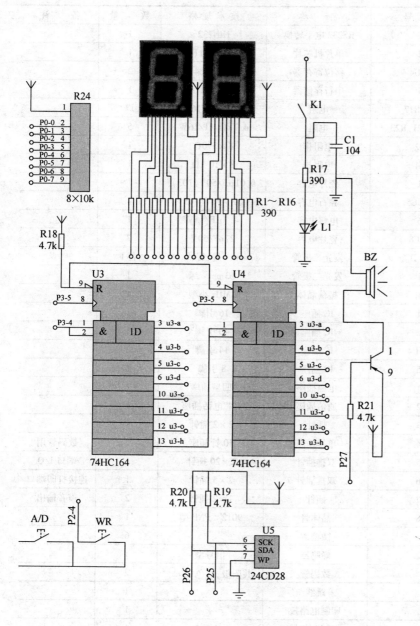

机电路原理图

表 1-1 实验机元器件表

序号	代　号	名　称	技术规格	数　量	备　注
1	U1	RS232 电平转换	HIN232	1	
2	U2	单片机芯片	STC89C51RC	1	
3	U3,U4	移位寄存器	74HC164	2	
4	U5	串行存储器	24C02	1	
5	R1~R17	电阻	390Ω 1/16W	17	
6	R18~R21,R23	电阻	4.7kΩ 1/16W	5	
7	R22	电阻排	8×390Ω	1	
8	R24	电阻排	8×10 kΩ	1	
9	C1	瓷片电容	0.01μF/50V(103)	1	
10	C2~C5	独石电容	1μF /50V(105)	4	
11	C6	电解电容	4.7μF/16V	1	
12	C7,C8	瓷片电容	27pF/50V	2	
13	D0~D7	发光二极管	φ3mm 蓝、黄、绿、红	各1	
14	L1	发光二极管	φ3mm 绿	1	
15	XL	振荡晶体	6MHz 小型	1	
16	U1	IC 插座	16 引脚	1	
17	U2	IC 插座	40 引脚	1	
18	U3,U4	IC 插座	14 引脚	2	
19	U5	IC 插座	8 引脚	1	
20	T1	电源插座	凹型插座	1	
21	T2	通信插座	4 芯电话插座	1	
22	T3	插针	2×2 插针	1	
23	T4	单排插座	10 针插座	2	数码管用
24	T5	双排插针	2×20 插针	1	端口 I/O
25	T6	双排插针	2×5 插针	1	连接打印端口
26	T7	插针	1×2 插针	2	声音输出
27	T8	晶体管	9012 PNP 型	1	
28		微型键		6	
29	BZ	蜂鸣器	信号型	1	
30		数码管	共阳极,红色,2in⊖	2	
31		跳线		1	
32		印制电路板		1	
33		PC 通信线	4 芯	1	
34		USB 电源线	2 芯	1	
35		螺栓、螺母	M1.5×6mm	各4	
36		光盘		1	

⊖ 1in = 25.4mm，后同。

四、数制与运算

1. 十进制、二进制和十六进制

十进制（Decimal）有进位计数的累积和进位特征。十进制数由 0，1，2，…，9 共 10 个数码表示，并遵循"逢十进一"的进位计数规则。十进制的计数基数是 10。例如

$$780 = 7 \times 10^2 + 8 \times 10^1 + 0 \times 10^0$$

上式称为按"权"展开式。各位数的权值为 10 的幂，即个位数的权为 10^0，十位数的权为 10^1，百位数的权为 10^2 等。

二进制（Binary）遵循十进制数的分析过程，我们同样可以确定，二进制数要由两个数码表示，即 0 和 1，并遵循"逢二进一"的进位计数规则。二进制数的计数基数是 2，各位的权值为 2 的幂。例如，$1101B = 1 \times 2^3 + 1 \times 2^2 + 0 \times 2^1 + 1 \times 2^0 = 13$。

十六进制（Hexadecimal）十六进制数要由 16 个数码表示，即 0，1，2，…，9，A，B，C，D，E，F，并遵循"逢十六进一"的进位计数规则。十六进制的计数基数是 16。在十六进制中 A 表示值为 10 的数码，B 表示值为 11 的数码，…，F 表示值为 15 的数码。各位的权值为 16 的幂。例如，$3ABH = 3 \times 16^2 + A \times 16^1 + B \times 16^0 = 3 \times 256 + 10 \times 16 + 11 \times 1 = 939$。

2. 各种进制的转换

二进制数与十进制数的相互转换，按如下步骤进行：

二进制数转换成十进制数。将一个二进制数转换成十进制数表示，只需按权展开做一次 10 进制运算即可以完成。

【例 1-10】 将二进制数 11101010B 转换成十进制数

$$11101010B = 1 \times 2^7 + 1 \times 2^6 + 1 \times 2^5 + 0 \times 2^4 + 1 \times 2^3 + 0 \times 2^2 + 1 \times 2^1 + 0 \times 2^0$$
$$= 128 + 64 + 32 + 8 + 2 = 234$$

十进制数转换成二进制数。将一个十进制数转换成二进制数表示，是数据转换中较复杂的工作。这里我们只涉及整数部分，转换方法是将十进制整数除以 2 取余数，直到商为 0。

【例 1-11】 将十进制数 45 转换成二进制数

转换过程为

$45 \div 2 = 22$	余数	1	二进制数的最低位
$22 \div 2 = 11$	余数	0	
$11 \div 2 = 5$	余数	1	
$5 \div 2 = 2$	余数	1	
$2 \div 2 = 1$	余数	0	
$1 \div 2 = 0$	余数	1	二进制数的最高位

转换结果为

$$45 = 101101B$$

由于我们的学习主要涉及 8 位二进制数的处理，若结果不够 8 位，要将已得的位数高两位补 0，即 45 = 00101101B，两种表示数值相同，为了阅读方便，统一用 8 位二进制数表示。

3. 二进制数与十六进制数的相互转换

【例 1-12】 将十六进制数 3ACDH 转换成二进制数

转换过程为

3	A	C	D
↓	↓	↓	↓
0011	1010	1100	1101

转换结果为

$$3ACDH = 0011101011001101B$$

二进制数转换为十六进制数。将二进制数转换为十六进制数，可以表述为以二进制数最低位为起点，向前每 4 位作为一组，若取到最高位时不足 4 位可补 0 代替，每一组 4 位二进制数即可写出对应的十六进制数，按由低到高位排列即得结果。

【例 1-13】 将二进制数 010101111011B 转换为十六进制数

转换过程为

0101	0111	1011
↓	↓	↓
5	7	B

转换结果为

$$010101111011B = 57BH$$

4. 二进制数的算术运算

对于二进制数的算术运算，像通常十进制数的算术运算一样，做加、减运算时，个位要对齐。做乘、除运算时，其法则与十进制数也是相同的。与十进制不同的是，在运算过程中始终要遵循"逢 2 进 1"的运算规则。

(1) 加法运算法则（见表 1-2）

表 1-2　加法运算法则

A	B	A + B	A	B	A + B
0	0	0	1	0	1
0	1	1	1	1	0

【例 1-14】 求 00010011B + 00100011B

运算过程为

$$00010011B$$
$$+00100011B$$
$$\overline{00110110B}$$

故 $00010011B + 00100011B = 00110110B$

验算$00010011B = 16 + 2 + 1 = 19$

$00100011B = 32 + 2 + 1 = 35 \qquad 19 + 35 = 54$

结果$00110110B = 32 + 16 + 4 + 2 = 54$，正确

【例1-15】 求 $11111111B + 00000001B$

运算过程为

$$11111111B$$
$$+00000001B$$

1 进位 $\overline{00000000B}$

由于只涉及 8 位二进制数，进位位无法显示

$11111111B + 00000001B = 0$ 进位位 $= 1$

验算$11111111B = 255$

$00000001B = 1 \qquad 255 + 1 = 256$

结果$100000000B = 256$ 进位位 $= 1$

（2）减法运算法则（见表1-3）

表1-3 减法运算法则

A	B	A－B	A	B	A－B
0	0	0	1	0	1
0	1	1	1	1	0

【例1-16】 求 $00010110B - 00001001B$

运算过程为

$$00010110B$$
$$-00001001B$$
$$\overline{00001101B}$$

故 $00010110B - 00001001B = 00001101B$

验算$00010110B = 32 \quad 00001001B = 9 \quad 32 - 9 = 13$

结果$00001101B = 13 \quad$ 正确

【例1-17】 求 $00000000B - 00000001B$

运算过程为

$$00000000B$$
$$-00000001B$$

借位 1 $\overline{11111111B}$

故 $00000000B - 00000001B = 11111111B$

验算 $00000000B = 0 \qquad 00000001B = 1 \qquad 0 - 1 = -1$

结果 11111111B = −1　　因为若 x = 11111111B

$$x + 1 = 0，\ x = -1$$

（3）乘法运算法则（见表1-4）

表1-4　乘法运算法则

A	B	A*B	A	B	A*B
0	0	0	1	0	0
0	1	0	1	1	1

【例1-18】　求 00001101B × 00000110B

运算过程为

$$
\begin{array}{r}
00001101\text{B} \\
\times\quad 00000110\text{B} \\
\hline
00000000 \\
00001101 \\
+\quad 00001101 \\
\hline
0001001110\text{B}
\end{array}
$$

故　00001101B * 00000110B = 01001110B

验算 00001101B = 13

　　00000110B = 6　　13 * 6 = 78

结果 01001110B = 78　　正确

（4）除法运算法则（见表1-5）

表1-5　除法运算法则

A	B	A/B	A	B	A/B
0	0	0	1	0	无意义
0	1	0	1	1	1

【例1-19】　求 00001101B ÷ 00000110B

运算过程为

$$
\begin{array}{r}
00001101\text{B}/00000110\text{B} = 1 \\
-\quad\ 110\quad\quad \\
\hline
0001\quad\quad\quad = 0
\end{array}
$$

故　00001101B/00000110B = 10B = 2

　　余数 = 0001B = 1

验算 00001101B = 13

　　00000110B = 6　　　13/6 = 2，余数 = 1

5. 二进制数的逻辑运算

上面讲到，计算机中的数据是以二进制为基础的，只有"1"和"0"两个值，这是一种对应的逻辑值，而不能理解为数值。在生活中"真"和"假"，"对"和"错"都可以看作为逻辑值。如果"真"是1，"假"就是0，"高"是1，"低"就是0。对逻辑值，有一套特有的运算规则。它不同于数值运算。例如，对于逻辑值1+1=1。这在算术运算中是不成立的，但对逻辑值运算却是正确的。

二进制数可以进行按位的逻辑运算，每位之间相互独立，位与位之间不存在进位和借位的关系。

（1）逻辑与（AND）

逻辑与的运算法则与二进制乘法相类似。因此，与运算通常用"＊"或"&"来表示，其运算法则见表1-6。

表1-6 逻辑与的运算法则

A	B	A&B	A	B	A&B
0	0	0	1	0	0
0	1	0	1	1	1

由运算法则可知，逻辑与的意义是只有当参与运算的逻辑变量都为1时，与运算的结果才会为1。只要其中有一个为0，其结果就为0。

【例1-20】 逻辑与运算 10101111B&10011101B=10001101B

运算过程为

$$10101111B$$
$$\underline{\&10011101B}$$
$$10001101B$$

（2）逻辑或（OR）

逻辑或的运算法则类似于二进制加法。因此，或运算通常用"＋"或"|"表示，其运算法则见表1-7。

表1-7 逻辑或的运算法则

A	B	A+B	A	B	A+B
0	0	0	1	0	1
0	1	1	1	1	1

由运算法则可知，逻辑或的意义是当参与运算的逻辑变量中有任意一个为1时，或运算的结果就为1。只有都为0时，其结果才为0。

【例1-21】 逻辑或运算 10101010B+01100110B=11101110

运算过程为

$$
\begin{array}{r}
10101010B \\
+01100110B \\
\hline
11101110B
\end{array}
$$

（3）逻辑非（NOT）

逻辑非就是逻辑取反，用逻辑量再加一横线表示。例如，A 的逻辑非即 $\overline{A}$。逻辑非的运算法则见表1-8。

表1-8 逻辑非运算的法则

A	$\overline{A}$	A	$\overline{A}$
0	1	1	0

【例1-22】 若 A = 10101100B，则 $\overline{A}$ = 01010011B。

（4）逻辑异或（XOR）

异或运算可以通过基本逻辑运算实现。$A \oplus B = \overline{A} * \overline{B} + A * B$，用"$\oplus$"表示，逻辑异或运算法则见表1-9。

表1-9 逻辑异或运算法则

A	B	$A \oplus B$	A	B	$A \oplus B$
0	0	0	1	0	1
0	1	1	1	1	0

【例1-23】 逻辑异或 $10101100B \oplus 01100110B = 11001010B$

运算过程为

$$
\begin{array}{r}
10101100B \\
\oplus 01100110B \\
\hline
11001010B
\end{array}
$$

由运算法则可知，逻辑异或运算是只有在两个逻辑变量的值不同时，其结果才为1。否则结果为0。用异或运算的结果可以很容易地判断两个逻辑变量是否相同。

逻辑运算在数据处理过程中经常使用。例如，A 是一个8位二进制数，若要得到 A 的低4位数，只要做逻辑运算"A * 00001111B"，高4位被屏蔽，结果就是低4位数。

五、中、小规模数字集成电路介绍

在单片机组成的控制系统中，经常应用各种中、小规模数字集成电路。

TTL 电路。TTL 是晶体管-晶体管逻辑（Transistor-Transistor Logic）的简称，代表芯片型号是74LS×××。例如，74LS00、74LS04、74LS244、74LS373 等。逻辑电平在标准范围：逻辑0是0～0.8V，逻辑1是2.4～5V。

CMOS 电路。CMOS 是互补金属-氧化物半导体（Complementary Metal Oxide

Semiconductor）的简称，代表芯片型号是 4000、4012 等。CMOS 电路的特点是功率消耗低，电源电压范围宽（3～15V），但比 TTL 速度慢，逻辑电平在标准范围。

近期广泛应用的 74HC 系列集成电路是高速 CMOS 电路。其特点是速度快，功耗低，电源范围宽，逻辑电平在标准范围。对于 5V 电源，逻辑 1 就是 5V，逻辑 0 就是 0V。

若需要获得数字集成电路的信息，可在互联网上找到网址 www.21ic.com，在电路型号栏内输入型号即可以查到相应的 pdf 格式的文件，内有详细资料。

第二章　宏指令汇编语言

原指令是固化在单片机芯片内部的软件资源。不同芯片生产厂商提供的不同系列芯片有着各自不同的指令系统。对于初次接触单片机的初学者来说要理解繁多的指令并练习编写汇编语言程序有相当大的困难。

宏指令是一种自定义的指令集。它是由多个功能相关的原指令组合成一个具有指定功能的宏，并赋予它新的指令代码，多个这样的指令代码组成的指令集称为宏指令集。它的特点是易学、上手快、编程简单、实用性强，能解决实际工作、生活中的一些简易编程控制。

第一节　I/O 接口位状态指令

单片机的 I/O 接口是双向接口，每个 I/O 接口由 8 个二进制位构成。它既可以作为输入接口使用也可以作为输出接口使用的。本书中第一章中介绍的实验机（以下简称实验机）使用的芯片是 AT89C51，具有 4 个 I/O 接口。在宏指令单元中仅仅使用了其中的一个 I/O 接口，而且只能按位使用不能按字节使用。本节中提到的单片机 I/O 接口位状态指令是将 I/O 接口按位使用。I/O 接口位状态指令是命令该位的状态是 1 或 0（对应高、低电平）。在编程练习时，要注意实验机使用的 I/O 接口默认的状态是 1（高电平）。另外，也要注意本书中涉及的单片机学习机中的 I/O 接口外接的 8 个发光二极管在电路图中的极性，这有助于理解发光二极管的发光、不发光与 I/O 接口位状态的关系。

一、I/O 接口位状态指令实例

【例 2-1】　汽车转向灯程序

汽车在变更车道或转向时开启转向灯，使分别装在车前、车后的两个黄色指示灯开始闪烁。

地址	机器码			助记符			；注释
00	0B		01	RTB		01	；将 01 位置 0
02	0B		05	RTB		05	；将 05 位置 0
04	12	05	02	TIMER	05	02	；延时时间 =05 ×1s
07	0A		01	STB		01	；将 01 位置 1
09	0A		05	STB		05	；将 05 位置 1
0B	12	05	02	TIMER	05	02	；延时时间 =05 ×1s
0E	10		00	JMP		00	；返回 00 地址

　10　　1D　　　　　　　END　　　　　；程序结束

单片机手工输入程序方法如下：

1）安装电池、打开电源开关。

2）按下复位键，显示器显示"C"。

3）按下地址键，显示器显示"00."地址。

4）逐一输入机器码数据，如0B（机器码）。调整加数与减数键使显示器显示0B为止。

5）写入，按下写入键，此时就将数据"0B"写入到单片机的内存中。

6）反复重复步骤3）、4）再将机器码数据01、0B、05、12、05、02、0A、01、0A、05、12、05、02、10、00、1D依次写入到单片机的内存中。

7）运行程序：先按下复位键，显示器显示"C"。在按下地址键的同时按下写入键然后同时抬手，程序正确运行后显示器将显示"－1"（若运行不正常可重新输入该程序再试）。

实例运行效果：安装单片机的I/O接口01位和05位的外接黄色发光二极管发光开始闪烁。

程序点评：01位和05位发光二极管同亮同灭，亮、灭时间间隔相同。

二、汇编语言

汇编语言是以助记符表示指令的语言。每一条指令就是汇编语言的一条语句。每一条助记符指令对应着一条机器码指令。使用助记符指令编写的程序称为汇编语言程序。使用机器码指令编写的程序称为机器语言程序。

指令是由单片机生产商定义、用户使用中要遵循的软件资源。不同单片机生产厂商定义的指令系统不同，因此汇编程序在不同的单片机上无通用性。由单片机生产厂商定义指令称为原指令或称为真指令。宏指令是一种在原指令的基础上自定义的指令集。同一种单片机原指令系统可以定义出不同的宏指令集。

汇编是将汇编语言程序转化为机器语言程序。由计算机软件完成的汇编称为机器汇编，由人工通过查指令集（表）完成的汇编称为手工汇编。

宏指令汇编程序格式。为了使读者理解每一条助记符指令一一对应的机器码指令，以及每条指令、数据与单片机存储单元（地址）之间的对应关系和每条语句的功能采用了"地址　机器码　助记符　注释"的格式。助记符与注释之间用分号分开。

三、指令学习

1. I/O接口某位置0指令

　机器码　　　助记符　　　　　；注释

　0B　　n　　RTB　　n　　　；将n位置0

"n"表示I/O接口中的某一位。实验机I/O接口共有8位分别用00、01、02、03、04、05、06、07表示。n＝00、01、02、03、04、05、06、07。

【**例2-2**】 将 I/O 接口 01 位的状态置 0（即使 n = 01）

机器码		助记符		；注释
0B	01	RTB	01	；将 01 位置 0

【**例2-3**】 设计一个 00、02、04、06 位发光二极管发光的程序

地址	机器码		助记符		；注释
00	0B	00	RTB	00	；将 00 位置 0
02	0B	02	RTB	02	；将 02 位置 0
04	0B	04	RTB	04	；将 04 位置 0
06	0B	06	RTB	06	；将 01 位置 0
08	1D		END		；程序结束

实例运行效果：在单片机键盘上输入机器码程序后复位并运行。安装单片机的 I/O 接口 00 位、02 位、04 位和 06 位的外接发光二极管发光（亮）。

程序点评：程序运行后，只要不断电，上述 4 个发光二极管一直亮。结束语句是一个程序结束的标志，将会在后面讲解。

输入练习：将编程练习中机器码依次输入到单片机中观察该程序运行状况。输入操作步骤如下：

1）安装电池、打开电源开关。

2）按下复位键，显示器显示"C"。

3）输入数据"0B"（机器码）：调整"加数、减数"键使显示器显示"0B"。

4）写入，按下写入键将数据"0B"写入到单片机的内存中。

5）反复重复步骤 3、4）再将数据"00、0B、02、0B、04、0B、06、10"依次写入到单片机的内存中。

6）运行程序：先按下复位键，显示器显示"C"。在按下地址键的同时按下写入键然后同时抬起。

7）检查程序：程序运行后显示器显示"–1"。单片机 I/O 接口中外接的 00、02、04、06 位发光二极管发光，程序编写和输入正确（若程序输入有错可重新输入，如何修改后文中将提到）。

2. I/O 接口置 1 指令

机器码		助记符		；注释
0A	n	STB	n	；将 n 位置 1

"n"表示 I/O 接口中的某一位。本款单片机 I/O 接口共有 8 位分别用 00、01、02、03、04、05、06、07 表示。n = 00、01、02、03、04、05、06、07。

【**例2-4**】 设计一个 00、02、04、06 位发光二极管发光，而 01、03、05、07 位的发光二极管不发光的程序

地址	机器码		助记符		；注释
00	0B	00	RTB	00	；将 00 位置 0

02	0B	02	RTB	02	; 将 02 位置 0
04	0B	04	RTB	04	; 将 04 位置 0
06	0B	06	RTB	06	; 将 01 位置 0
08	0A	01	STB	01	; 将 01 位置 1
0A	0A	03	STB	03	; 将 03 位置 1
0C	0A	05	STB	05	; 将 05 位置 1
0E	0A	07	STB	07	; 将 07 位置 1
10	1D		END		; 程序结束

实例运行效果：在单片机键盘上输入机器码程序后复位并运行。安装在单片机 I/O 接口 00 位、02 位、04 位和 06 位外接的发光二极管发光（亮），01 位、03 位、05 位和 07 位外接的发光二极管不发光（灭）。

程序点评：程序运行后，只要不断电，有 4 个发光二极管一直亮，而另外 4 个发光二极管一直灭。结束语句是一个程序结束的标志。

3. 延时指令

机器码　　　　　助记符　　　　　;注释

12　n2　n2　　TIMER　n1　n2　　; 延时时间 = n1 × n2

其中，"n1" 表示延时时间的数据，其取值范围为 n1 = 00H ~ FFH。

"n2" 表示延时时间的单位，其时间单位定义 "n2 = 00" 表示 0.01s；"n2 = 01" 表示 0.1s；"n2 = 02" 表示 1s；"n2 = 03" 表示 1min；"n2 = 04" 表示 1h。

延时时间 = n1 × n2。

延时时间举例如下：

【例 2-5】　延时 5s

机器码　　　　　助记符　　　　　;注释

12　05　02　　TIMER　05　02　　; 延时 5s

其中，n1 = 05 表示数；n2 = 02 表示时间，单位 1s

延时时间 = n1 × n2 = 05 × 1s = 05s。

【例 2-6】　延时 0.2s

机器码　　　　　助记符　　　　　;注释

12　02　01　　TIMER　02　01　　; 延时时间 = 02 × 0.1s（n2 = 01 表示时间单位 0.1s）

【例 2-7】　设计一个 00 位发光二极管亮 2s 后熄灭，00 位发光二极管熄灭 5s 后 02 位发光二极管亮 2s 后熄灭，02 位发光二极管熄灭 5s 的程序

地址　　机器码　　　　　助记符　　　　　;注释

| 00 | 0B | 00 | | RTB | 00 | ; 将 00 位置 0（00 灯亮） |
| 02 | 12 | 02 | 02 | TIMER | 02 02 | ; 延时时间 = 02 × 1s = 2s |

05	0A		00	STB		00	；将00位置1（00灯灭）
07	12	05	02	TIMER	05	02	；延时时间=05×1s=5s
0A	0B		02	RTB		02	；将02位置0（02灯亮）
0C	12	02	02	TIMER	02	02	；延时时间=02×1s=2s
0F	0A		02	STB		02	；将02位置1（02灭）
11	12	05	02	TIMER	05	02	；延时时间=05×1s=5s
14	1D			END			；程序结束

实例运行效果：在单片机键盘上输入机器码程序后复位并运行。安装单片机的I/O接口00位和02位外接的发光二极管先后亮、灭。

程序点评：00位外接的发光二极管亮、灭时间间隔不相同。

4. 无条件转移指令

机器码		助记符		；注释
10	n	JMP	n	；无条件转移至n地址

其中，"n"表示地址，其取值范围n=00H~FFH。

【例2-8】 设计00位发光二极管亮2s灭2s循环闪烁程序

地址	机器码			助记符			；注释
00	0B		00	RTB		00	；将00位置0（亮）
02	12	02	02	TIMER	02	02	；延时时间=02×1s=2s
05	0A		00	STB		00	；将00位置1（灭）
07	12	02	02	TIMER	02	02	；延时时间=02×1s=2s
0A	10		00	JMP		00	；无条件转移至00地址
0C	1D			END			；程序结束

实例运行效果：在单片机键盘上输入机器码程序后复位并运行。安装单片机的I/O接口00位外接的发光二极管进入亮、灭循环闪烁状态。

程序点评：00位发光二极管亮、灭时间间隔相同。只要不断电，00位外接的发光二极管一直会循环闪烁。

【例2-9】 设计一个00位发光二极管亮2s后熄灭，熄灭5s后02位发光二极管亮2s后熄灭，熄灭5s以后00位发光二极管与02位发光二极管逐一亮灭（即00位发光二极管与02位发光二极管逐一交替循环闪烁）的程序

地址	机器码			助记符			；注释
00	0B		00	RTB		00	；将00位置0（00灯亮）
02	12	02	02	TIMER	02	02	；延时时间=02×1s=0.2s
05	0A		00	STB		00	；将00位置1（00灯灭）
07	12	05	02	TIMER	05	02	；延时时间=05×1s=5s
0A	0B		02	RTB		02	；将02位置0（02灯亮）

0C	12	02	02	TIMER	02	02	；延时时间 = 02 × 1s = 5s
0F	0A		02	STB	02		；将 02 位置 1（02 灭）
11	12	05	02	TIMER	05	02	；延时时间 = 05 × 1s = 5s
14	10		00	JMP	00		；无条件转移至 00 地址
16	1D			END			；程序结束

实例运行效果：在单片机键盘上输入机器码程序后复位并运行。安装在单片机 I/O 接口 00 位和 02 位的外接发光二极管发光开始交替循环闪烁。

程序点评：00 位和 02 位发光二极管先后亮灭，亮、灭时间间隔不相同。只要不断电，两只外接的发光二极管会一直交替循环闪烁。

5. 程序结束指令

机器码	助记符	；注释
1D	END	；程序结束

程序结束指令是一条伪指令，表示程序结束，它已在程序中多次应用。因此，不再举例说明。

6. 地址

在单片机芯片内部有一定容量的存储单元用于保存用户编写的程序。地址就是这些存储单元的编号。用宏指令编写的汇编语言中有地址一栏，计算每条程序的地址时可以按助记符一栏计算也可以按机器码一栏计算，但每个程序的首地址都是从 00 开始。

1）程序地址的计算。以例 2-1 汽车转向灯程序为例，其按机器码一栏计算地址如下：

地址	机器码			助记符		；注释
00	0B		01	RTB	01	；将 01 位置 0
02	0B		05	RTB	05	；将 05 位置 0
04	12	05	02	TIMER	05	02	；延时时间 = 05 × 1s
07	0A		01	STB	01	；将 01 位置 1
09	0A		05	STB	05	；将 05 位置 1
0B	12	05	02	TIMER	05	02	；延时时间 = 05 × 1s
0E	10		00	JMP	00	；返回 00 地址
10	1D			END		；程序结束

在例 2-1 的程序中，第一条机器码程序有两个指令有分别是"0B"、"01"。程序的首行地址都是从 00 开始，所以第一行程序的地址是 00，它表示 00 地址单元中存放"0B"指令。第一条机器码程序中的第二个指令数据"01"存放在 01 地址单元中。第二行程序的开始地址是 02，第二条机器码程序有两个指令有分别是"0B"、"05"，其中 02 地址单元中存放"0B"指令，03 地址单元中存

放"05"数据。第三条程序的开始地址是04，第三条机器码程序有三个指令有分别是"12"、"05"、"02"。其中04地址单元中存放"12"指令，05地址单元中存放"05"数据，06地址单元中存放"02"数据。依此类推计算并写出程序的地址栏。

2）通过地址修改程序。在单片机上输入完毕程序后，若要对程序中的某些指令、数据进行修改时简捷的方法是按地址修改。下面以例2-1汽车转向灯程序为例讲解如何修改地址上的数据。

例2-1汽车转向灯程序是两个黄灯同时亮灭，现将修改两个黄灯同时亮灭的延时时间，以改变汽车转向灯闪烁的视觉效果。修改延时时间可以修改时间长短（即时间数据），也可以修改延时时间单位。下面我们以修改延时时间为例，将时间单位从1s改为0.1s，即将"02"改为"01"。

具体操作步骤如下：

1）计算出要修改的延时单位数据存放的存储单元地址。例2-1中的两条延时指令程序的行地址分别是"04"和"0B"。存放延时单位数据的存储单元地址分别是"06"，"0D"。

2）按下单片机的复位键，显示器显示"C"。

3）按下地址键，显示器显示"00."（注意是00点，显示点表示的是00地址）。

4）按住地址键不松手，在显示器上显示"00."的基础上调整"加数"、"减数"键使显示器显示要修改的时间数据的地址"04."后放手。

5）再将原数据"02"调整为修改值"01"（用"加数"、"减数"键）。

6）写入：按下写入键将修改后的指令或数据写入到单片机的内存中。

7）再修改第二个数据。

8）按下地址键不松手，在显示器上显示"05."的基础上调整"加数"、"减数"键使显示器显示要修改的时间数据的地址"0D."后放手。

9）再将原数据"02"调整为修改值"01"（用"加数"、"减数"键）。

10）写入：按下写入键将修改后的指令或数据写入到单片机的内存中。

11）运行程序并检查修改效果。先按下单片机的复位键，显示器显示"C"。再分别按下地址键和写入键同时放手。

四、I/O接口位状态指令编程练习

1.【例2-10】 设计8个发光二极管逐一依次循环闪烁的程序

1）逐一依次循环闪烁设计方案。

逐一依次循环闪烁："逐一"表示某时刻仅能有一个发光二极管亮；"依次"表示I/O接口各位的发光二极管按顺序亮；"循环"表示I/O接口各位的灯逐一依次无固定次数的不停闪烁；"闪烁"表示I/O接口各位的发光二极管有亮有灭。

方案说明：图 2-1 中深色的符号表示发光二极管亮，浅色的符号表示发光二极管不亮。I/O 接口位 N = 00 ~ 07。

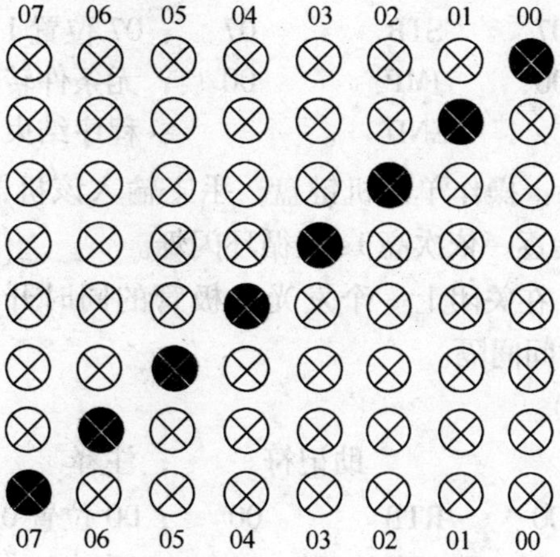

图 2-1　发光二极管逐一依次闪烁

2）程序设计（一）。

地址	机器码			助记符			；注释
00	0B		00	RTB		00	；00 位置 0
02	12	01	02	TIMER	01	02	；延时 1s
05	0A		00	STB		00	；00 位置 1
07	0B		01	RTB		01	；01 位置 0
09	12	01	02	TIMER	01	02	；延时 1s
0C	0A		01	STB		01	；01 位置 1
0E	0B		02	RTB		02	；02 位置 0
10	12	01	02	TIMER	01	02	；延时 1s
13	0A		02	STB		02	；02 位置 1
15	0B		03	RTB		03	；03 位置 0
17	12	01	02	TIMER	01	02	；延时 1s
1A	0A		03	STB		03	；03 位置 1
1C	0B		04	RTB		04	；04 位置 0
1E	12	01	02	TIMER	01	02	；延时 1s
21	0A		04	STB		04	；04 位置 1
23	0B		05	RTB		05	；05 位置 0
25	12	01	02	TIMER	01	02	；延时 1s
28	0A		05	STB		05	；05 位置 1
2A	0B		06	RTB		06	；06 位置 0
2C	12	01	02	TIMER	01	02	；延时 1s
2F	0A		06	STB		06	；06 位置 1

31	0B		07	RTB	07		; 07 位置 0
33	12	01	02	TIMER	01	02	; 延时 1s
36	0A		07	STB	07		; 07 位置 1
38	10		00	JMP	00		; 无条件转移至 00 地址
3A	1D			END			; 程序结束

实例程序运行效果：操作单片机键盘，手工输入该机器码程序并运行后，从 00 位的发光二极管开始逐一依次亮 1s 且循环闪烁。

程序（一）点评：在关闭上一个发光二极管的同时开启下一个发光二极管，关闭与开启之间没有时间间隔。

3）程序设计（二）。

地址	机器码			助记符			; 注释
00	0B		00	RTB	00		; 00 位置 0
02	12	01	02	TIMER	01	02	; 延时 1s
05	0A		00	STB	00		; 00 位置 1
07	12	01	02	TIMER	01	02	; 延时 1s
0A	0B		01	RTB	01		; 01 位置 0
0C	12	01	02	TIMER	01	02	; 延时 1s
0F	0A		01	STB	01		; 01 位置 1
11	12	01	02	TIMER	01	02	; 延时 1s
14	0B		02	RTB	02		; 02 位置 0
16	12	01	02	TIMER	01	02	; 延时 1s
19	0A		02	STB	02		; 02 位置 1
1B	12	01	02	TIMER	01	02	; 延时 1s
1E	0B		03	RTB	03		; 03 位置 0
20	12	01	02	TIMER	01	02	; 延时 1s
23	0A		03	STB	03		; 03 位置 1
25	12	01	02	TIMER	01	02	; 延时 1s
28	0B		04	RTB	04		; 04 位置 0
2A	12	01	02	TIMER	01	02	; 延时 1s
2D	0A		04	STB	04		; 04 位置 1
2F	12	01	02	TIMER	01	02	; 延时 1s
32	0B		05	RTB	05		; 05 位置 0
34	12	01	02	TIMER	01	02	; 延时 1s
37	0A		05	STB	05		; 05 位置 1
39	12	01	02	TIMER	01	02	; 延时 1s
3C	0B		06	RTB	06		; 06 位置 0

地址	机器码			助记符			;注释
3E	12	01	02	TIMER	01	02	;延时 1s
41	0A	06		STB	06		;06 位置 1
43	12	01	02	TIMER	01	02	;延时 1s
46	0B	07		RTB	07		;07 位置 0
48	12	01	02	TIMER	01	02	;延时 1s
4B	0A	07		STB	07		;07 位置 1
4D	12	01	02	TIMER	01	02	;延时 1s
50	10	00		JMP	00		;无条件转移至 00 地址
52	1D			END			;程序结束

实例程序运行效果：操纵单片机键盘，手工输入该机器码程序并运行后，从 00 位的发光二极管开始逐一亮 1s 后灭 1s，依次亮、灭循环闪烁。

程序（二）点评：在关闭上一个发光二极管后，延时再开启下一灯，关闭与开启之间有 1s 的时间间隔。

2.【例 2-11】 设计 8 个发光二极管逐对依次循环闪烁的程序

（1）逐对依次循环闪烁设计方案

逐对依次循环闪烁："逐对"表示某时刻能有两个发光二极管亮；"依次"表示 I/O 接口各位的灯按一定顺序两两亮；"循环"表示 I/O 接口各位的发光二极管逐对依次无固定次数的不停两两亮灭；"闪烁"表示 I/O 接口各位的发光二极管又有亮有灭。

方案说明：图 2-2 中深色的符号表示发光二极管亮，浅色的符号表示发光二极管不亮。I/O 接口位 N = 00 ~ 07。

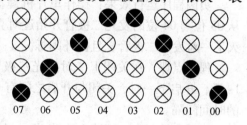

图 2-2　发光二极管逐对依次闪烁

（2）程序

地址	机器码			助记符			;注释
00	0B	03		RTB	03		;03 位置 0
02	0B	04		RTB	04		;04 位置 0
04	12	01	02	TIMER	01	02	;延时 1s
07	0A	03		STB	03		;03 位置 1
09	0A	04		STB	04		;04 位置 1
0B	12	01	02	TIMER	01	02	;延时 1s
0E	0B	02		RTB	02		;02 位置 0
10	0B	05		RTB	05		;05 位置 0
12	12	01	02	TIMER	01	02	;延时 1s
15	0A	02		STB	02		;02 位置 1

地址	机器码			助记符		注释
17	0A		05	STB	05	;05 位置1
19	12	01	02	TIMER	01 02	;延时1s
1C	0B		01	RTB	01	;01 位置0
1E	0B		06	RTB	06	;06 位置0
20	12	01	02	TIMER	01 02	;延时1s
23	0A		01	STB	01	;01 位置1
25	0A		06	STB	06	;06 位置1
27	12	01	02	TIMER	01 02	;延时1s
2A	0B		00	RTB	00	;00 位置0
2C	0B		07	RTB	07	;07 位置0
2E	12	01	02	TIMER	01 02	;延时1s
30	0A		00	STB	00	;00 位置1
32	0A		07	STB	07	;07 位置1
34	12	01	02	TIMER	01 02	;延时1s
37	10		00	JMP	00	;无条件转移至00地址
39	1D			END		;程序结束

实例程序运行效果：操作单片机键盘，手工输入该机器码程序并运行程序后，从 03 位与 04 位的发光二极管开始逐对亮 1s 后，灭 1s 再依次按 1s 的时间间隔亮、灭下一对发光二极管，且循环闪烁。

程序点评：在关闭上一对发光二极管 1s 后，开启下一对，关闭与开启之间有 1s 的时间间隔。

3.【例 2-12】 设计 8 个发光二极管逐一递增循环闪烁的程序

（1）逐一递增循环闪烁程序设计方案

逐一递增循环闪烁："逐一递增"表示某时刻从 00 位发光二极管开始亮，下一时刻递增到 2 个发光二极管亮，再下一时刻递增到 3 个发光二极管，依次递增；"循环"表示无固定次数的亮灭；"闪烁"表示发光二极管有亮有灭。

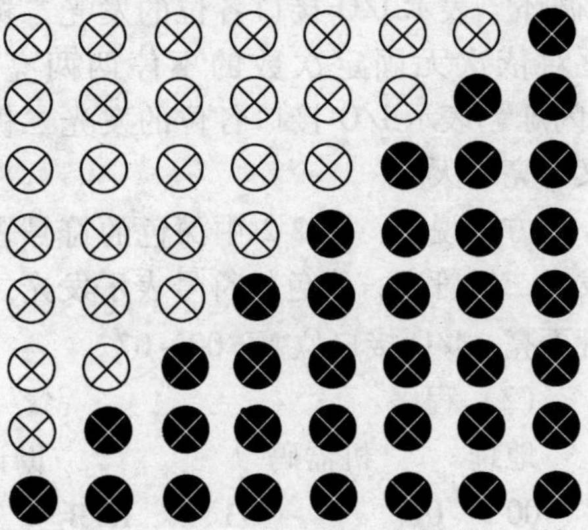

图案说明：图 2-3 中深色的符号表示发光二极管亮，浅色的符号表示发光二极管不亮。I/O 接口位 N = 00 ~ 07。

图 2-3 发光二极管逐一递增循环闪烁

（2）程序

地址	机器码			助记符		注释
00	0B		00	RTB	00	;00 位置0

02	12	01	02	TIMER	01	02	；延时 1s
05	0B	01		RTB	01		；01 位置 0
07	12	01	02	TIMER	01	02	；延时 1s
0A	0B	02		RTB	02		；02 位置 0
0C	12	01	02	TIMER	01	02	；延时 1s
0F	0B	03		RTB	03		；03 位置 0
11	12	01	02	TIMER	01	02	；延时 1s
14	0B	04		RTB	04		；04 位置 0
16	12	01	02	TIMER	01	02	；延时 1s
19	0B	05		RTB	05		；05 位置 0
1B	12	01	02	TIMER	01	02	；延时 1s
1E	0B	06		RTB	06		；06 位置 0
20	12	01	02	TIMER	01	02	；延时 1s
23	0B	07		RTB	07		；07 位置 0
25	12	01	02	TIMER	01	02	；延时 1s
28	0A	00		STB	00		；00 位置 1
2A	0A	01		STB	01		；01 位置 1
2C	0A	02		STB	02		；02 位置 1
2E	0A	03		STB	03		；03 位置 1
30	0A	04		STB	04		；04 位置 1
32	0A	05		STB	05		；05 位置 1
34	0A	06		STB	06		；06 位置 1
36	0A	07		STB	07		；07 位置 1
38	12	01	02	TIMER	01	02	；延时 1s
3B	10	00		JMP	00		；无条件转移至 00 地址
3D	1D			END			；程序结束

实例程序运行效果：操作单片机键盘，手工输入该机器码程序并运行程序后，从 00 位发光二极管开始亮起，1s 后 01 位的灯，随着时间一秒秒增加发光二极管也随之一个个增加。当 8 个发光二极管全后，延时 1s 全部熄灭再重新开始循环闪烁。

程序点评：亮发光二极管是 1s 增加一个，而灭发光二极管是 8 个一起。

五、应用举例

【例 2-13】 城市交通公路行人道过街红绿灯的控制

1. 实际问题描述

设计某城市过街红绿灯要求是，在红色"等待"字样亮（见图 2-4）时，行人禁止通行。红色"等待"字样一共亮 9s，当最后 3s 时红色"等待"字样开始闪

烁。红色"等待"字样到时后，绿色"行人"图案，和6条绿色条亮（见图2-5），
行人通行。这时6条绿色亮条逐一随时间减少，当剩
下两条绿色条时，绿色"行人"图案和绿色条开始
闪烁。绿色"行人"图案和绿色条到时后返回开始
状态。

图2-4　城市交通公路行人道
过街红灯

2. 确定方案

1）设I/O接口的00位控制红色字"等待"（可
用00位控制一只继电器，控制由若干个发光二极管
搭接组成红色"等待"字样）。

2）01位控制绿色"行人"图案（01位控制另一只继电器，控制由若干个发
光二极管搭接组成绿色"行人"图案）。

图2-5　城市交通公路行人道过街绿灯

3）02位~07位分别控制从长渐短的、相互独立的6条绿色条（同理，02~
07位分别控制不同的继电器，控制不同由若干个发光二极管搭接组成的6条绿色
条）。

4）本例不涉及硬件电路设计、制作、安装、调试的内容仅练习编程。

3. 程序

地址	机器码			助记符			;注释
00	0B		00	RTB		00	;将00位置0（"等待"亮）
02	12	06	02	TIMER	06	02	;延时6s
05	0A		00	STB		00	;将00位置1（"等待"灭）
07	12	05	01	TIMER	05	01	;延时0.5s
0A	0B		00	RTB		00	;将00位置0（"等待"亮）
0C	12	05	01	TIMER	05	01	;延时0.5s

0F	0A		00	STB		00	；将00位置1（"等待"灭）
11	12	05	01	TIMER	05	01	；延时0.5s
14	0B		00	RTB		00	；将00位置0（"等待"亮）
16	12	05	01	TIMER	05	01	；延时0.5s
19	0A		00	STB		00	；将00位置1（"等待"灭）
1B	12	05	01	TIMER	05	01	；延时0.5s
1E	0B		00	RTB		00	；将00位置0（"等待"亮）
20	12	05	01	TIMER	05	01	；延时0.5s
23	0A		00	STB		00	；将00位置1（"等待"灭）
25	0B		01	RTB		01	；将01位置0（行人图案亮）
29	0B		02	RTB		02	；将02位置0（1绿色条亮）
2B	0B		03	RTB		03	；将03位置0（2绿色条亮）
2D	0B		04	RTB		04	；将04位置0（3绿色条亮）
2F	0B		05	RTB		05	；将05位置0（4绿色条亮）
31	0B		06	RTB		06	；将06位置0（5绿色条亮）
33	0B		07	RTB		07	；将07位置0（6绿色条亮）
35	12	02	02	TIMER	02	02	；延时2s
38	0A		02	STB		02	；将02位置1（1绿色条灭）
3A	12	01	02	TIMER	01	02	；延时1s
3D	0A		03	STB		03	；将03位置1（2绿色条灭）
3F	12	01	02	TIMER	01	02	；延时1s
42	0A		04	STB		04	；将04位置1（3绿色条灭）
44	12	01	02	TIMER	01	02	；延时1s
46	0A		05	STB		05	；将05位置1（4绿色条灭）
48	0A		01	STB		01	；将01位置1（行人图案灭）
4A	0A		06	STB		06	；将06位置1（5绿色条灭）
4C	0A		07	STB		07	；将07位置1（6绿色条灭）
4E	12	05	01	TIMER	05	01	；延时0.5s
51	0B		01	RTB		01	；将01位置0（行人图案亮）
53	0B		06	RTB		06	；将06位置0（5绿色条亮）
55	0B		07	RTB		07	；将07位置0（6绿色条亮）
57	12	05	01	TIMER	05	01	；延时0.5s
5A	0A		01	STB		01	；将01位置1（行人图案灭）
5C	0A		06	STB		06	；将06位置1（5绿色条灭）
5E	0A		07	STB		07	；将07位置1（6绿色条灭）
60	12	05	01	TIMER	05	01	；延时0.5s

63	0B	01	RTB	01		；将 01 位置 0（行人图案亮）
65	0B	07	RTB	07		；将 07 位置 0（6 条绿色亮）
67	12	05	01	TIMER	05	01	；延时 0.5s
6A	0A	01	STB	01		；将 01 位置 1（行人图案灭）
6C	0A	07	STB	07		；将 07 位置 1（6 绿色条灭）
6E	12	05	01	TIMER	05	01	；延时 0.5s
71	0B	01	RTB	01		；将 01 位置 0（行人图案亮）
73	12	05	01	TIMER	05	01	；延时 0.5s
76	0A	01	STB	01		；将 01 位置 1（行人图案灭）
78	12	01	02	TIMER	01	02	；延时 1s
7B	10	00	JMP	00		；返回 00 地址
7D	1D		END			；程序结束

实例程序运行效果：操作单片机键盘，手工输入该机器码程序并运行程序后，红色"等待"字样亮6s，红色"等待"字样闪烁3s后灭。绿色"行人"图案和6条绿色条亮，这时6条绿色亮条逐一随时间减少，当剩下两条绿色条时，绿色"行人"图案和绿色条开始闪烁。绿色"行人"图案和绿色条熄灭以后返回初始状态进入循环。

程序点评："等待"字样闪烁与"行人"图案、2条绿色条闪烁的程序是通过反复使用I/O接口位状态指令置0置1实现的，闪烁的次数与反复使用I/O接口位状态指令置0置1相关联（后续例子中会有更简便的方法）。

六、宏指令集

1. 符号定义

数据寄存器用于编程中存储数据，如端口状态的输入/输出，运算结果的暂存都要用到寄存器。所谓寄存器就是单片机（MCU）芯片内的一些 RAM 单元，负责暂存数据。一旦机器断电数据不能被保存，重新上电后寄存器及端口将被初始化。寄存器就相当于衣服的口袋，它只能负责临时保存，而存储器就相当于书包可以长期保存。在软件设计中，了解和使用寄存器是非常重要的一环。本书所介绍的宏指令中单独定义了4个专用寄存器，即 d、n、c、m。它们在宏简易指令集的编程中担负重要的任务。

d：d 是一个 8 位数据寄存器。可以赋值 00H ~ FFH，可以输出到 I/O 端口以二进制数形式发发光二极管 L0 ~ L7 显示，也可以在数码管上显示。

n：它在某些指令中表示要跳转的地址，范围为 00H ~ FFH。在某些指令中又可以表示端口号范围是 00 ~ 07，共有 8 个端口。

c：c 是 1 位寄存器。它只有两种状态"1"或"0"负责保存运算状态，也可以与 m 交换信息。

m：m 是 8 个独立的 1 位寄存器其编号 08H ~ 0FH，m 负责逻辑运算状态的暂存，也可以与 c 寄存器交换信息。

2. 宏指令集机器代码表（具有 30 条指令，见表 2-1）

表 2-1 宏指令集机器代码表

序号	助记符	十六进制代码	指 令 功 能
1	STD d	00 d	对 d 赋值，范围为 00 ~ FFH
2	DSD	01	令 d 输出到数码管并显示
3	OFFD	02	关闭显示器
4	INCD dx	03 dx	d + dx 送入 d 并对重新赋值
5	JNZD n	04 n	d − 1 若结果非 0，则跳转到地址 n，否则执行下一条指令
6	JNED dx n	05 dx n	d − dx，若结果非 0，则跳转到地址 n，否则执行下一条指令
7	JZC n	06 n	若 c = 0，则跳转到地址 n，否则执行下一条指令
8	JNZC n	07 n	若 c = 1，则跳转到地址 n，否则执行下一条指令
9	STC	08	令 c = 1
10	RTC	09	令 c = 0
11	STD n	0A n	令端口 n = "1"，n = 00 ~ 07
12	RTB n	0B n	令端口 n = "0"，n = 00 ~ 07
13	SND	0C	蜂鸣器响 1s
14	SUBX n	0D n	无条件跳转到子程序地址 n
15	RETX	0E	结束子程序，返回主程序
16	MSC	0F	开始乐曲编程
17	JMP n	10 n	无条件跳转到地址 n，n = 00 ~ FFH
18	NOTC	11	令 c 取反
19	TIMER n1 n2	12 n1 n2	延时，t = n1 × n2（时间单位）
20	STOP	13	程序停止向下执行，原地踏步
21	WCM m	14 m	寄存器 m（08 ~ 0FH）状态送 c
22	WMC m	15 m	c 状态送寄存器 m
23	LOAD n	16 n	端口（n）状态送 c，n = 00 ~ 07
24	OUT n	17 n	c 状态送端口（n），n = 00 ~ 07
25	ANDX m	18 m	寄存器 m（08 ~ 0FH）与 c 进行逻辑与运算结果送 c
26	ANDNOT m	19 m	寄存器 m（08 ~ 0FH）取反与 c 进行逻辑与运算，结果送 c
27	ORX m	1A m	寄存器 m（08 ~ 0FH）与 c 进行逻辑或运算，结果送 c
28	ORNOT m	1B m	寄存器 m（08 ~ 0FH）取反与 c 进行逻辑或运算，结果送 c

（续）

序号	助记符	十六进制代码	指 令 功 能
29	NOP	1C	空指令
30	DOUT n1 n2	1E n1 n2	字形码低位 n1 送显示缓冲区低位字形码高位 n2 送显示缓冲区高位并显示

第二节　显示器赋值指令

实验机的显示器采用了两只 8 段共阳极超亮度红色 LED 管。显示器有两个作用：一是在操作小键盘进行手工程序输入的过程中显示 16 进制的指令和数据，另一方面是该款单片机为用户提供的显示 2 位十六进制数的硬件资源。本节所介绍的就是作为硬件资源使用的一组指令。

一、显示器赋值指令实例

【例 2-14】 累加 "1" 的循环程序

累加计数在人们日常生活、工厂产品计件等行业中常用。

```
地址      机器码            助记符          ; 注释
00    00        00    STD     00      ; d = 00
02    01              DSD             ; 显示
03    12    01    02  TIMER   01  02  ; 延时 1s
06    03        01    INCD    01      ; d = xx + 01
08    10        02    JMP     02      ; 跳到 02 地址
0A    1D              END             ; 程序结束
```

实例程序运行效果：在单片机上手工输入并运行该程序，显示器从 "00" 开始显示，随之累加 "1" 显示：01、02、03、…、0F、10、11、…、FE、FF、00，循环累加 "1" 显示。

程序点评：本程序巧妙地应用了无条件转移指令 JMP，简化了程序；延时 1s 能看清楚数字。

二、指令学习

1. 显示器赋值指令

```
机器码        助记符        ; 注释
00    d    STD     d       ; d = 赋值
```

其中，"d" 是一个 8 位（二进制数）寄存器，称为显示器寄存器。用于暂存被赋值在显示器内的数据，"d" 的取值范围 d = 00H ~ FFH。

【例 2-15】 将十六进制数 "5AH" 赋值给显示器

```
机器码        助记符        ; 注释
00    5A    STD     5A      ; d = 5A
```

将此条程序输入单片机后运行，显示器并没有显示"5A"是因为这是一条赋值指令仅赋值不显示。

2. 显示器显示指令

机器码	助记符	;注释
01	DSD	;显示显示器被赋值的数据

【例2-16】 设计显示器显示十六进制数"5AH"程序

地址	机器码		助记符		;注释
00	00	5A	STD	5A	;d=5A
02	01		DSD		;显示显示器被赋值的数据
03	1D		END		;程序结束

将此程序输入单片机后运行，显示器显示十六进制数"5A"。

3. 关闭显示器显示指令

机器码	助记符	;注释
02	OFFD	;关闭显示器

【例2-17】 设计显示器显示十六进制数"5AH"程序

地址	机器码			助记符			;注释
00	00	5A		STD	5A		;d=5A
02	01			DSD			;显示显示器被赋值的数据
03	12	05	02	TIMER	05	02	;延时5s
06	02			OFFD			;关闭显示器
03	1D			END			;程序结束

将此程序输入单片机后运行，显示器显示十六进制数"5A"5s后显示器关闭。

4. 显示器加数赋值指令

机器码		助记符		;注释
03	dx	INCD	dx	;d=d+dx

其中，"dx"是8位（二进制数）无符号整数，取值范围dx=00H~FFH。

注："d=d+dx"等式中等号右侧表示显示器原已被赋值数"d"加上现指令中加数赋值的数"dx"后，再重新赋值给等式中等号左侧显示器"d"。等号左侧的"d"表示"求和"以后重新赋值的数据。

【例2-18】 设计一个算式为5+8=？的加法运算程序

地址	机器码			助记符		;注释
00	00	05		STD	05	;d=05
02	01			DSD		;显示显示器被赋值的数据
03	12	05	02	TIMER	05 02	;延时5s
06	03	08		INCD	08	;d=05+08

08	01			DSD			；显示显示器被重新赋值的数据
09	12	05	02	TIMER	05	02	；延时 5s
0C	02			OFFD			；关闭显示器
0D	1D			END			；程序结束

将此程序输入单片机后运行，显示器显示第一个被赋值的十六进制数据"05"，5s 后再显示经过加数赋值"求和"以后重新赋值的十六进制数"0D"。5s 后显示器关闭。

三、显示器赋值指令编程练习

1.【例 2-19】 设计一个循环显示某一数据的程序

1）循环显示"05"的程序。

地址	机器码			助记符			；注释
00	00		05	STD		05	；d = 05
02	01			DSD			；显示
03	12	02	02	TIMER	02	02	；延时 2s
06	02			OFFD			；关显示
07	12	02	02	TIMER	02	02	；延时 2s
0A	10		00	JMP		00	；返回 00 地址
0C	1D			END			；程序结束

2）实例程序运行效果：操作单片机键盘，手工输入该机器码程序并运行后，十六进制数据"05"开始循环闪烁显示。

3）程序点评：仅仅循环闪烁显示一个固定数据，数据闪烁间隔相同。

2. 编写加法运算程序

【例 2-20】 算式为 3 + 2 + 5 + 8 = ? 的加法运算程序

地址	机器码			助记符			；注释
00	00		03	STD		03	；d = 03
02	01			DSD			；显示
03	12	02	02	TIMER	02	02	；延时 2s
06	03		02	INCD		02	；d = 03 + 02
08	01			DSD			；显示
09	12	02	02	TIMER	02	02	；延时 2s
0C	03		05	INCD		05	；d = 05 + 05
0E	01			DSD			；显示
0F	12	02	02	TIMER	02	02	；延时 2s
12	03		08	INCD		08	；d = 0A + 08
14	01			DSD			；显示

15	12	02	02	TIMER	02	02	; 延时 2s
18	02			OFFD			; 关显示
19	1D			END			; 程序结束

实例程序运行效果：操作单片机键盘，手工输入该机器码程序并运行后，显示器显示第一个被赋值的十六进制数据"03"，再以 2s 的间隔依次显示十六进制数"05"、"0A"、"12"，2s 后显示器关闭。

程序点评：这仅仅是一个熟悉指令的程序。

3. 设计一个累加某一个固定数值的循环显示程序

【例 2-21】 累加"2"的循环显示程序。

地址	机器码			助记符		; 注释
00	00	00		STD	00	; d = 00
02	01			DSD		; 显示
03	12	02	02	TIMER	02	; 延时 2s
06	03		02	INCD	02	; d = xx + 02
08	10		02	JMP	02	; 跳到 02 地址
0A	1D			END		; 程序结束

实例程序运行效果：操作单片机键盘，手工输入该机器码程序并运行后，显示器显示第一个被赋值的十六进制数"00"，再依次累加"2"显示。

程序点评：本程序累加的是一个偶数"2"，循环后仍可重复显示第一轮显示的数据。若是奇数或其他偶数，进入重复显示后可能不显示第一轮的数据。

四、应用举例

【例 2-22】 具有灯闪烁提示的累加"1"程序

灯闪烁提示的累加"1"计数装置已广泛应用，如公交汽车刷卡器。当每刷一次卡除计数、计价外还有灯闪烁及声音提示，提示刷卡者和售票员。

地址	机器码			助记符		; 注释
00	00	00		STD	00	; d = 00
02	12	01	02	TIMER	01	02 ; 延时 1s
05	0B		02	RTB	02	; 02 置 0（绿灯亮）
07	01			DSD		; 显示
08	12	01	02	TIMER	01	02 ; 延时 1s
0B	0A		02	STB	02	; 02 置 1（绿灯灭）
06	03		01	INCD	01	; d = xx + 01
08	10		02	JMP	02	; 跳到 02 地址
0A	1D			END		; 程序结束

实例程序运行效果：操作单片机键盘，手工输入该机器码程序并运行程序后，

显示器从"00"开始显示,每当累加"1"显示一个十六进制数绿灯就会亮、灭一次。

程序点评:本程序是第一节 I/O 接口位状态指令和第二节显示器赋值指令的一个综合练习,意在学为用,思路要开阔、方法要灵活。程序中绿灯亮、灭各用时 1s,数字显示用时 2s。

【例 2-23】 1 位十六进制数与 4 位二进制数对照显示

理解 1 位十六进制数与 4 位二进制数对照关系是数制转换的基础知识。利用实验机自身硬件资源可制作出 1 位十六进制数与 4 位二进制数对照显示的教具,有助读者对数制转换的理解。

1. 课题

利用单片机自身硬件资源,设计编写十六进制数与二进制数对照显示的程序。

2. 解题方案思路

1) 利用单片机的两只数码管显示十六进制数。

2) 利用单片机上输出口上的 8 个发光二极管显示二进制数。

3. 设定

1) 二进制数为 1 时,发光二极管亮;二进制数为 0 时,发光二极管不亮。

2) I/O 接口使用 00、01、02、03 位。00 位为 4 位二进制数的最低位,03 位为 4 位二进制数的最高位。

说明:由于考虑到篇幅本程序仅解决低 1 位十六进制数与低 4 位二进制数对照显示的程序。高 1 位十六进制数与高 4 位二进制数对照显示的程序由读者练习编写。

4. 显示效果

1 位十六进制数与 4 位二进制数对照显示效果如图 2-6 所示。

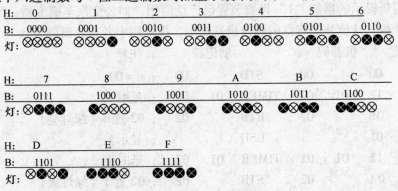

图 2-6　对照显示效果

图 2-6 中,"H"行表示数码管显示 1 位十六进制数,"B"行表示对应的低 4 位二进制数,"灯"行表示与低 4 位二进制数对应的发光二极管亮灭效果(深色表

示亮，浅色表示不亮）。

5. 程序一

地址	机器码			助记符			注释
00	00		00	STD		00	; d = 00
02	01			DSD			; 显示
03	12	05	02	TIMER	05	02	; 延时 5s
06	0B		00	RTB		00	; 00 位置 0
08	03		01	INCD		01	; d = 00 + 01
0A	01			DSD			; 显示
0B	12	05	02	TIMER	05	02	; 延时 5s
0E	0A		00	STB		00	; 00 位置 1
10	0B		01	RTB		01	; 01 位置 0
12	03		01	INCD		01	; d = 01 + 01
14	01			DSD			; 显示
15	12	05	02	TIMER	05	02	; 延时 5s
18	0B		00	RTB		00	; 00 位置 0
1A	03		01	INCD		01	; d = 02 + 01
1C	01			DSD			; 显示
1D	12	05	02	TIMER	05	02	; 延时 5s
20	0A		00	STB		00	; 00 位置 1
22	0A		01	STB		01	; 00 位置 1
24	0B		02	RTB		02	; 00 位置 0
26	03		01	INCD		01	; d = 03 + 01
28	01			DSD			; 显示
29	12	05	02	TIMER	05	02	; 延时 5s
2C	0B		00	RTB		00	; 00 位置 0
2E	03		01	INCD		01	; d = 04 + 01
30	01			DSD			; 显示
31	12	05	02	TIMER	05	02	; 延时 5s
34	0A		00	STB		00	; 00 位置 1
36	0B		01	RTB		01	; 00 位置 0
38	03		01	INCD		01	; d = 05 + 01
3A	01			DSD			; 显示
3B	12	05	02	TIMER	05	02	; 延时 5s
3E	0B		00	RTB		00	; 00 位置 0
40	03		01	INCD		01	; d = 06 + 01

42	01			DSD			; 显示
43	12	05	02	TIMER	05	02	; 延时 5s
46	0A		00	STB		00	; 00 位置 1
48	0A		01	STB		01	; 00 位置 1
4A	0A		02	STB		02	; 00 位置 1
4C	0B		00	RTB		00	; 00 位置 0
4E	03		01	INCD		01	; d = 07 + 01
50	01			DSD			; 显示
51	12	05	02	TIMER	05	02	; 延时 5s
54	0B		00	RTB		00	; 00 位置 0
56	03		01	INCD		01	; d = 08 + 01
58	01			DSD			; 显示
59	12	05	02	TIMER	05	02	; 延时 5s
5C	0A		00	STB		00	; 00 位置 1
5E	0B		01	RTB		01	; 00 位置 0
60	03		01	INCD		01	; d = 09 + 01
62	01			DSD			; 显示
63	12	05	02	TIMER	05	02	; 延时 5s
66	0B		00	RTB		00	; 00 位置 0
68	03		01	INCD		01	; d = 0A + 01
6A	01			DSD			; 显示
6B	12	05	02	TIMER	05	02	; 延时 5s
6E	0A		00	STB		00	; 00 位置 1
70	0A		01	STB		01	; 00 位置 1
72	0B		02	RTB		02	; 00 位置 0
74	03		01	INCD		01	; d = 0B + 01
76	01			DSD			; 显示
77	12	05	02	TIMER	05	02	; 延时 5s
7A	0B		00	RTB		00	; 00 位置 0
7C	03		01	INCD		01	; d = 0C + 01
7E	01			DSD			; 显示
7F	12	05	02	TIMER	05	02	; 延时 5s
82	0A		00	STB		00	; 00 位置 1
84	0B		01	RTB		01	; 00 位置 0
86	03		01	INCD		01	; d = 05 + 01
88	01			DSD			; 显示

89	12	05	02	TIMER	05	02	; 延时 5s
8C	0B		00	RTB	00		; 00 位置 0
8E	03		01	INCD	01		; d = 0C + 01
90	01			DSD			; 显示
91	12	05	02	TIMER	05	02	; 延时 5s
94	0A		00	STB	00		; 00 位置 1
96	0A		01	STB	01		; 01 位置 1
98	0A		02	STB	02		; 02 位置 1
9A	0A		03	STB	03		; 03 位置 1
9C	10		00	JMP	00		; 返回 00 地址
9E	1D			END			; 程序结束

实例程序运行效果：操作单片机键盘，手工输入该机器码程序并运行后，形象、清楚地显示了 1 位十六进制数与 4 位二进制数一一对照的关系以及 1 位十六进制数每进 1 位数与 4 位二进制数每进 1 位数的一一对照的关系。显示器从"00"开始显示，每累加"1"显示一个十六进制数绿灯就会亮、灭一次。

程序点评：该程序编写的方法是先编写二进制数低 4 位 I/O 接口的状态（灯亮灭）程序，再编写相对应显示的十六进制数程序。这一次综合练习可使读者更加深入理解本章第一节 I/O 接口位状态指令和第二节显示器赋值指令。

6. 程序二（利用调用子程序方法）

该程序先写二进制数低 4 位 I/O 接口的状态（灯亮灭）程序，然后再编写相对应显示的十六进制数程序。

地址	机器码			助记符		; 注释
00	00		00	STD	00	; d = 00
02	01			DSD		; 显示
03	12	05	02	TIMER	05 02	; 延时 5s
06	0B		00	RTB	00	; 00 口置 0
08	0D		73	SUBX	73	; 无条件跳转到子程序的 73
0A	0A		00	STB	00	; 00 口置 1
0C	0B		01	RTB	01	; 01 口置 1
0E	0D		73	SUBX	73	; 无条件跳转到子程序的 73
10	0B		00	RTB	00	; 00 口置 0
12	0D		73	SUBX	73	; 无条件跳转到子程序的首地址 73
14	0A		00	STB	00	; 00 口置 1
16	0A		01	STB	01	; 00 口置 1
18	0B		02	RTB	02	; 00 口置 0

1A	0D	73	SUBX	73	；无条件跳转到子程序的首地址 73
1C	0B	00	RTB	00	；00 口置 0
1E	0D	73	SUBX	73	；无条件跳转到子程序的首地址 73
20	0A	00	STB	00	；00 口置 1
22	0B	01	RTB	01	；00 口置 0
24	0D	73	SUBX	73	；无条件跳转到子程序的首地址 73
26	0B	00	RTB	00	；00 口置 0
28	0D	73	SUBX	73	；无条件跳转到子程序的首地址 73
3A	0A	00	STB	00	；00 口置 1
3C	0A	01	STB	01	；00 口置 1
3E	0A	02	STB	02	；00 口置 1
40	0B	00	RTB	00	；00 口置 0
42	0D	73	SUBX	73	；无条件跳转到子程序的首地址 73
44	0B	00	RTB	00	；00 口置 0
46	0D	73	SUBX	73	；无条件跳转到子程序的首地址 73
48	0A	00	STB	00	；00 口置 1
4A	0B	01	RTB	01	；00 口置 0
4C	0D	73	SUBX	73	；无条件跳转到子程序的首地址 73
4E	0B	00	RTB	00	；00 口置 0
50	0D	73	SUBX	73	；无条件跳转到子程序的首地址 73
52	0A	00	STB	00	；00 口置 1
54	0A	01	STB	01	；00 口置 1
56	0B	02	RTB	02	；00 口置 0
58	0D	73	SUBX	73	；无条件跳转到子程序的首地址 73
5A	0B	00	RTB	00	；00 口置 0
5C	0D	73	SUBX	73	；无条件跳转到子程序的首地址 73
5E	0A	00	STB	00	；00 口置 1
60	0B	01	RTB	01	；00 口置 0
62	0D	73	SUBX	73	；无条件跳转到子程序的首地址 73
64	0B	00	RTB	00	；00 口置 0
66	0D	73	SUBX	73	；无条件跳转到子程序的首地址 73
68	0A	00	STB	00	；00 口置 1
6A	0A	01	STB	01	；01 口置 1
6C	0A	02	STB	02	；02 口置 1
6E	0A	03	STB	03	；03 口置 1
70	10	00	JMP	00	；返回 00 地址

72	1D			END			; 程序结束
73	03	01		INCD	01		; d = 00 + 01
75	01			DSD			; 显示
76	12	05	02	TIMER	05	02	; 延时 5s
79	0E			RETX			; 子程序结束无条件返回到主程序

由于本程序应用了子程序共用 79H 个内存单元，即 121 个内存单元（79H = 7 × 16^1 + 9 × 16^0 = 121）。该题的程序没有应用子程序而用了 9EH 个内存单元，即 158 个内存单元（9EH = 9 × 16^1 + 14 × 16^0 = 158）。应用子程序比没有应用了子程序减少占用内存单元的数量 37 个内存单元（158 − 121 = 37）。另外，从该例说明解决同一个实际问题可以有不同的编写程序的思路和方法。

五、显示器显示相关指令应用

设置显示字形码，关于字形码与数码管的对应关系，将进一步讲解。

【例 2-24】 在高位数码管显示 "-"，低位数码管关闭

地址	机器码			助记符			; 注释
00	1E	FFH	FEH	DOUT	FFH	FEH	; 低位字形码为 FFH，高位字形码
							; 为 FEH，送显示
03	13			STOP			; 停止程序

程序运行效果：操作单片机键盘，手工输入该机器码程序并运行程序后，执行后，高位数码管显示 "-" 低位数码管关闭变暗。

【例 2-25】 在高位数码管显示关闭，低位数码管显示 "P"

地址	机器码		助记符		; 注释
00	1E	8C	FF	DOUT	8C	FF

程序运行效果：操作单片机键盘，手工输入该机器码程序并运行程序后，执行后高位数码管关闭变暗，低位数码管显示 "P"。

【例 2-26】 低位字形码显示 "-" 并闪烁，高位字形码关闭

地址	机器码			助记符			; 注释
00	1D	BF	FF	DOUT	BF	FF	; 低位字形码为 BFH，高位字形
							; 码为 FFH，送显示
03	12	02	02	TIMER	02	02	; 延时 2s
06	1D	FF	FF	DOUT	FF	FF	; 关闭全部显示
09	12	02	02	TIMER	02	02	; 延时 2s
0C	10	00		JMP	00		; 无条件转移到地址 00

程序运行效果：操作单片机键盘，手工输入该机器码程序并运行程序后，执行后位字形码显示 "-" 并闪烁，高位字形码关闭。

第三节　转移指令

单片机在运行程序时是按照地址的顺序逐条执行的。要改变程序的执行顺序，实现程序执行顺序的跳转就要使用转移类指令。转移类指令分为条件转移指令和无条件转移指令。无条件转移指令是指不需要规定任何条件而实现的程序执行顺序跳转。条件转移指令是指要实现的程序执行顺序跳转就必须满足一定的条件。为了分解学习指令中的难度，已将一条无条件转移指令 JMP 放在 I/O 接口位状态指令一节中学习。

一、转移指令实例

【例 2-27】 递减"1"的循环程序

递减程序在人们日常生活中非常常见，如迎接某届奥运会倒计天数的显示。

地址		机器码		助记符		；注释
00	00		FF	STD	00	；d = ff
02	01			DSD		；显示
03	12	01	02	TIMER	01　02	；延时 1s
06	04		01	JNZD	01	；d = d − 1
08	10		02	JMP	02	；跳到 02 地址
0A	1D			END		；程序结束

实例程序运行效果：在单片机上手工输入并运行该程序，显示器从"FF"开始显示，随之递减"1"显示：FE、FD、FC、…、10、0F、0E、…、01、00、FF，循环递减"1"显示。

程序点评：程序中应用了无条件转移 JMP 指令简化了程序并且应用了条件转移指令 JNZD。

二、指令学习

1. d − 1 ≠ 0 条件转移指令

机器码		助记符		；注释
04	n	JNZD	n	；当 d − 1 ≠ 0 跳转到 n 地址
				；若 d − 1 = 0 执行下一条指令

其中，"n"表示要跳转到的地址，取值范围 n = 00 ~ FFH。"d"表示显示器中已存储的数。当执行该指令时，显示器中存储的数自动减去 1 后一方面先判断是否等于零，若不等于零跳转到 n 地址，若等于零执行下一条指令；另一方面再将减去 1 后的数据重新赋值给显示器存储器中。

【例 2-28】 设计一个算式为 1 − 1 = 0 的减法运算程序

地址		机器码	助记符		；注释
00	00	01	STD	01	；d = 01

02	01			DSD			;显示
03	12	05	02	TIMER	05	02	;延时5s
06	04		02	JNZD		02	;当d−1≠0跳转到02地址
							;若d−1=0执行下一条指令
08	01			DSD			;显示重新赋值的数据
09	12	05	02	TIMER	05	02	;延时5s
0C	02			OFFD			;关闭显示器
0D	1D			END			;程序结束

实例程序运行效果：在单片机上手工输入并运行该程序，显示器先显示"1"再显示"0"，5s后关闭显示。

程序点评：程序运行到条件转移JNZD后，显示器中已存储的1自动减去1后判断1−1是否等于零；1−1=0执行下一条指令并将数据0重新赋值给显示器存储器。

【例2-29】　设计一个5递减1的程序

地址	机器码			助记符			;注释
00	00		05	STD		05	;d=05
02	01			DSD			;显示
03	12	05	02	TIMER	05	02	;延时5s
06	04		02	JNZD		02	;当d−1≠0跳转到02地址
							;若d−1=0执行下一条指令
08	01			DSD			;显示新赋值的数据
09	12	05	02	TIMER	05	02	;延时5s
0C	02			OFFD			;关闭显示器
0D	1D			END			;程序结束

实例程序运行效果：在单片机上手工输入并运行该程序，显示器从"05"开始显示，随之递减"1"显示，即04、03、02、01、00。

程序点评：程序运行到条件转移JNZD后，显示器中已存储的5自动减去1后判断5−1是否等于零，非零一方面转移至02地址；另一方面将5−1=4的结果重新赋值给显示器。程序再一次到条件转移JNZD后，显示器中已存储的4自动减去1后判断4−1是否运行等于零，非零一方面转移至02地址；另一方面将4−1=3的结果重新赋值给显示器，直到1−1=0时，执行下一条指令并数据0重新赋值给显示器存储器。

2. d−dx≠0条件转移指令（或d≠dx比较条件转移指令）

机器码	助记符	;注释
05　dx　n	JNED　dx　n	;当d−dx≠0跳转到n地址
		;若d−dx=0执行下一条指令

其中，"dx"是一个减数，取值范围dx=00~FFH。"n"表示要跳转到的地

址，取值范围 n = 00H ~ FFH。"d" 为显示器内已被储存的数据。当执行该指令时，显示器中存储的数 d 自动与 dx 相减，再判断是否等于零，若不等于零跳转到 n 地址，若等于零执行下一条指令。

注意：本条指令仅仅是对 d 与 dx 两个数值进行比较（d ≠ dx）判断其是否相等，而 d 与 dx 两个数值并不改变。

【例 2-30】 设计一个 09 - 09 = 0 的程序

地址	机器码			助记符			；注释
00	00		09	STD		09	；d = 09
02	01			DSD			；显示
03	12	05	02	TIMER	05	02	；延时 5s
06	05	09	02	JNED	09	02	；d - 09 ≠ 0 跳转到 02 地址
							；d - 09 = 0 执行下一条指令
08	01			DSD			；显示
09	12	05	02	TIMER	05	02	；延时 5s
0C	02			OFFD			；关闭显示器
0D	1D			END			；程序结束

实例程序运行效果：在单片机上手工输入并运行该程序，显示器先显示"09"，5s 后再显示"00"，5s 后关闭显示。

程序点评：程序运行到条件转移指令语句时，d 与 dx 值仅仅进行了 d 减 dx 是否等于零的判断（或两个数值是否相等的判断 d ≠ dx）。其两个数值并没有改变。

注："d" 表示显示器中的数，"dx" 是被减数。延时 5s 可理解为显示器中的数 "d" 减去被减数 "dx" 并判断是否等于零。若不等，跳转到 02 地址，若等于零则执行下一条指令。

【例 2-31】 设计一个 08 与 03 比较程序（不是计算）

地址	机器码			助记符			；注释
00	00		08	STD		08	；d = 08
02	01			DSD			；显示
03	12	05	02	TIMER	05	02	；延时 5s
06	05	03	0C	JNED	03	0C	；08 ≠ 03 时跳转到 0C 地址
							；若 08 = 03 执行下一条指令
09	00		00	STB		00	；d = 00
0B	01			DSD			；显示
0C	0B		00	RTB		00	；00 灯亮
0E	1D			END			；程序结束

实例程序运行效果：在单片机上手工输入并运行该程序，显示器显示"08"且 00 位灯亮。

程序点评：程序运行到条件转移指令语句时，d = 8 与 dx = 3 仅仅进行了数值比较，判断 d ≠ dx 时程序转移到 0C 地址执行。

3. 无条件转移指令

机器码		助记符		;注释
10	n	JMP	n	;无条件转移到 n 地址

无条件转移指令已经学习在此不重复叙述。

4. 无条件跳转到子程序指令

机器码		助记符		;注释
0D	n	SUBX	n	;无条件跳转到子程序的首地址 n

其中，"n"表示子程序的首地址，取值范围 n = 00H ~ FFH。

5. 子程序结束返回指令

机器码	助记符	;注释
0E	RETX	;子程序结束无条件返回到主程序

在设计编写程序时常会遇见程序中包含一段或几段反复使用的相同程序，为了节省内存、缩短程序往往采用调用子程序的方法，把一段或几段反复使用的相同程序设计成一个或几个子程序。调用和返回是一对指令，调用指令在主程序中使用，返回指令在子程序中使用。主程序从哪里调用子程序，子程序执行完后返回到主程序调用的那里去继续执行。

【例 2-32】 设计一个多次数值比较的程序

地址	机器码			助记符		;注释
00	00	05		STD	05	;d = 05
02	01			DSD		;显示
03	12	05	02	TIMER	05 02	;延时 5s
06	05	02	1B	JNED	02 1B	;比较 d ≠ 02 跳转到 1B 地址
						;比较 d = 02 执行下一条指令
09	01			DSD		;显示
0A	0B	00		RTB	00	;00 灯亮
0C	0B	01		RTB	01	;01 灯亮
0E	0B	02		RTB	02	;02 灯亮
10	0B	03		RTB	03	;03 灯亮
12	0B	04		RTB	04	;04 灯亮
14	0B	05		RTB	05	;05 灯亮
16	0B	06		RTB	06	;06 灯亮
18	0B	07		RTB	07	;07 灯亮
1A	13			STOP		;程序停止
1B	0D	21		SUBX	21	;跳转到子程序的首地址 21

1D	04		02	JNZD		02	; d − 1 ≠ 0 跳转到 02 地址
							; d − 1 = 0 执行下一条指令
1F	01			DSD			; 显示
20	13			STOP			; 程序停止
21	0B	00		RTB		00	; 00 灯亮
23	0B	01		RTB		01	; 01 灯亮
25	12	05	02	TIMER	05	02	; 延时 5s
28	0A	00		RTB		00	; 00 灯灭
2A	0A	01		RTB		01	; 01 灯灭
2C	12	05	02	TIMER	05	02	; 延时 5s
2F	0C			SND			; 蜂鸣器响 1s
30	0E			RETX			; 子程序结束返回到主程序
31	1D			END			; 程序结束

实例程序运行效果：在单片机上手工输入并运行该程序，显示器显示"05"后，00 灯与 01 灯亮灭一次，蜂鸣器响 1s。随之显示减"1"显示"04"00 灯与 01灯亮灭一次，蜂鸣器响 1s。显示"03"00 灯与 01 灯亮灭一次，蜂鸣器响 1s。当显示"02"时，00 灯、01 灯、02 灯、03 灯、04 灯、05 灯、06 灯、07 灯亮。

程序点评：本程序分别使用了 d − 1 ≠ 0 条件跳转指令和数值比较 d ≠ dx 条件跳转指令。注意理解和区分这两条指令的功能与用法。另外，还使用了子程序调用、返回这一对指令。在程序中使用了蜂鸣器响 1s 的指令和程序停止向下执行程序。

三、编程练习

1. 10 个数的倒计时程序

【例 2-33】 从 09 开始倒计时程序

地址	机器码			助记符		; 注释
00	00	09		STB	09	; d = 09H
02	01			DSD		; 显示
03	12	01	02	TIMER	01 02	; 延时 1s
06	04		02	JNZD	02	; 当 d − 1 ≠ 0 转移到 02 地址
						; 若 d − 1 = 0 执行下一条程序
08	01			DSD		; 显示
0A	1D			END		; 程序结束

实例程序运行效果：在单片机上手工输入并运行该程序，显示器从"09"开始显示，随之递减"1"显示：08、07、06、05、04、03、02、01、00。

程序点评：程序应用了条件转移指令 JNZD。当 1 − 1 = 0 时，一方面执行下一条显示程序；另外一方面将"0"的数值重新赋值给显示寄存器 d。执行显示程序后显示 00 数值。

【例2-34】 从0A开始倒计时程序

地址	机器码			助记符		；注释
00	00		0A	STB	0A	；d = 0AH
02	01			DSD		；显示
03	12	01	02	TIMER	01 02	；延时 1s
06	04		02	JNZD	02	；当 d−1≠0 转移到 02 地址
						；若 d−1 = 0 执行下一条程序
08	1D			END		；程序结束

实例程序运行效果：在单片机上手工输入并运行该程序，显示器从"0A"开始显示，随之递减"1"显示：09、08、07、06、05、04、03、02、01。

程序点评：程序应用了条件转移指令 JNZD。当 1−1 = 0 时，一方面执行下一条结束程序；另一方面尽管将"0"的数值重新赋值给显示寄存器 d，但所执行的下一条程序是结束指令。因此，不显示 00 数值，而显示的数值仍是 01。

2. 10 个数的正计时程序

【例2-35】 从 00 ~ 09 的正计时程序

地址	机器码			助记符		；注释
00	00		00	STB	00	；d = 00H
02	01			DSD		；显示
03	12	01	02	TIMER	01 02	；延时 1s
06	03		01	INCD	01	；d = xx + 01
08	05	09	02	JNED	09 02	；当 d−dx≠0 转移到 02 地址
						；若 d−dx = 0 执行下一条程序
0B	01			DSD		；显示
0C	12	01	02	TIMER	01 02	；延时 1s
0F	02			OFFD		；关显示
10	1D			END		；程序结束

实例程序运行效果：在单片机上手工输入并运行该程序，显示器从"00"开始显示，随之递加"1"显示：01、02、03、04、05、06、07、08、09 随后关显示。

程序点评：程序应用了 INCD 加数指令和数值比较条件转移指令 JNED。当程序执行到 d = 08 + 01 指令时，将"09"赋值给显示寄存器 d 并没有显示"09"这个数。再执行到数值比较条件转移指令 d−dx = 0 时，执行下一条显示程序，显示"09"数值。

【例2-36】 从 01 ~ 0a 的正计时程序

地址	机器码			助记符		；注释
00	00		01	STB	01	；d = 01H

02	01			DSD			; 显示
03	12	01	02	TIMER	01	02	; 延时 1s
06	03		01	INCD	01		; d = xx + 01
08	05	0B	02	JNED	0B	02	; 当 d – dx≠0 转移到 02 地址
							; 若 d – dx =0 执行下一条程序
0B	02			OFFD			; 关显示
0C	1D			END			; 程序结束

实例程序运行效果: 在单片机上手工输入并运行该程序, 显示器从 "01" 开始显示, 随之递加 "1" 显示: 02、03、04、05、06、07、08、09、0A 随后关显示。

程序点评: 本程序与上面 10 个数正计时程序的主要区别是当程序执行到 d = 09 + 01 指令时, 将 "0A" 赋值给显示寄存器 d 并没有显示 "09" 这个数。当执行到数值比较条件转移指令 0A – 0B≠0 转移到 02 地址显示。再次执当程序执行到 d = 0A + 01 指令时, 将 "0B" 赋值给显示寄存器 d 并没有显示 "0B" 这个数。再执行到数值比较条件转移指令 0B – 0B = 0 转移到下一条关显示程序, 没有显示 "0B" 这个数。

3. 程序设计

【例 2-37】 设计一个绿灯亮 5s 倒计时并显示的控制程序。

要求: 倒计时到时后, 绿灯灭。

地址	机器码			助记符		; 注释
00	0B		01	RTB	01	; 绿灯亮
02	00		05	STB	05	; d = 05H
04	01			DSD		; 显示
05	12	01	02	TIMER	01 02	; 延时 1s
08	04		02	JNZD	02	; 当 d – 1≠0 转移到 02 地址
						; 若 d – 1 =0 执行下一条程序
0A	0A		01	STB	01	; 绿灯灭
0C	02			OFFD		; 关显示
0D	1D			END		; 程序结束

实例程序运行效果: 在单片机上手工输入并运行该程序, 绿灯亮并从 "05" 开始倒计时显示, 随后倒计时显示 04、03、02、01。计时结束绿灯熄灭。

程序点评: 程序应用了条件转移指令 JNZD。当 1 – 1 = 0 时, 执行下一条关绿灯程序。

注意, 这时显示寄存器 d 被重新赋值的数值是 "00"。

【例 2-38】 设计一个绿灯亮 5s 倒计时并显示, 以及绿灯计时、显示结束后, 黄灯亮 3s 的程序。

地址	机器码			助记符			;注释
00	0B	01		RTB	01		;绿灯亮
02	00	05		STB	05		;d=05H
04	01			DSD			;显示
05	12	01	02	TIMER	01	02	;延时1s
08	04		02	JNZD	02		;当d-1≠0转移到02地址
							;若d-1=0执行下一条程序
0A	0A	01		STB	01		;绿灯灭
0C	02			OFFD			;关显示
0D	0B	02		RTB	02		;黄灯亮
0F	12	03	02	TIMER	03	02	;延时3s
12	0A	02		STB	02		;黄灯灭
14	1D			END			;程序结束

实例程序运行效果:在单片机上手工输入并运行该程序,绿灯亮并从"05"开始倒计时并显示。绿灯计时、显示结束后,关闭显示器和黄灯亮。黄灯亮3s后再灭。

程序点评:程序应用了条件转移指令JNZD。当1-1=0时,执行下一条关绿灯程序。

【例2-39】 设计一个绿灯亮5s倒计时并显示,以及绿灯计时、显示结束后,黄灯亮3s倒计时并显示的程序。

程序一:

地址	机器码			助记符			;注释
00	0B	01		RTB	01		;绿灯亮
02	00	05		STB	05		;d=05H
04	01			DSD			;显示
05	12	01	02	TIMER	01	02	;延时1s
08	04		02	JNZD	02		;当d-1≠0转移到02地址
							;若d-1=0执行下一条程序
0A	0A	01		STB	01		;绿灯灭
0C	0B	02		RTB	02		;黄灯亮
0E	00	03		STB	03		;d=03H
10	01			DSD			;显示
11	12	01	02	TIMER	01	02	;延时1s
14	04		10	JNZD	10		;当d-1≠0转移到10地址
							;若d-1=0执行下一条程序
16	0A	02		STB	02		;黄灯灭

| 18 | 02 | | OFFD | | ;关显示 |
| 19 | 1D | | END | | ;程序结束 |

实例程序运行效果：在单片机上手工输入并运行该程序，绿灯亮并从"05"开始倒计时并显示。绿灯计时、显示结束后，黄灯亮并从"03"开始倒计时并显示。黄灯计时、显示结束后，关闭显示器。

程序点评：程序应用了两次条件转移指令 JNZD。当 $d-1 \neq 0$ 分别转移到了 02 地址与 10 地址。

程序二：

地址	机器码		助记符		;注释
00	0B	01	RTB	01	;绿灯亮
02	00	08	STB	08	;d = 08H
04	01		DSD		;显示
05	12	01　02	TIMER	01　02	;延时1s
08	05	03　18	JNED	03　18	;当 $d-dx \neq 0$ 转移到18地址
					;若 $d-dx = 0$ 执行下一条程序
0B	0A	01	STB	01	;绿灯灭
0D	0B	02	RTB	02	;黄灯亮
0F	01		DSD		;显示
10	12	01　02	TIMER	01　02	;延时1s
13	04	0F	JNZD	0F	;当 $d-1 \neq 0$ 转移到0F地址
					;若 $d-1 = 0$ 执行下一条程序
15	0A	02	STB	02	;黄灯灭
17	02		OFFD		;关显示
18	04	04	JNZD	04	;当 $d-1 \neq 0$ 转移到04地址
					;若 $d-1 = 0$ 执行下一条程序
1A	1D		END		;程序结束

实例程序运行效果：在单片机上手工输入并运行该程序，绿灯亮并从"05"开始倒计时并显示。绿灯计时、显示结束后，黄灯亮并从"03"开始倒计时并显示。黄灯计时、显示结束后，关闭显示器。

程序点评：程序两次应用了当 $d-1 \neq 0$ 条件转移指令 JNZD 和应用了 $d-dx \neq 0$ 数值比较条件转移指令 JNED。多次转移，多个转移地址。尽管本程序也是绿灯亮 5s 但与上面的程序有所不同，它们一个是绿灯从"08"开始倒计时、显示，一个是从"05"开始倒计时、显示。

【例2-40】 设计一个绿灯亮 5s 倒计时并显示，以及绿灯计时、显示结束后，黄灯闪烁 3s 且倒计时显示的程序。

程序一：

地址	机器码			助记符			；注释
00	0B		01	RTB	01		；绿灯亮
02	00		05	STB	05		；d = 05H
04	01			DSD			；显示
05	12	01	02	TIMER	01	02	；延时 1s
08	04		02	JNZD	02		；当 d－1≠0 转移到 02 地址
							；若 d－1 = 0 执行下一条程序
0A	0A		01	STB	01		；绿灯灭
0C	00		03	STB	03		；d = 03H
0E	01			DSD			；显示
0F	0B		02	RTB	02		；黄灯亮
11	12	05	01	TIMER	05	01	；延时 0.5s
14	0A		02	STB	02		；黄灯灭
16	12	05	01	TIMER	05	01	；延时 0.5s
19	04		0E	JNZD	0E		；当 d－1≠0 转移到 0E 地址
							；若 d－1 = 0 执行下一条程序
1B	02			OFFD			；关显示
1E	1D			END			；程序结束

实例程序运行效果：在单片机上手工输入并运行该程序，绿灯亮并从"05"开始倒计时并显示。绿灯计时、显示结束后，黄灯亮并从"03"开始倒计时与显示，同时黄灯闪烁 3s。黄灯计时、显示结束后，黄灯灭并关闭显示器。

程序点评：倒计时程序一般是以 1s 为单位计时。黄灯闪烁的同时，倒计时的时间单位要一致。设计黄灯闪烁的时间亮、灭各 0.5s 共用 1s 即可满足要求。

程序二：

地址	机器码			助记符			；注释
00	0B		01	RTB	01		；绿灯亮
02	00		08	STB	08		；d = 08H
04	01			DSD			；显示
05	12	01	02	TIMER	01	02	；延时 1s
08	05	03	1B	JNED	03	1B	；当 d－dx≠0 转移到 1B 地址
							；若 d－dx = 0 执行下一条程序
0B	0A		01	STB	01		；绿灯灭
0D	01			DSD			；显示
0E	0B		02	RTB	02		；黄灯亮
10	12	05	01	TIMER	05	01	；延时 0.5s
13	0A		02	STB	02		；黄灯灭

15	12	05	01	TIMER	05	01	; 延时0.5s
18	04		0D	JNZD		0D	; 当d−1≠0 转移到0D 地址
							; 若d−1=0 执行下一条程序
1A	02			OFFD			; 关显示
1B	04		04	JNZD		04	; 当d−1≠0 转移到04 地址
							; 若d−1=0 执行下一条程序
20	1D			END			; 程序结束

实例程序运行效果：在单片机上手工输入并运行程序，绿灯亮并从"08"开始倒计时并显示。绿灯计时、显示结束后，黄灯亮并从"03"开始倒计时与显示，黄灯闪烁3s。黄灯计时、显示结束后，黄灯灭并关闭显示器。

程序点评：注意区分d−1≠0 条件转移指令 JNZD 和 d−dx≠0 数值比较条件转移指令 JNED 的不同用法。区分不同的转移地址。

四、应用举例

这里介绍城市汽车交通路口红绿灯控制的几种不同解决方案及编程练习。

解决大都市交通拥堵是世界性难题。我国不少城市为了减轻交通拥堵问题采取了汽车交通路口红绿灯计时的控制措施，如图2-7所示。

图2-7 倒计时交通路口

本部分编程练习是通过单片机自身提供的"显示器"和"8个发光二级管"等硬件资源模拟交通路口红绿灯计时的控制。练习中采取了小步提高、先易后难的原则，首先仅仅设计交通路口单一同方向（如东西方向）的红绿灯计时、显示的控制问题，并设计了黄灯亮与闪烁的两种变化不同情况进行练习，以便读者逐步理解和提高。

1. 【例 2-41】　实际问题一

某交通路口红绿灯控制进行技术改造，增加倒计时显示功能。改造后的交通路口红绿灯控制要求为：东西方向绿灯亮 5s 并开始倒计时显示。当倒计时剩下 3s 时，绿灯关闭。黄灯亮 3s 并倒计时。黄灯结束红灯亮 8s 并进入倒计时。红灯结束后返回初始状态进入循环控制。

设：绿灯是 01 位；黄灯是 02 位；红灯是 03 位。

（1）程序一

地址	机器码			助记符			;注释
00	0B	01		RTB	01		;绿灯亮
02	00	05		STD	05		;d=05H
04	01			DSD			;显示
05	12	01	02	TIMER	01	02	;延时 1s
08	04	04		JNZD	04		;当 d−1≠0 转移到 04 地址
							;若 d−1=0 执行下一条程序
0A	0A	01		STB	01		;绿灯灭
0C	0B	02		RTB	02		;黄灯亮
0E	00	03		STB	03		;d=03H
10	01			DSD			;显示
11	12	01	02	TIMER	01	02	;延时 1s
14	04	10		JNZD	10		;当 d−1≠0 转移到 10 地址
							;若 d−1=0 执行下一条程序
16	0A	02		STB	02		;黄灯灭
18	0B	03		RTB	03		;红灯亮
1A	00	08		STD	08		;d=08H
1C	01			DSD			;显示
1D	12	01	02	TIMER	01	02	;延时 1s
20	04	1C		JNZD	1C		;当 d−1≠0 转移到 1C 地址
							;若 d−1=0 执行下一条程序
22	0A	02		STB	02		;黄灯灭
24	10	00		JMP	00		;返回 00 地址
26	1D			END			;程序结束

实例程序运行效果：在单片机上手工输入并运行该程序，绿灯亮并从"05"开始倒计时并显示。绿灯计时、显示结束后，黄灯亮从"03"开始倒计时并显示。

黄灯计时、显示结束后，红灯亮并从"08"开始倒计时并显示。红灯计时、显示结束后返回初始状态开始循环控制。

程序点评：本程序采用绿灯、黄灯、红灯计时时间分别赋值。绿灯、黄灯、红灯三段计时、显示程序结构相同。

（2）程序二

地址	机器码			助记符			；注释
00	0B	01		RTB	01		；绿灯亮
02	00	08		STD	08		；d = 08H
04	01			DSD			；显示
05	12	01	02	TIMER	01	02	；延时 1s
08	05	03	25	JNED	03	25	；当 d – dx≠0 转移到 25 地址
							；若 d – dx = 0 执行下一条程序
0B	0A	01		STB	01		；绿灯灭
0D	0B	02		RTB	02		；黄灯亮
0F	01			DSD			；显示
10	12	01	02	TIMER	01	02	；延时 1s
13	04	0F		JNZD	0F		；当 d – 1≠0 转移到 0F 地址
							；若 d – 1 = 0 执行下一条程序
15	0A	02		STB	02		；黄灯灭
17	0B	03		RTB	03		；红灯亮
19	00	08		TSD	08		；d = 08h
1B	01			DSD			；显示
1C	12	01	02	TIMER	01	02	；延时 1s
1F	04	1B		JNZD	1B		；当 d – 1≠0 转移到 1B 地址
							；若 d – 1 = 0 执行下一条程序
21	0A	02		STB	02		；红灯灭
23	10	00		JMP	00		；返回 00 地址
25	04	04		JNZD	04		；当 d – 1≠0 转移到 04 地址
							；若 d – 1 = 0 执行下一条程序
27	1D			END			；程序结束

实例程序运行效果：在单片机上手工输入并运行该程序，绿灯亮从"08"开始倒计时 5s 并显示。绿灯计时、显示结束后，黄灯亮从"03"开始倒计时并显示。黄灯计时、显示结束后，红灯亮从"08"开始倒计时并显示。红灯计时、显示结束后返回初始状态开始循环控制。

程序点评：本程序红灯计时显示与赋值相同。绿灯计时显示与赋值不相同。黄灯计时、显示赋值是程序运行结果，隐含赋值。另外，绿灯和红灯计时显示尽管都是从"08"开始但计时时间不同，仅仅是数据偶然相同。

2. 【例2-42】 实际问题二

某交通路口红绿灯控制进行技术改造，增加倒计时显示功能。改造后的交通路口红绿灯控制要求：东西绿灯亮5s并开始倒计时显示。当倒计时剩下3s时，绿灯关闭，黄灯亮3s开始并闪烁、倒计时。黄灯结束后红灯亮8s并进入倒计时。红灯结束后返回初始状态进入循环控制。

设：绿灯是01位；黄灯是02位；红灯是03位。

（1）程序一

地址	机器码			助记符			；注释
00	0B	01		RTB	01		；绿灯亮
02	00	05		STD	05		；d＝05H
04	01			DSD			；显示
05	12	01	02	TIMER	01	02	；延时1s
08	04	04		JNZD	04		；当d−1≠0转移到04地址
							；若d−1＝0执行下一条程序
0A	0A	01		STB	01		；绿灯灭
0C	00	03		STD	03		；d＝03H
0E	01			DSD			；显示
0F	0B	02		RTB	02		；黄灯亮
11	12	05	01	TIMER	05	01	；延时0.5s
14	0A	02		STB	02		；黄灯灭
16	12	05	01	TIMER	05	01	；延时0.5s
19	04	0E		JNZD	0E		；当d−1≠0转移到0E地址
							；若d−1＝0执行下一条程序
1B	0B	03		RTB	03		；红灯亮
1D	00	08		STD	08		；d＝08H
1F	01			DSD			；显示
20	12	01	02	TIMER	01	02	；延时1s
23	04	1F		JNZD	1F		；当d−1≠0转移到1F地址
							；若d−1＝0执行下一条程序
25	0A	03		STB	03		；红灯灭
27	10	00		JMP	00		；返回00地址
29	1D			END			；程序结束

实例程序运行效果：在单片机上手工输入并运行该程序，绿灯亮从"05"开始倒计时并显示。绿灯计时、显示结束后，黄灯亮从"03"开始倒计时并显示，黄灯闪烁3s。黄灯计时、显示结束后，黄灯灭红灯亮从"08"开始倒计时并显示。

红灯计时、显示结束后，返回初始状态进入循环控制。

程序点评：绿灯、黄灯、红灯计时、显示数值与赋值相同。设计黄灯闪烁的时间亮、灭各0.5s共用1s即可满足要求。

（2）程序二

地址	机器码			助记符			；注释
00	0B		01	RTB		01	；绿灯亮
02	00		08	STD		08	；d = 08H
04	01			DSD			；显示
05	12	01	02	TIMER	01	02	；延时1s
08	05	03	28	JNED	03	28	；当d - dx≠0转移到28地址
							；若d - dx = 0执行下一条程序
0B	0A		01	STB		01	；绿灯灭
0D	01			DSD			；显示
0E	0B		02	RTB		02	；黄灯亮
10	12	05	01	TIMER	05	01	；延时0.5s
13	0A		02	STB		02	；黄灯灭
15	12	05	01	TIMER	05	01	；延时0.5s
18	04		0D	JNZD		0D	；当d - 1≠0转移到0D地址
							；若d - 1 = 0执行下一条程序
1A	0B		03	RTB		03	；红灯亮
1C	00		08	STD		08	；d = 08H
1E	01			DSD			；显示
1F	12	01	02	TIMER	01	02	；延时1s
22	04		1E	JNZD		1E	；当d - 1≠0转移到1E地址
							；若d - 1 = 0则执行下一条程序
24	0A		03	STB		03	；红灯灭
26	10		00	JMP		00	；返回00地址
28	04		04	JNZD		04	；当d - 1≠0转移到04地址
							；若d - 1 = 0则执行下一条程序
2A	1D			END			；程序结束

实例程序运行效果：在单片机上手工输入并运行程序，绿灯亮从"08"开始倒计时5s并显示。绿灯计时、显示结束后，黄灯亮从"03"开始倒计时3s并显示，黄灯闪烁3s。黄灯计时、显示结束后，黄灯灭红灯亮并从"08"倒计时8s并显示。计时结束后红灯灭，返回初始状态进入循环控制。

程序点评：本程序红灯计时显示与赋值相同。绿灯计时显示与赋值不相同。黄灯计时、显示赋值是程序运行结果，隐含赋值。另外，绿灯和红灯计时显示尽管都是从"08"开始但计时时间不同，仅仅是数据偶然相同。

注意，区分 d−1≠0 条件转移指令 JNZD 和 d−dx≠0 数值比较条件转移指令 JNED 的不同用法，区分不同的转移地址。

通过以上的编程练习，我们完成了交通路口单一同方向（如东西方向）红绿灯计时、显示的程序的设计，并且解决了黄灯亮与闪烁不同情况的设计程序控制的问题。但是实际的交通路口是由东、西、南、北等多个方向组成的，程序设计要考虑各个不同方向的控制问题。为了简化控制程序的编写，在练习中仅考虑东西、南北方向。

3. 【例 2-43】　实际问题三

某交通路口红绿灯控制进行技术改造，增加倒计时显示功能。改造后的交通路口红绿灯控制要求如下：

东西方向：绿灯亮 5s 并开始倒计时、显示。当倒计时结束后，绿灯关闭。黄灯亮 3s 并倒计时。黄灯计时结束后黄灯灭，红灯亮 8s 并进入倒计时。红灯计时结束后红灯灭并返回初始状态进入循环控制。

南北方向：与东西方向相对应。在东西方向是绿灯和黄灯亮期间南北方向是红灯亮、计时显示，共 8s 时间。而在东西方向是红灯亮期间南北方向是绿灯亮 5s 并开始倒计时显示，当倒计时结束后绿灯关闭。黄灯亮 3s 并倒计时、显示。黄灯计时结束后黄灯灭并返回初始状态进入循环控制。

设：东西方向：红灯是 03 位；绿灯是 02 位；黄灯是 01 位。

南北方向：红灯是 07 位；绿灯是 06 位；黄灯是 05 位。

（1）程序一

地址	机器码			助记符			;注释
00	0B		02	RTB		02	;绿灯亮（东西方向）
02	0B		07	RTB		07	;红灯亮（南北方向）
04	00		05	STD		05	;d=05H
06	01			DSD			;显示
07	12	01	02	TIMER	01	02	;延时 1s
0A	04		06	JNZD		06	;当 d−1≠0 转移到 06 地址
							;若 d−1=0 执行下一条程序
0C	0A		02	STB		02	;绿灯灭（东西方向）
0E	00		03	STD		03	;d=03H
10	01			DSD			;显示
11	0B		01	RTB		01	;黄灯亮（东西方向）
13	12	05	01	TIMER	05	01	;延时 0.5s
16	0A		02	STB		02	;黄灯灭（东西方向）
18	12	05	01	TIMER	05	01	;延时 0.5s

1B	04		10	JNZD	10	; 当 d − 1 ≠ 0 转移到 10 地址
						; 若 d − 1 = 0 执行下一条程序
1D	0A		07	STB	07	; 红灯灭（南北方向）
1F	0B		03	RTB	03	; 红灯亮（东西方向）
21	0B		06	RTB	06	; 绿灯亮（南北方向）
23	00		05	STD	05	; d = 05H
25	01			DSD		; 显示
26	12	01	02	TIMER	01	02 ; 延时 1s
29	04		25	JNZD	25	; 当 d − 1 ≠ 0 转移到 25 地址
						; 若 d − 1 = 0 执行下一条程序
2B	0A		06	STB	06	; 绿灯灭（南北方向）
2D	00		03	STD	03	; d = 03H
2F	01			DSD		; 显示
30	0B		05	RTB	05	; 黄灯亮（南北方向）
32	12	05	01	TIMER	05	01 ; 延时 0.5s
35	0A		05	STB	05	; 黄灯灭（南北方向）
37	12	05	01	TIMER	05	01 ; 延时 0.5s
3A	04		2F	JNZD	2F	; 当 d − 1 ≠ 0 转移到 2F 地址
						; 若 d − 1 = 0 执行下一条程序
3C	0A		03	STB	03	; 红灯灭（东西方向）
3E	10		00	JMP	00	; 返回 00 地址
40	1D			END		; 程序结束

实例程序运行效果：在单片机上手工输入并运行该程序，当南北方向红灯（07）亮时，东西方向的绿灯（02）亮且从"05"开始倒计时并显示。绿灯计时、显示结束绿灯（02）灭后，东西方向的黄灯（01）亮且从"03"开始倒计时并显示，黄灯闪烁 3s。黄灯计时、显示结束后，黄灯（01）灭。这时，南北方向红灯（07 灯）红灯灭。而东西方向的红灯（03）亮，南北方向的绿灯（06）亮且从"05"开始倒计时并显示。绿灯计时、显示结束后绿灯（06）灭，南北方向的黄灯（05）亮且从"03"开始倒计时并显示，黄灯闪烁 3s。黄灯计时、显示结束后，黄灯（05）灭。这时，东西方向红灯（07）红灯灭。返回初始状态进入循环控制。

程序点评：当南北方向红灯（07）亮时，东西方向的绿灯（02）黄灯（01）先后，分别从"05"和"03"开始显示并倒计时。

东西方向红灯（03）亮时，南北方向的绿灯（05）黄灯（06）先后，分别从"05"和"03"开始显示并倒计时。另外，本款单片机仅有一组显示器，红灯再亮的时候没有倒计时显示。

（2）程序二

地址	机器码			助记符			；注释
00	0B		02	RTB		02	；绿灯亮（东西方向）
02	0B		07	RTB		07	；红灯亮（南北方向）
04	00		08	STD		08	；d＝08H
06	01			DSD			；显示
07	12	01	02	TIMER	01	02	；延时1s
0A	05	03	3E	JNED	03	3E	；当d－dx≠0转移到3E地址
							；若d－dx＝0执行下一条程序
0D	0A		02	STB		02	；绿灯灭（东西方向）
0F	01			DSD			；显示
10	0B		01	RTB		01	；黄灯亮（东西方向）
12	12	05	01	TIMER	05	01	；延时0.5s
15	0A		01	STB		01	；黄灯灭（东西方向）
17	12	05	01	TIMER	05	01	；延时0.5s
1A	04		0F	JNZD		0F	；当d－1≠0转移到0F地址
							；若d－1＝0执行下一条程序
1C	0A		07	STB		07	；红灯灭（南北方向）
1E	0B		03	RTB		03	；红灯亮（东西方向）
20	0B		06	RTB		06	；绿灯亮（南北方向）
22	00		08	STD		08	；d＝08H
24	01			DSD			；显示
25	12	01	02	TIMER	01	02	；延时1s
28	05	03	40	JNED	03	40	；当d－dx≠0转移到40地址
							；若d－dx＝0执行下一条程序
2B	0A		06	STB		06	；绿灯灭（南北方向）
2D	01			DSD			；显示
2E	0B		05	RTB		05	；黄灯亮（南北方向）
30	12	05	01	TIMER	05	01	；延时0.5s
33	0A		05	STB		05	；黄灯灭（南北方向）
35	12	05	01	TIMER	05	01	；延时0.5s
38	04		2D	JNZD		2D	；当d－1≠0转移到2D地址
							；若d－1＝0执行下一条程序
3D	0A		03	STB		03	；红灯灭（东西方向）
3C	10		00	JMP		00	；返回00地址
3E	06		04	JNZD		04	；当d－1≠0转移到06地址
							；若d－1＝0执行下一条程序

40	04	24	JNZD	24	；当 $d-1\neq0$ 转移到24地址
					；若 $d-1=0$ 执行下一条程序
42	1D		END		；程序结束

实例程序运行效果：在单片机上手工输入并运行该程序，当南北方向红灯（07）亮时，东西方向的绿灯（02）亮且从"08"开始倒计时且显示。绿灯5s计时、显示结束灭后，东西方向的黄灯（01）亮且从"03"开始倒计时并显示，黄灯闪烁3s。黄灯3s计时、显示结束后，黄灯（01）灭。这时，南北方向红灯（07灯）红灯灭，而东西方向的红灯（03）亮，同时南北方向的绿灯（06）亮且从"08"开始倒计时显示。绿灯5s计时、显示结束后绿灯（06）灭，南北方向的黄灯（05）亮且从"03"开始倒计时并显示，黄灯闪烁3s。黄灯3s计时、显示结束后，黄灯（05）灭。同时东西方向红灯（07）红灯灭。随后程序返回初始状态进入循环控制过程。

程序点评：本程序红绿黄灯控制时间、效果与程序一相同，区别在于东西南北绿灯显示从"08"开始。本程序两次应用了数据比较转移指令，多次应用了D-1非零转移指令，请注意每个返回的地址。

4.【例2-44】 实际问题四

某交通路口红绿灯控制进行技术改造，增加倒计时显示功能。改造后的交通路口红绿灯控制要求如下：

东西方向：绿灯从20s开始倒计时、显示。当倒计时、显示剩下3s时，绿灯开始闪烁并继续倒计时、显示。绿灯倒计时、显示结束后，绿灯关闭。黄灯亮3s并倒计时、显示。黄灯计时、显示结束后黄灯灭、红灯亮18s并进入倒计时。红灯计时结束后红灯灭。在东西方向是绿、黄灯亮时间段南北是红灯，时间是23s。

南北方向：绿灯从15s开始倒计时、显示。当倒计时、显示剩下3s时，绿灯开始闪烁并继续倒计时、显示。绿灯倒计时、显示结束后，绿灯关闭。黄灯亮3s并倒计时、显示。黄灯计时、显示结束后，黄灯灭，红灯亮23s并进入倒计时。红灯计时结束后红灯灭，程序返回初始状态、进入循环控制。在南北方向是绿、黄灯亮时间段东西是红灯。时间是28s。

设：东西方向：红灯是03位；绿灯是02位；黄灯是01位。南北方向：红灯是07位；绿灯是06位；黄灯是05位。

具体程序如下：

地址	机器码		助记符		；注释
00	0B	07	RTB	07	；南北方向红灯亮
02	0B	02	RTB	02	；东西方向绿灯亮
04	00	20	STD	20	；$d=20$

06	01			DSD			; 显示
07	12	01	02	TIMER	01	02	; 延时 1s
0A	05	03	4F	JNED	03	4F	; 当 dx－d≠0 时跳到 4F 地址
0D	01			DSD			; 显示
0E	0A		00	STB		00	; 东西方向绿灯灭
10	12	05	01	TIMER	05	01	; 延时 0.5s
13	0B		00	RTB		00	; 东西方向绿灯亮
15	12	05	01	TIMER	05	01	; 延时 0.5s
18	04		0D	JNZD		0D	; 当 d－1≠0 时跳到 0D 地址
1A	0A		00	STB		00	; 东西方向绿灯灭并结束
1C	00		03	STD		03	; d＝03
1E	01			DSD			; 显示
1B	0B		01	RTB		01	; 黄东西方向灯亮
1D	12	01	02	TIMER	01	02	; 延时 1s
20	04		1E	JNZD		1E	; 当 d－1≠0 时跳到 1E 地址
22	0A		07	STB		07	; 南北方向红灯灭
24	0A		01	STB		01	; 东西方向黄灯灭并结束
26	0B		03	RTB		03	; 东西方向红灯亮
28	0B		06	RTB		06	; 南北方向绿灯亮
2A	00		15	STD		15	; d＝15
2b	01			DSD			; 显示
2C	12	01	02	TIMER	01	02	; 延时 1s
2F	05	03	51	JNED	03	51	; 当 dx－d≠0 时跳到 51 地址
32	01			DSD			; 显示
33	0A		06	STB		06	; 南北方向绿灯灭
35	12	05	01	TIMER	05	01	; 延时 0.5s
38	0B		06	RTB		06	; 南北方向绿灯亮
3A	12	05	01	TIMER	05	01	; 延时 0.5s
3D	04		32	JNZD		32	; 当 d－1≠0 时跳到 32 地址
3F	0A		00	STB		00	; 南北方向绿灯灭并结束
41	00		03	STD		03	; d＝03
43	01			DSD			; 显示
44	0B		05	RTB		05	; 南北方向黄灯亮
46	12	01	02	TIMER	01	02	; 延时 1s
49	04		43	JNZD		43	; 当 d－1≠0 时跳到 43 地址
4B	0		03	STB		03	; 东西方向红灯灭

4D	0A	05	STB	05	；南北方向黄灯灭并结束
4F	04	06	JNZD	06	；当 d－1≠0 时跳到 06 地址
51	04	2B	JNZD	2b	；当 d－1≠0 时跳到 2b 地址
53	10	00	JMP	00	；返回 00 地址
55	1D		END		；程序结束

实例程序运行效果：在单片机上手工输入并运行该程序，当南北方向红灯（07）亮时，东西方向的绿灯（02）亮，并从 20s 开始倒计时、显示。当绿灯剩下 3s 时，绿灯闪烁仍倒计时显示。绿灯计时、显示结束并熄灭后，东西方向的黄灯（01）亮且从 03 开始倒计时并显示。黄灯 3s 计时、显示结束后，黄灯（01）灭。这时，南北方向红灯（07 灯）红灯灭。东西方向的红灯（03）亮，同时南北方向的绿灯（06）亮且从"15"开始倒计时并显示。当绿灯剩下 3s 时，绿灯闪烁仍倒计时显示。绿灯计时、显示结束绿灯（06）灭后，东西方向的黄灯（05）亮且从"03"开始倒计时并显示。黄灯 3s 计时、显示结束后，黄灯（05）灭，同时，东西方向红灯（03 灯）灭。随后程序返回初始状态进入循环控制过程。

程序点评：本程序特点是东西南北绿灯剩下 3s 时开始闪烁倒计时。其次是东西与南北绿灯亮的时间不同，以区别交通路口不同方向汽车交通流量的不同。红绿黄灯控制时间、效果与程序一相同。本程序两次应用了数据比较转移指令，多次应用了 d-1 非零转移指令。

第四节　端口读、判指令

实验机宏指令定义和使用的 I/O 接口共有 8 位，分别用 00、01、02、03、04、05、06、07 表示。该 I/O 接口仅能按位使用不能按口（字节）使用。本节中的 I/O 接口端口读、判指令是按位使用的。端口每一位输入的状态分别是"1"或"0"。为了暂存端口某时刻某一位的状态，设有 1 位寄存器用"c"表示。单片机从 I/O 接口某位读取的数据（状态 1，0）的同时，自动将这个数据（状态 1，0）存入 1 位寄存器"c"并负责保存。

一、端口读、判指令实例

【例 2-45】 汽车转向灯程序

汽车在变换车道或转向时应开启装在车前、车后的两个黄色转向灯，使其开始闪烁。具体控制程序如下：

地址	机器码		助记符		；注释
00	16	07	LOAD	07	；读 07 位的状态
					；并存入 1 位寄存器 c

02	07		00	JNZC	00	；若 c = 1 转移到 00 地址
						；若 c ≠ 1 执行下一条
04	00		0A	STD	0a	；d = 0a
06	01			DSD		；显示
07	0B	01		RTB	01	；将 01 位置 0
09	0B	05		RTB	05	；将 05 位置 0
0B	12	01	02	TIMER	01 02	；延时 1s
0E	0A	01		STB	01	；将 01 位置 1
10	0A	05		STB	05	；将 05 位置 1
12	12	01	02	TIMER	01 02	；延时 1s
15	04		06	JNZD	06	；当 d − 1 ≠ 0 跳到 06 地址
						；若 d − 1 = 0 执行下一条指令
17	10		00	JMP	00	；返回 00 地址
19	1D			END		；程序结束

实例运行效果：在单片机键盘上输入机器码程序复位并运行程序后，按一下"+1"键 01 位、05 位的黄灯会闪烁 0a 次后自动关闭。

程序点评：程序中应用了赋值、d − 1 ≠ 0 条件转移指令后使两个黄灯闪烁 10 次。由于本程序用了端口读、判指令，程序只有再按一下"+1"键时才能运行。

二、指令学习

1. 端口读指令

机器码		助记符		；注释
16	n	LOAD	n	；读 n 某位的状态
				；并存入 1 位寄存器 c

其中，"n"表示 I/O 接口中的某一位。n = 00、01、02、03、04、05、06、07。

举例：读 I/O 接口 01 位的数据（状态）。

机器码		助记符		
16	01	LOAD	01	；读 01 位的状态并存入 1 位寄存器 c

2. 判 1 转移指令

机器码		助记符		；注释
07	n	JNZC	n	；若 c = 1 转到 n 地址若 c ≠ 1 执行下一条

其中，"n"表示 I/O 接口中的某一位，n = 00H ~ 07H。

【例 2-46】 用"07"位状态，控制 00 位的发光二极管状态。

地址	机器码		助记符		；注释
00	16	07	LOAD	07	；读 07 某位的状态

					；并存入 1 位寄存器 c
02	07	00	JNZC	00	；若 c = 1 转移到 00 地址
					；若 c ≠ 1 执行下一条
04	0B	00	REB	00	；将 00 位置 0，发光二极管亮
06	1D		END		；程序结束

实例运行效果：在单片机键盘上输入机器码程序复位并运行后，按一下"+1"键 00 位发光二极管亮。

程序点评：由于本款单片机 I/O 接口各位常状态是"1"（芯片内部电路决定）。经过读、判指令判断 07 位是"1"状态，所以转移到"00"地址。07 位的电路与"+1"键相连接，当按下"+1"键就是将 07 位与低电平（0 状态）相接，此时 07 位状态由"1"跳变位"0"状态，c ≠ 1 执行下一条指令 00 位置 0，发光二极管亮。程序只有再按一下"+1"键时才能运行。

提示：在实际控制过程中，常常将"+1"键换成各种传感器。传感器的电平由"1"跳变成"0"时程序运行，控制执行部件做动作。

3. 判 0 转移指令

机器码		助记符		；注释
06	n	JNC	n	；若 c = 0 转移到 n 地址
				；若 c ≠ 0 执行下一条

其中，"n"表示 I/O 接口中的某一位，n = 00H ~ 07H。

【例 2-47】 应用判 0 指令控制 00 位的发光二极管熄灭。

地址	机器码		助记符		；注释
00	0B	07	RTB	07	；将 07 位置 0
02	16	07	LOAD	07	；读 07 位的状态并
					；存入 1 位寄存器 c
04	06	00	JNC	00	；若 c = 0 转移到 00 地址
					；若 c ≠ 0 执行下一条
06	0B	00	RTB	00	；将 00 位置 0，发光二极管亮
08	1D		END		；程序结束

实例运行效果：在单片机键盘上输入机器码程序后复位并运行后，07 位灯亮，00 位灯不亮。只有跨线一端接电源正极（高电位"1"状态），另一端触接 07 位（芯片 7 脚）。07 位被触接置"1"状态，00 位发光二极管才亮。

程序点评：07 位被置"0"状态，07 位发光二极管亮。c = 07 = 0 转移到 00 地址。跨线一端接电源正极（高电位"1"状态）另一端接触 07 位（芯片 7 脚）。07 位被置"1"状态，07 位发光二极管灭。c = 07 ≠ 0 执行下一条。

由于本款单片机 I/O 接口各位常状态是"1"（芯片内部电路决定）。使用判

"0"指令先要将控制位07位置0，再用读指令将07＝0状态读出并存入1位寄存器 c（c＝07＝0）。运行该程序后显示器显示"－1"，00位的发光二极管不亮。这是用跨线（导线）的一个裸端搭接在07位，另一个裸端触接单片机电路的高电位（即电池正极）后07位的发光二极管熄灭，00位灯亮。

在实际控制过程中这条跨线常常可以是各种传感器，如接近开关、红外开关、霍尔开关等。

三、端口读、判指令编程练习

【例2-48】　应用判0指令控制累加"1"循环显示的程序。

地址	机器码			助记符		；注释
00	0B		01	RTB	01	；将01位置0
02	16		01	LOAD	01	；读01某位的状态
						；并存入1位寄存器 c
04	06		00	JNC	00	；若 c＝0 转移到00地址
						；若 c≠0 执行下一条
06	00		00	STD	00	；d＝00
08	01			DSD		；显示
09	12	01	02	TIMER	01　02	；延时1s
0C	03		01	INCD	01	；d＝xx＋01
0E	10		08	JMP	08	；跳到08地址
10	1D			END		；程序结束

实例运行效果：在单片机键盘上输入机器码程序后复位并运行程序后，01位灯亮，累加"1"循环显示的程序不运行。只有跨线一端接电源正极（高电位"1"状态），另一端触接01位（芯片1脚），01位被触接置"1"状态，累加"1"循环程序才开始显示。

程序点评：控制"01"位就改变"01"位的状态，由"0"变"1"（高低电平跳变）。本例是以控制累加"1"循环显示为控制目标。

【例2-49】　应用判0指令编写倒计时程序

地址	机器码			助记符		；注释
00	0B		01	RTB	01	；将01位置0
02	16		01	LOAD	01	；读01某位的状态
						；并存入1位寄存器 c
04	06		00	JNC	00	；若 c＝0 转移到00地址
						；若 c≠0 执行下一条
06	00		0A	STB	0A	；d＝0AH
08	01			DSD		；显示
09	12	01	02	TIMER	01　02	；延时1s

0C	04		08	JNZD	08	；当 d－1≠0 转移到 08 地址
						；若 d－1＝0 时执行下一条
0C	1D			END		；程序结束

实例运行效果：在单片机键盘上输入机器码程序复位并运行后，01 位灯亮，倒计时程序不运行。只有跨线一端接电源正极（高电位"1"状态），另一端触接 01 位（芯片 1 脚），01 位被触接置"1"状态，倒计时程序才开始计时显示。

程序点评：要控制哪位就改变哪位的"0"、"1"状态（高低电平跳变）。实际中可以通过程序控制驱动执行机构做动作。

【例 2-50】 应用判 1 指令编写递减 1 循环程序

地址	机器码			助记符		；注释
00	16		07	LOAD	07	；读 07 某位的状态
						；并存入 1 位寄存器 c
02	07		00	JNZC	00	；若 c＝1 转移到 00 地址
						；若 c≠1 执行下一条
04	00		FF	STB	FF	；d＝FFH
06	01			DSD		；显示
07	12	01	02	TIMER	01 02	；延时 1s
0A	04		06	JNZD	06	；d－1≠0 转移到 06 地址
						；若 d－1＝0 时，执行下一条
0C	1D			END		；程序结束

实例运行效果：在单片机键盘上输入机器码程序复位并运行后，倒计时程序不运行。只有下"＋1"键 07 位的电平从"1"状态跳变成"0"状态后，倒计时程序才开始运行显示。

程序点评：在单片机电路中"＋1"键与 07 位相连接。单片机 I/O 接口中各位的状态是"1"状态，按下"＋1"键就将 07 位下拉为 0 电平。

【例 2-51】 应用判 1 指令编写从 01～0A 的正计时程序

地址	机器码			助记符		；注释
00	16		06	LOAD	06	；读 06 某位的状态
						；并存入 1 位寄存器 c
02	07		00	JNZC	00	；当 c＝1 转移到 00 地址
						；若 c≠1 执行下一条
04	00		01	STB	01	；d＝01H
06	01			DSD		；显示
07	12	01	02	TIMER	01 02	；延时 1s
0A	03		01	INCD	01	；d＝xx＋01

0C	05	0A	06	JNED	0A	06	; d – dx ≠ 0 转移到 06 地址
							; d – dx ≠ 0 执行下一条
0F	01			DSD			; 显示
10	12	01	02	TIMER	01	02	; 延时 1s
13	02			OFFD			; 关显示
14	1D			END			; 程序结束

实例运行效果：在单片机键盘上输入机器码程序复位并运行程序后，倒计时程序不运行。只有按下"–1"键06位的电平从"1"状态跳变成"0"状态倒计时程序才开始运行显示。

程序点评：在单片机电路中"–1"键与06位相连接。单片机 I/O 接口中各位的状态时"1"状态。按下"–1"键就将06位下拉为0电平。

四、应用举例

【例2-52】　产品计数器。

地址	机器码		助记符		; 注释
00	00	00	STD	00	; d = 00
02	01		DSD		; 显示
03	16	01	LOAD	01	; 读 01 某位的状态并存入 1 位寄存
					; 器 c
04	07	03	JNZC	03	; 若 c = 1 转移到 03 地址，若 c ≠ 1
					; 执行下一条
0C	03	01	INCD	01	; d = xx + 01
0E	10	03	JMP	03	; 跳到 03 地址
10	1D		END		; 程序结束

【例2-53】　四路抢答器

要求：一轮抢答仅有一路有效，显示器中显示组号、亮灯并有提示音。当主持人宣布开始并按下控制钮显示器倒计时五个数后，各组开始抢答操作。

设：四组组号分别对应 I/O 接口 01、02、03、04 位。检测位分别对应 I/O 接口 00、05、06、07 位。主持人按钮对应 I/O 接口 01 位。

地址	机器码		助记符		; 注释
00	16	01	LOAD	01	; 读 01 某位的状态并存入 1 位寄存器 c
02	07	00	JNZC	00	; 若 c = 1 转移到 00 地址，c ≠ 1 执行下一条
04	00	05	STB	05	; d = 05H
06	01		DSD		; 显示
07	12 01 02		TIMER 01 02		; 延时 1s
0A	04	06	JNZD	06	; 当 d – 1 ≠ 0 时，转移到 06 地址

					；若 d−1＝0 时，执行下一条程序
0C	16	00	LOAD	00	；读 00 某位的状态并存入 1 位寄存器 c
0E	06	1E	JNZC	1E	；若 c＝0 转移到 1E 地址，c≠0 执行下一条
10	16	05	LOAD	05	；读 05 某位的状态并存入 1 位寄存器 c
12	06	26	JNZC	26	；若 c＝0 转移到 26 地址，c≠0 执行下一条
14	16	06	LOAD	06	；读 06 某位的状态并存入 1 位寄存器 c
16	06	2d	JNZC	2D	；若 c＝0 转移到 2D 地址，c≠0 执行下一条
18	16	07	LOAD	07	；读 07 某位的状态并存入 1 位寄存器 c
1A	06	35	JNZC	35	；若 c＝0 转移到 35 地址，c≠0 执行下一条
1C	10	0C	JMP	0C	；返回 0C 地址
1E	00	01	STD	01	；d＝01
20	01		DSD		；显示 1 组
21	0B	01	RTB	01	；1 组灯亮
23	0C		SND		；蜂鸣器响 1s
24	10	00	JMP	00	；返回 00 地址
26	00	02	STD	02	；d＝02
27	01		DSD		；显示 2 组
28	0B	02	RTB	02	；2 组灯亮
2A	0C		SND		；蜂鸣器响 1s
2B	10	00	JMP	00	；返回 00 地址
2D	00	03	STD	03	；d＝03
2F	01		DSD		；显示 3 组
30	0B	03	RTB	03	；3 组灯亮
32	0C		SND		；蜂鸣器响 1s
33	10	00	JMP	00	；返回 00 地址
35	00	04	STD	04	；d＝04
37	01		DSD		；显示 4 组
38	0B	04	RTB	04	；4 组灯亮
3A	0C		SND		；蜂鸣器响 1s
3B	10	00	JMP	00	；返回 00 地址
3F	1D		END		；程序结束

实例运行效果：在单片机键盘上输入机器码程序复位并运行后，倒计时程序不运行。只有下"−1"键 06 位的电平从"1"状态跳变成"0"状态时，倒计时程序才开始运行显示。

程序点评：在单片机电路中"−1"键与 06 位相连接。单片机 I/O 接口中各位的状态是"1"状态，按下"−1"键就将 06 位下拉为 0 电平。

【例 2-54】　密码输入

日常生活中常会遇到有关密码的操作。这里只是做一个简单的密码输入游戏，先设输入数据的范围为 00~05 共 6 个数。"密码"设置在这个范围内（密码由编程者设定，如本例是 02）。程序开始执行后，显示器由 05 开始倒计时显示，游戏者预想到"密码"后按下"-1"键，若与设置数不同即为失败，并关显示停止程序。

地址	机器码			助记符			；注释
00	00		05	STD	05		；d = 05
02	01			DSD			；显示
03	12	02	02	TIMER	02	02	；延时 02s
06	0A		07	STB	07		；07 = 1
08	16		07	LOAD	07		；读 07 状态
0A	06		11	JNCZ	11		；若 07 = 0 向下执行，否则转 11
0C	05	02	15	JNED	02	15	；d - 02 = 0 向下执行，否则转 15
0F	0C			SND			；密码正确，蜂鸣器响
10	13			STOP			；停止
11	04		02	JNZD	02		；d - 1 = 0 向下执行，否则转 02
13	10		00	JMP	00		；重新开始
15	02			0FFD			；关显示
16	1D			END			；程序结束

实例运行效果：在单片机键盘上输入机器码程序复位并运行后，倒计时程序不运行。显示器由 05 开始倒计时，按下"-1"键，若与设置数不同即为失败，并关显示停止程序，若一致则蜂鸣器响。

程序点评：先查询端口 07 是否为 0。当显示 05，若端口 07 为 0，即表示键按下，选密码为 05；若与设置数不同，即为失败，关显示，停止程序，否则每隔 1s 判断 d - 1 是否为 0，若为 0，则返回重新开始，否则继续查询端口。

第五节　位传送、操作指令

在原指令中数据传送是按字节操作的。在宏指令中，由于所定义的单片机内部资源有限数据传送操作仅局限于寄存器 c 与寄存器 m 之间进行而且是位传送、操作。

寄存器 c 是 1 位寄存器，它有两种状态"0"和"1"。其作用是负责保存端口的状态。

寄存器 m 是 8 个 1 位寄存器，其取值范围是 08H~0FH。其作用是暂存逻辑运算的状态。

一、位传送、操作指令实例

【例 2-55】　汽车转向灯程序

地址	机器码		助记符		；注释
00	08		RTC		；令寄存器 c = 1
01	15	08	WMC	08	；将 c = 0 传送到寄存器 m 的 08 位
03	09		STC		；令寄存器 c = 0
04	15	09	WMC	09	；将 c = 0 传送到寄存器 m 的 09 位
06	00	0A	STD	0A	；d = 0A
08	01		DSD		；显示
09	0D	0F	SUBX	0F	；调用 0F 地址的子程序
0B	0D	19	SUBX	19	；调用 1A 地址的子程序
0D	04	08	JNZD	08	；当 d − 1≠0，跳到 08 地址
					；若 d − 1 = 0，执行下一条指令
0F	14	08	WCM	08	；将 m 寄存器 08 位数据传送到 c
11	17	01	OUT	01	；将 c 数据传送到端口 01 位
13	17	05	OUT	05	；将 c 数据传送到端口 05 位
15	12	01 02	TIMER	01 02	；延时 1s
18	0E		RETX		；返回主程序
19	14	09	WCM	09	；将 m 寄存器 09 位数据传送到 c
1B	17	01	OUT	01	；将 c 数据传送到端口 01 位
1D	17	05	OUT	05	；将 c 数据传送到端口 05 位
1F	12	01 02	TIMER	01 02	；延时 1s
22	0E		RETX		；返回主程序
23	1D		END		；程序结束

实例运行效果：在单片机键盘上输入机器码程序复位并运行程序后，01 位、05 位的黄灯会闪烁 0A 次后自动关闭。

程序点评：程序中应用了两条（WMC，WCM）位数据传送指令，两条位操作（RTC. STC）指令，一条写（OUT）指令或称输出指令。此外还应用了调用子程序指令。

二、指令学习

1. 令 c = 1 指令

机器码	助记符	；注释
08	STC	；令 c = 1

本条指令是将寄存器 c 的状态置为"1"状态。

【例 2-56】 00 位灯闪烁

地址	机器码		助记符		；注释
00	0B	00	RTB	00	；将 00 位置 0
02	12	01 02	TIMER	01 02	；延时 1s

05	08		STC		；令 c = 1
06	17	00	OUT	00	；将 c = 1 从 00 位写出
08	12	01 02	TIMER	01 02	；延时 1s
0B	10	00	JMP	00	；返回到 00 地址
0D	1D		END		；程序结束

实例运行效果：在单片机键盘上输入机器码程序复位并运行程序后，00 位灯闪烁。

程序点评：在单灯闪烁程序中，点亮 00 灯用了置 "0" 指令，关 00 灯先用令 c = 1 指令，再用写出（OUT）指令，将 c = 1 状态从 00 位写出。

2. 令 c = 0 指令

机器码	助记符	；注释
09	RTC	；c = 0

本条指令是将寄存器 c 的状态置为 "0" 状态。

【例 2-57】 00 位灯闪烁

地址	机器码		助记符		；注释
00	09		RTC		；令 c = 0
01	17	00	OUT	00	；将 c = 0 从 00 位写出
03	12	01 02	TIMER	01 02	；延时 1s
06	0A	00	RTB	00	；将 00 位置 1
08	12	01 02	TIMER	01 02	；延时 1s
0B	10	00	JMP	00	；返回到 00 地址
0D	1D		END		；程序结束

实例运行效果：在单片机键盘上输入机器码程序复位并运行程序后，00 位灯闪烁。

程序点评：在单灯闪烁程序中，点亮 00 灯是先用令 c = 0 指令，再用写出（OUT）指令，将 c = 0 状态从 00 位写出。关 00 灯用了置 "1" 指令。

3. 写出指令（或输出指令）

机器码	助记符	；注释
17	n	OUT	n	；将寄存器 c 的状态从 00 位写出

其中，"n" 表示 I/O 接口的某一位。

【例 2-58】 8 个灯依次点亮再依次熄灭循环闪烁

地址	机器码		助记符		；注释
00	09		RTC		；令 c = 0
01	17	00	OUT	00	；将 c = 0 从 00 位写出
03	12	01 02	TIMER	01 02	；延时 1s

地址				指令			注释
06	17		01	OUT	01		；将 c = 0 从 01 位写出
08	12	01	02	TIMER	01	02	；延时 1s
0B	17		02	OUT	02		；将 c = 0 从 02 位写出
0D	12	01	02	TIMER	01	02	；延时 1s
10	17		03	OUT	03		；将 c = 0 从 03 位写出
12	12	01	02	TIMER	01	02	；延时 1s
15	17		04	OUT	04		；将 c = 0 从 04 位写出
17	12	01	02	TIMER	01	02	；延时 1s
1A	17		05	OUT	05		；将 c = 0 从 05 位写出
1C	12	01	02	TIMER	01	02	；延时 1s
1F	17		06	OUT	06		；将 c = 0 从 06 位写出
21	12	01	02	TIMER	01	02	；延时 1s
24	17		07	OUT	07		；将 c = 0 从 07 位写出
26	12	01	02	TIMER	01	02	；延时 1s
29	08			STC			；令 c = 1
2A	17		00	OUT	00		；将 c = 1 从 00 位写出
2C	12	01	02	TIMER	01	02	；延时 1s
2F	17		01	OUT	01		；将 c = 1 从 01 位写出
31	12	01	02	TIMER	01	02	；延时 1s
34	17		02	OUT	02		；将 c = 1 从 02 位写出
36	12	01	02	TIMER	01	02	；延时 1s
39	17		03	OUT	03		；将 c = 1 从 03 位写出
3B	12	01	02	TIMER	01	02	；延时 1s
3E	17		04	OUT	04		；将 c = 1 从 04 位写出
40	12	01	02	TIMER	01	02	；延时 1s
43	17		05	OUT	05		；将 c = 1 从 05 位写出
45	12	01	02	TIMER	01	02	；延时 1s
48	17		06	OUT	06		；将 c = 1 从 06 位写出
4A	12	01	02	TIMER	01	02	；延时 1s
4D	17		07	OUT	07		；将 c = 1 从 07 位写出
4F	12	01	02	TIMER	01	02	；延时 1s
52	10		00	JMP	00		；返回到 00 地址
54	1D			END			；程序结束

　　实例运行效果：在单片机键盘上输入机器码程序后复位运行后，8 个灯依次点亮再依次熄灭循环闪烁。

　　程序点评：在灯闪烁程序中，先使用"令 c = 0"指令，再用写出（OUT）指令将 c = 0 状态依次从 8 位写出。然后使用"令 c = 1"指令，再用写出（OUT）指令，将 c = 1 状态依次从 8 位写出。

4. 数据从 c 传到 m 指令

机器码		助记符		；注释
15	m	WMC	m	；数据从寄存器 c 传到寄存器 m

其中，"m"表示寄存器 m 中的某一位。m 的取值为 08H ~ 0FH。

举例：将 c = 0 数据传送到寄存器 m 的 08 位。

地址	机器码		助记符		；注释
00	09		RTC		；令 c = 0
01	15	08	WMC	08	；c = 0 传到 m 中的 08 位

5. 数据从 m 传到 c 指令

机器码		助记符		；注释
14	m	WCM	m	；数据从寄存器 m 传到寄存器 c

其中，"m"表示寄存器 m 中的某一位。m 取值为 08H ~ 0FH。

举例：将寄存器 m 的 0f 位数据传送到寄存器 c。

地址	机器码		助记符		；注释
00	14	0F	WCM	0F	；m 中 0F 位数据传到 c

三、编程练习

【例 2-59】 应用写指令编出 4 个灯交替循环闪烁的程序

地址	机器码			助记符		；注释
00	09			RTC		；令 c = 0
01	17	00		OUT	00	；"0"状态从 00 口输出
03	12	01	02	TIMER	01 02	；延时 1s
06	08			STC		；令 c = 1
07	17	00		OUT	00	；"1"状态从 00 口输出
09	12	01	02	TIMER	01 02	；延时 1s
0C	09			RTC		；令 c = 0
0D	17	01		OUT	01	；"0"状态从 01 口输出
0F	12	01	02	TIMER	01 02	；延时 2s
12	08			STC		；令 c = 1
13	17	01		OUT	01	；"1"状态从 01 口输出
15	12	01	02	TIMER	01 02	；延时 2s
18	09			RTC		；令 c = 0
19	17	02		OUT	02	；"0"状态从 02 口输出
1B	12	01	02	TIMER	01 02	；延时 2s

地址	机器码			助记符			；注释
1E	08			STC			；令 c = 1
1F	17	02		OUT	02		；"1" 状态从 02 口输出
21	12	01	02	TIMER	01	02	；延时 1s
24	09			RTC			；令 c = 0
25	17	03		OUT	03		；"0" 状态从 03 口输出
27	12	01	02	TIMER	01	02	；延时 1s
2A	08			STC			；令 c = 1
2B	17	03		OUT	03		；"1" 状态从 03 口输出
2D	12	01	02	TIMER	01	02	；延时 1s
30	10	00		JMP	00		；返回 00 地址
32		1D		END			；程序结束

实例运行效果：在单片机键盘上输入机器码程序复位并运行程序后，4 个灯依次点亮后再依次熄灭循环闪烁。

程序点评：在灯闪烁程序中，交替使用了"令 c = 0"和"令 c = 1"指令，且依次从 I/O 接口的 00、01、02、03 位写出。

【例 2-60】 应用数据传送指令写出 8 个灯交替循环闪烁程序

地址	机器码			助记符		；注释
00	09			RTC		；令 c = 0
01	15	08		WMC	08	；c = 0 传送到 08 位
03	08			STC		；令 c = 1
04	15	09		WMC	09	；c = 1 传送到 09 位
06	15	08		WCM	08	；08 位传送到 c
08	17	00		OUT	00	；把 c = 0 从 00 位输出
0A	12	02	01	TIMER	02 02	；延时 2s
0D	17	01		OUT	01	；把 c = 0 从 01 位输出
0F	12	02	01	TIMER	02 02	；延时 2s
11	17	02		OUT	02	；把 c = 0 从 02 位输出
13	12	02	01	TIMER	02 02	；延时 2s
16	17	03		OUT	03	；把 c = 0 从 03 位输出
18	12	02	01	TIMER	02 02	；延时 2s
1B	17	04		OUT	04	；把 c = 0 从 04 位输出
1D	12	02	01	TIMER	02 02	；延时 2s
20	17	05		OUT	05	；把 c = 0 从 05 位输出
22	12	02	01	TIMER	02 02	；延时 2s
25	17	06		OUT	06	；把 c = 0 从 06 位输出

27	12	02	01	TIMER	02	02	；延时 2s
2A	17		07	OUT		07	；把 c = 0 从 07 位输出
2C	12	02	01	TIMER	02	02	；延时 2s
2F	15		09	WCM		09	；09 位传送到 c
31	17		00	OUT		00	；把 c = 1 从 00 位输出
33	12	02	01	TIMER	02	02	；延时 2s
36	17		01	OUT		01	；把 c = 1 从 01 位输出
38	12	02	01	TIMER	02	02	；延时 2s
3B	17		02	OUT		02	；把 c = 1 从 02 口输出
3D	12	02	01	TIMER	02	02	；延时 2s
40	17		03	OUT		03	；把 c = 0 从 03 位输出
42	12	02	01	TIMER	02	02	；延时 2s
45	17		04	OUT		04	；把 c = 0 从 04 位输出
47	12	02	01	TIMER	02	02	；延时 2s
4A	17		05	OUT		05	；把 c = 0 从 05 位输出
4C	12	02	01	TIMER	02	02	；延时 2s
4F	17		06	OUT		06	；把 c = 0 从 06 位输出
51	12	02	01	TIMER	02	02	；延时 2s
54	17		07	OUT		07	；把 c = 0 从 07 位输出
56	12	02	01	TIMER	02	02	；延时 2s
59	10		00	JMP		00	；返回 00 地址
5B	1D			END			；程序结束

实例运行效果：在单片机键盘上输入机器码程序复位并运行后，8 个灯依次点亮再依次熄灭循环闪烁。

程序点评：程序中应用了两条（WMC，WCM）位数据传送指令，两条位操作（RTC. STC）指令，一条写（OUT）指令或称输出指令。

四、实际举例

【例 2-61】　位逻辑或运算源程序

地址	机器码		助记符		；注释
00	09		RTC		；令 c = 0
01	15	0A	WMC	0A	；将 c = 0 传送到寄存器 m 的 0A 位
03	08		STC		；令 c = 1
04	1A	0A	ORX	0A	；c + 0A（逻辑或）结果存 c
06	11		NOTC		；c 取反
07	17	00	OUT	00	；从 00 位输出，灯亮
09	1D		END		；程序结束

实例运行效果：在单片机键盘上输入机器码程序复位并运行程序后，00 位灯亮。

程序点评：程序中应用了位数据传送指令，位逻辑或运算指令和输出指令（OUT）。

逻辑或运算又称逻辑加运算。逻辑非运算又称取反运算。

【例 2-62】 位逻辑与非运算源程序

地址	机器码		助记符		；注释
00	08		STC		；令 c = 1
01	15	0F	WMC	0F	；将 c = 1 传送到寄存器 m 的 0F 位
03	19	0F	ANDNOT	0F	；0F 取反后再与 c 进行逻辑与运算，结 ；果存 c
05	17	01	OUT	01	；从 01 位输出，灯亮
09	1D		END		；程序结束

实例运行效果：在单片机键盘上输入机器码程序复位并运行程序后，01 位灯亮。

程序点评：程序中应用了位数据传送指令，位逻辑与非运算指令和输出指令（OUT）。

逻辑与运算又称逻辑乘运算。

第六节 乐曲编程指令

优美的网上歌曲深受网迷的喜爱。一首乐曲要用计算机 JAVA 语言编程后，转化成计算机语言才能在网上传播。在宏指令中定义了一组乐曲编程指令，提供了一套简易的音乐编程方法。利用它可以用宏指令汇编语言很快将乐曲编写成宏汇编程序，编辑完成一个乐曲。既可在单片机上播放，也可使用有源音箱播放。由于宏指令定义的比较简单，用宏指令汇编语言编写的乐曲只是单音歌曲没有和旋，音程也有一定的局限。

一、乐曲编程指令实例

【例 2-63】 乐曲《小星星》片段

简谱：	1	1	5	5	6	6	5 –	4	4	3	3	2	2	1 –
	一	闪	一	闪	亮	晶	晶	满	天	都	是	小	星	星
	5	5	4	4	3	3	2 –	5	5	4	4	3	3	2 –
	挂	在	天	上	放	光	明	它	是	我	们	的	小	眼	睛
	1	1	5	5	6	6	5 –	4	4	3	3	2	2	1 –
	一	闪	一	闪	亮	晶	晶	满	天	都	是	小	星	星

地址	机器码		助记符	；注释
00	0F		MCS	；播放音乐
01	06	03		；X = 1 Y = 1 拍
03	06	03		；X = 1 Y = 1 拍
05	0A	03		；X = 5 Y = 1 拍
07	0A	03		；X = 5 Y = 1 拍
09	0B	03		；X = 6 Y = 1 拍
0B	0B	03		；X = 6 Y = 1 拍
0D	0A	05		；X = 5 Y = 2 拍
0E	09	03		；X = 4 Y = 1 拍
10	09	03		；X = 4 Y = 1 拍
12	08	03		；X = 3 Y = 1 拍
14	08	03		；X = 3 Y = 1 拍
16	07	03		；X = 2 Y = 1 拍
18	07	03		；X = 2 Y = 1 拍
1A	06	05		；X = 1 Y = 2 拍
1C	0A	03		；X = 5 Y = 1 拍
1E	0A	03		；X = 5 Y = 1 拍
20	09	03		；X = 4 Y = 1 拍
22	09	03		；X = 4 Y = 1 拍
24	08	03		；X = 3 Y = 1 拍
26	08	03		；X = 3 Y = 1 拍
28	07	03		；X = 2 Y = 2 拍
2A	0A	03		；X = 5 Y = 1 拍
2C	0A	03		；X = 5 Y = 1 拍
2E	09	03		；X = 4 Y = 1 拍
30	09	03		；X = 4 Y = 1 拍
32	08	03		；X = 3 Y = 1 拍
34	08	03		；X = 3 Y = 1 拍
36	07	03		；X = 2 Y = 2 拍
38	06	03		；X = 1 Y = 1 拍
3A	06	03		；X = 1 Y = 1 拍
3C	0A	03		；X = 5 Y = 1 拍
3E	0A	03		；X = 5 Y = 1 拍
40	0B	03		；X = 6 Y = 1 拍
42	0B	03		；X = 6 Y = 1 拍

44	0A	05		; X = 5 Y = 2 拍
46	09	03		; X = 4 Y = 1 拍
48	09	03		; X = 4 Y = 1 拍
4A	08	03		; X = 3 Y = 1 拍
4C	08	03		; X = 3 Y = 1 拍
4E	07	03		; X = 2 Y = 1 拍
50	07	03		; X = 2 Y = 1 拍
52	06	05		; X = 1 Y = 2 拍
54	1C			; 退出奏乐
55	1D		END	; 程序结束

实例程序运行效果：在单片机上手工输入并运行该程序，乐曲《小星星》从蜂鸣器播出。

程序点评：机器码"0F"是音乐开始播放指令，"1C"是音乐退出指令。

二、简谱基础知识

一般来说音乐的构成中最重要的是"音的高低"和"音的长短"。音的高低和长短决定了该首曲子有别于其他曲子，因此成为构成音乐的最重要的基础元素。

1. 音的高低

任何一首曲子都是高低相间的音组成的，用七个阿拉伯数字作为标记，它们的写法是：1、2、3、4、5、6、7，读法为：do、re、mi、fa、sol、la、si。低八度是在基本音高的下面加点，高八度则是在基本音高的上面加点。

2. 音的长短

除了音的高低外，还有一个重要的因素就是音的长短。这里引用一个基础的音乐术语"拍子"。拍子是表示音符长短的重要概念是一个相对时间度量单位。一拍的长度没有限制，可以是1s，也可以是2s或0.5s。假如一拍是1s的长度，那么两拍就是2s；一拍定为0.5s的话，两拍就是1s的长度。一旦这个基础的一拍定下来，那么比一拍长或短的符号就相对容易了。

简谱里将音符分为全音符、二分音符、四分音符、十六分音符、三十二分音符等。在这几个音符里面最重要的是四分音符，它是一个基本参照度量长度，即四分音符为一拍。用一条横线"—"在四分音符的右面或下面来标注，以此来定义该音符的长短。表2-2列出了常用音符和它们的长度标记。

表2-2　常用音符和它们的长度标记（以5"sol"为例）

音 符 名 称	写　　法	时　　值
全音符	5 — — —	四拍
二分音符	5 —	两拍
四分音符	5	一拍
八分音符	5	半拍
十六分音符	5	四分之一拍

由上例可以看出，横线有标注在音符后面的，也有记在音符下面的，横线标记的位置不同，被标记的音符的时值也不同。从表中可以发现一个规律，就是要使音符时值延长，在四分音符右边加横线"—"，这个横线叫延时线，延时线越多，音持续的时间（时值）越长。相反，音符下面的横线越多，则该音符时间越短。

3. 附点音符

附点就是记在音符右边的小圆点"·"，表示增加前面音符时值的"一半"（即浮点跟着前音走），带附点的音符叫附点音符。

如 1.5 拍与 0.5 拍：1·$\underline{1}$　2·$\underline{2}$　3·$\underline{3}$　4·$\underline{4}$　5·$\underline{5}$　6·$\underline{6}$　7·$\underline{7}$

如 3/4 与 1/4：$\underline{1 \cdot 1}$　$\underline{2 \cdot 2}$　$\underline{2 \cdot 2}$　$\underline{3 \cdot 3}$　$\underline{4 \cdot 4}$　$\underline{5 \cdot 5}$　$\underline{6 \cdot 6}$　$\underline{7 \cdot 7}$

4. 休止符

音乐中除了有音的高低，长短之外，也有音的休止。表示声音休止的符号叫休止符，用"0"标记。通俗点说就是没有声音，不出声的符号。休止符与音符基本相同，也有六种。但一般直接用 0 代替增加的横线，每增加一个 0，就增加一个四分休止符时的时值。如休止 1/4 拍表示为"$\underline{0}$"；休止 1/2 拍表示为"0"；休止 1 拍表示为"0"。

三、指令学习

1. 奏乐开始指令

机器码　　　　　助记符　　　　　　；注释

0F X Y　　　　MCS X Y　　　　　；奏出 X 音高 Y 音长的音

"X"表示音高。音程表：以 C 调为标准，音高"06"为中央 C，向下逐次排列为低音，向上逐次排列为高音，共 4 个 8 度音程，如下所示。

X = 00, 01, 02, 03, 04, 05, 06, 07, 08, 09, 0A, 0B, 0C, 0D, 0E, 0F,

简谱 = $\underline{2}$　$\underline{3}$　$\underline{4}$　$\underline{5}$　$\underline{6}$　$\underline{7}$　1　2　3　4　5　6　7　1　2　3

X = 10, 11, 12, 13, 14, 15, 16, 17, 18, 19, 1A

简谱 = 4　5　6　7　1　2　3　4　5　6　7

"Y"表示音长，以 1/2 音符为 1s 计算音符时值。

Y = 00——1/4 拍　　　Y = 03——1 拍　　　Y = 06——3 拍
　 = 01——1/2 拍　　　 = 04——1.5 拍　　　 = 07——4
　 = 02——3/4 拍　　　 = 05——2 拍　　　 = 08——5 拍

2. 奏乐退出指令

机器码　　　　　助记符　　　　　　；注释

1C　　　　　　　　　　　　　　　；退出奏乐

【例 2-64】　节奏练习

|1 1 1 — | 2 2 2 —| 3 3 3 — | 4 4 4 —|

|5 5 5 — | 6 6 6 —| 7 7 7 — | i i i —|

|1 1 1 |2 2 2 |3 3 3 |4 4 4 |5 5 5 |6 6 6 |7 7 7 |i i i |

|1·1 2·2 | 3·3 4·4|5·5 6·6 | 7·7 i·i|

|1·1 2·2 | 3·3 4·4|5·5 6·6 | 7·7 i·i|

地址	机器码		助记符	;注释
00	0F		MCS	;播放音乐
01	06	03		;X=1 Y=1 拍
03	06	03		;X=1 Y=1 拍
05	06	05		;X=1 Y=2 拍
07	07	03		;X=2 Y=1 拍
09	07	03		;X=2 Y=1 拍
0B	07	05		;X=2 Y=2 拍
0D	08	03		;X=3 Y=1 拍
0F	08	03		;X=3 Y=1 拍
11	08	05		;X=3 Y=2 拍
13	09	03		;X=4 Y=1 拍
15	09	03		;X=4 Y=1 拍
17	09	05		;X=4 Y=2 拍
19	0A	03		;X=5 Y=1 拍
1B	0A	03		;X=5 Y=1 拍
1D	0A	05		;X=5 Y=2 拍
1F	0B	03		;X=6 Y=1 拍
21	0B	03		;X=6 Y=1 拍
23	0B	05		;X=6 Y=2 拍
25	0C	03		;X=7 Y=1 拍
27	0C	03		;X=7 Y=1 拍
29	0C	05		;X=7 Y=2 拍
2B	0D	03		;X=I Y=1 拍
2D	0D	03		;X=I Y=1 拍
2F	0D	05		;X=I Y=2 拍
31	06	01		;X=1 Y=0.5 拍
33	06	01		;X=1 Y=0.5 拍
35	06	03		;X=1 Y=1 拍
37	07	01		;X=2 Y=0.5 拍
39	07	01		;X=2 Y=0.5 拍

3B	07	03	; X = 2 Y = 1 拍
3D	08	01	; X = 3 Y = 0.5 拍
3F	08	01	; X = 3 Y = 0.5 拍
41	08	03	; X = 3 Y = 1 拍
43	09	01	; X = 4 Y = 0.5 拍
45	09	01	; X = 4 Y = 0.5 拍
47	09	03	; X = 4 Y = 1 拍
49	0A	01	; X = 5 Y = 0.5 拍
51	0A	01	; X = 5 Y = 0.5 拍
53	0A	03	; X = 5 Y = 1 拍
55	0B	01	; X = 6 Y = 0.5 拍
57	0B	01	; X = 6 Y = 0.5 拍
59	0B	03	; X = 6 Y = 1 拍
5B	0C	01	; X = 7 Y = 0.5 拍
5D	0C	01	; X = 7 Y = 0.5 拍
5F	0C	03	; X = 7 Y = 1 拍
61	0D	01	; X = I Y = 0.5 拍
63	0D	01	; X = I Y = 0.5 拍
65	0D	03	; X = I Y = 1 拍
67	06	04	; X = 1 Y = 1.5 拍
69	06	01	; X = 1 Y = 0.5 拍
6B	07	04	; X = 2 Y = 1.5 拍
6D	07	01	; X = 2 Y = 0.5 拍
6F	08	04	; X = 3 Y = 1.5 拍
71	08	01	; X = 3 Y = 0.5 拍
73	09	04	; X = 4 Y = 1.5 拍
75	09	01	; X = 4 Y = 0.5 拍
77	0A	04	; X = 5 Y = 1.5 拍
79	0A	01	; X = 5 Y = 0.5 拍
7B	0B	04	; X = 6 Y = 1.5 拍
7D	0B	01	; X = 6 Y = 0.5 拍
7F	0C	04	; X = 7 Y = 1.5 拍
81	0C	01	; X = 7 Y = 0.5 拍
83	0D	04	; X = I Y = 1.5 拍
85	0D	01	; X = I Y = 0.5 拍
87	06	02	; X = 1 Y = 3/4 拍

89	06	00		；X = 1 Y = 1/4 拍
8B	07	02		；X = 2 Y = 3/4 拍
8D	07	00		；X = 2 Y = 1/4 拍
8F	08	02		；X = 3 Y = 3/4 拍
91	08	00		；X = 3 Y = 1/4 拍
93	09	02		；X = 4 Y = 3/4 拍
95	09	00		；X = 4 Y = 1/4 拍
97	0A	02		；X = 5 Y = 3/4 拍
99	0A	00		；X = 5 Y = 1/4 拍
9B	0B	02		；X = 6 Y = 3/4 拍
9D	0B	00		；X = 6 Y = 1/4 拍
9F	0C	02		；X = 7 Y = 3/4 拍
A1	0C	00		；X = 7 Y = 1/4 拍
A3	0D	02		；X = i̇ Y = 3/4 拍
A5	0D	00		；X = i̇ Y = 1/4 拍
A7	1C			；退出奏乐
A9	1D		END	；程序结束

3. 空拍指令

机器码		助记符	；注释
1B	Y		；空 Y 拍

其中，"Y"表示音长，定义同上。

【例 2-65】 空拍练习

1 0 2 0 3 0 4 0 5 0 6 0 7 0 i̇ 0

地址	机器码		助记符	；注释
00	0F		MCS	；播放音乐
01	06	01		；X = 1 Y = 0.5 拍
03	1B	01		；空拍 Y = 0.5 拍
05	07	01		；X = 2 Y = 0.5 拍
07	1B	01		；空拍 Y = 0.5 拍
09	08	01		；X = 3 Y = 0.5 拍
0B	1B	01		；空拍 Y = 0.5 拍
0D	09	01		；X = 4 Y = 0.5 拍
0E	1B	01		；空拍 Y = 0.5 拍
10	0A	03		；X = 5 Y = 1 拍
12	1B	01		；空拍 Y = 0.5 拍
14	0B	01		；X = 6 Y = 0.5 拍

16	1B	03		; 空拍 Y = 1 拍
18	0C	01		; X = 7 Y = 0.5 拍
1A	1B	01		; 空拍 Y = 0.5 拍
1C	0D	03		; X = i Y = 1 拍
1E	1B	01		; 空拍 Y = 0.5 拍
20	1C			; 退出奏乐
22	1D		END	; 程序结束

四、编程练习

【例2-66】欢乐颂

3 3 4 5	5 4 3 2	1 1 2 3	3·<u>2</u> 2 —
3 3 4 5	5 4 3 2	1 1 2 3	2·<u>1</u> 1 —
2 2 3 1	2 <u>3 4</u> 3 1	2 <u>3 4</u> 3 2	1 2 <u>5</u> —
3 3 4 5	5 4 3 2	1 1 2 3	2·<u>1</u> 1 —

地址	机器码		助记符	; 注释
00	0F		MCS	; 播放音乐
01	08	03		; X = 3 Y = 1 拍
03	08	03		; X = 3 Y = 1 拍
05	09	03		; X = 4 Y = 1 拍
07	0A	03		; X = 5 Y = 1 拍
09	0A	03		; X = 5 Y = 1 拍
0B	09	03		; X = 4 Y = 1 拍
0D	08	03		; X = 3 Y = 1 拍
0F	07	03		; X = 2 Y = 1 拍
11	06	03		; X = 1 Y = 1 拍
13	06	03		; X = 1 Y = 1 拍
15	07	03		; X = 2 Y = 1 拍
17	08	03		; X = 3 Y = 1 拍
19	08	04		; X = 3 Y = 1.5 拍
1B	07	01		; X = 2 Y = 0.5 拍
1D	07	05		; X = 2 Y = 2 拍
1F	08	03		; X = 3 Y = 1 拍
21	08	03		; X = 3 Y = 1 拍
23	09	03		; X = 4 Y = 1 拍
25	0A	03		; X = 5 Y = 1 拍
27	0A	03		; X = 5 Y = 1 拍
29	09	03		; X = 4 Y = 1 拍

2B	08	03	; X = 3 Y = 1 拍
2D	07	03	; X = 2 Y = 1 拍
2F	06	03	; X = 1 Y = 1 拍
31	06	03	; X = 1 Y = 1 拍
33	07	03	; X = 2 Y = 1 拍
35	08	03	; X = 3 Y = 1 拍
37	07	04	; X = 2 Y = 1.5 拍
39	06	01	; X = 1 Y = 0.5 拍
3B	06	05	; X = 1 Y = 2 拍
3D	07	03	; X = 2 Y = 1 拍
3F	07	03	; X = 2 Y = 1 拍
41	08	03	; X = 3 Y = 1 拍
43	06	03	; X = 1 Y = 1 拍
45	07	03	; X = 2 Y = 1 拍
47	08	01	; X = 3 Y = 0.5 拍
49	09	01	; X = 4 Y = 0.5 拍
4B	08	03	; X = 3 Y = 1 拍
4D	06	03	; X = 1 Y = 1 拍
4F	07	03	; X = 2 Y = 1 拍
51	08	03	; X = 3 Y = 0.5 拍
53	09	03	; X = 4 Y = 0.5 拍
55	08	04	; X = 3 Y = 1 拍
57	07	01	; X = 2 Y = 1 拍
59	06	03	; X = 1 Y = 2 拍
5B	07	03	; X = 2 Y = 1 拍
5D	04	05	; X = 5 Y = 2 拍
61	08	03	; X = 3 Y = 1 拍
63	08	03	; X = 3 Y = 1.5 拍
65	09	03	; X = 4 Y = 1 拍
67	0A	03	; X = 5 Y = 1 拍
69	0A	03	; X = 5 Y = 1 拍
6B	09	03	; X = 4 Y = 1 拍
6D	08	03	; X = 3 Y = 1 拍
6F	07	03	; X = 2 Y = 1 拍
71	06	03	; X = 1 Y = 1 拍
73	06	03	; X = 1 Y = 1 拍

75	07	03	; X = 2 Y = 1 拍
77	08	03	; X = 3 Y = 1 拍
79	07	04	; X = 2 Y = 1.5 拍
7B	06	01	; X = 1 Y = 0.5 拍
7D	06	05	; X = 1 Y = 2 拍
7F	1C		; 退出奏乐
81	1D	END	; 程序结束

实例程序运行效果：在单片机上手工输入并运行该程序，乐曲《欢乐颂》从蜂鸣器播出。

程序点评：音符中"3·""2·"是1.5拍。

【例2-67】 两只老虎

| 1 2 3 1 | 1 2 3 1 | 3 4 5 — | 3 4 5 — |

　两　只　老　虎　　两　只　老　虎　跑　得　快　　　　跑　得　快

| 5 6 5 4 3 1 | 5 6 5 4 3 1 | 1 5̣ 1 — | 1 5̣ 1 — |

一只　没有耳朵　一只　没有尾巴　真奇怪　　真　奇　怪

地址	机器码		助记符	; 注释
00	0F		MCS	; 播放音乐
01	06	03		; X = 1 Y = 1 拍
03	07	03		; X = 2 Y = 1 拍
05	08	03		; X = 3 Y = 1 拍
07	06	03		; X = 1 Y = 1 拍
09	06	03		; X = 1 Y = 1 拍
0B	07	03		; X = 2 Y = 1 拍
0D	08	03		; X = 3 Y = 1 拍
0F	06	03		; X = 1 Y = 1 拍
11	08	03		; X = 3 Y = 1 拍
13	09	03		; X = 4 Y = 1 拍
15	0A	05		; X = 5 Y = 2 拍
17	08	03		; X = 3 Y = 1 拍
19	09	03		; X = 4 Y = 1 拍
1B	0A	05		; X = 5 Y = 2 拍
1D	0A	01		; X = 5 Y = 0.5 拍
1F	0B	01		; X = 6 Y = 0.5 拍
21	0A	01		; X = 5 Y = 0.5 拍
23	09	01		; X = 4 Y = 0.5 拍
25	08	03		; X = 3 Y = 1 拍

27	06	03		; X = 1 Y = 1 拍
29	0A	01		; X = 5 Y = 0.5 拍
2B	0B	01		; X = 6 Y = 0.5 拍
2D	0A	01		; X = 5 Y = 0.5 拍
2F	09	01		; X = 4 Y = 0.5 拍
31	08	03		; X = 3 Y = 1 拍
33	06	03		; X = 1 Y = 1 拍
35	06	03		; X = 1 Y = 1 拍
37	04	03		; X = 5̣ Y = 1 拍
39	06	05		; X = 1 Y = 2 拍
3B	06	03		; X = 1 Y = 1 拍
3D	04	03		; X = 5̣ Y = 1 拍
3F	06	05		; X = 1 Y = 2 拍
41	1C			; 退出奏乐
43	1D		END	; 程序结束

实例程序运行效果：在单片机上手工输入并运行该程序，乐曲《两只老虎》从蜂鸣器播出。

程序点评：音符中 "5̣" 是低音。

五、应用举例

【例2-68】 控制《生日快乐》歌曲的循环播放

‖: 5̣ 5̣ | 6 5̣1 | 7— 5̣ 5̣ | 6 5̣ 2 | 1 — 5̣ 5̣|
| 5̣ 3 1 |7 6 4 4 | 3 1 2 | 3 — : ‖

地址	机器码		助记符	; 注释
00	0F		MCS	; 播放音乐
01	03	01		; X = 5̣ Y = 1/2 拍
03	03	01		; X = 5̣ Y = 1/2 拍
05	04	03		; X = 6̣ Y = 1 拍
07	03	01		; X = 5̣ Y = 1 拍
09	06	03		; X = 1 Y = 1 拍
0B	05	05		; X = 7̣ Y = 2 拍
0D	03	01		; X = 5̣ Y = 1/2 拍
0F	03	01		; X = 5̣ Y = 1/2 拍
11	04	01		; X = 6̣ Y = 1 拍
13	03	03		; X = 5̣ Y = 1 拍
15	07	03		; X = 2 Y = 1 拍

17	06	05	; X = 1 Y = 2 拍
19	03	01	; X = 5̇ Y = 1/2 拍
1B	03	01	; X = 5̇ Y = 1/2 拍
1D	0A	03	; X = 5 Y = 1 拍
1F	08	03	; X = 3 Y = 1 拍
21	06	03	; X = 1 Y = 1 拍
23	05	03	; X = 7̣ Y = 1 拍
25	04	03	; X = 6̣ Y = 1 拍
27	09	01	; X = 4 Y = 1/2 拍
29	09	01	; X = 4 Y = 1/2 拍
2B	08	03	; X = 3 Y = 1 拍
2D	06	03	; X = 1 Y = 1 拍
2F	07	03	; X = 2 Y = 1 拍
31	08	05	; X = 3 Y = 2 拍
33	1C		; 退出奏乐程序
34	10	00 JMP 00	; 返回 00 地址
36	1D	END	; 程序结束

实例程序运行效果：在单片机上手工输入并运行该程序，乐曲《生日快乐》循环播放。

程序点评：只有退出演奏程序之后，其他指令才能使用。该程序中使用了无限循环指令。

【例 2-69】 控制军营起床号播放 5 遍

‖: 5̇ — 1 — — — 3 — 1 — — — 0 3 —5 — — — 5̇ — 1 — — 0 : ‖

地址	机器码		助记符		; 注释
00	00	05	DSD	05	; D = 05
02	0F		MCS		; 播放音乐
03	03	05			; X = 5̇ Y = 2 拍
05	06	07			; X = 1 Y = 4 拍
07	08	05			; X = 3 Y = 2 拍
09	06	07			; X = 1 Y = 4 拍
0B	1B	03			; 空拍 Y = 1 拍
0D	08	05			; X = 3 Y = 2 拍
0F	0A	07			; X = 5 Y = 4 拍
11	03	05			; X = 5̇ Y = 2 拍
13	06	07			; X = 1 Y = 4 拍
15	1B	03			; 空拍 Y = 1 拍

17	1C			；退出奏乐
19	04	02	JNZC 02	；当 D–1≠0 转移到 02 地址
				；当 D–1=0 执行下一条指令
1B	1D		END	；程序结束

实例程序运行效果：在单片机上手工输入并运行该程序，军营起床号播放 5 遍。

程序点评：赋值指令 D＝05，只有退出演奏程序之后，当 D–1≠0 转移指令才能使用。

第三章　MCS51 系列单片机汇编语言

我国引进最早、应用最广泛的单片机产品是美国 Intel 公司研制开发 MCS 系列单片机。AT89C51 是新一代单片机产品与 MCS51 系列兼容。它显著的特色是片内程序存储器采用了新型闪速存储器，可擦除，掉电后信息不丢失，并且具有多功能、高性能、高速度、低功耗、低价格等特点。其指令系统可分为五类，共 111 条。本书中汇编语言的学习是建立在本书使用的单片机学习机提供的硬件资源基础上的，尽可能多地结合实例讲解原指令并介绍其一般性的使用方法。关于 AT89C51 的内部结构、资源、指令集等相关知识的内容放在本章的基础知识一节中补充介绍。

第一节　I/O 接口操作指令

MCS51 系列单片机有 4 个 8 位 I/O 接口，分别是 P0 口、P1 口、P2 口、P3 口。P0 口的口线（位）是 P0.0 ~ P0.7，P1 口的口线（位）是 P1.0 ~ P1.7，P2 口的口线（位）是 P2.0 ~ P2.7，P3 口的口线（位）是 P3.0 ~ P3.7。对 I/O 接口可以按字节（口）操作，也可以按口线（位）操作。每一个 I/O 接口（每一位）都是双向口（位），既可以输入数据也可以输出数据。其中 P3 口除了可以作为 I/O 接口使用外还具有第二功能。P3 口的第二功能如何应用将在以后的例子中介绍。P1 口、P2 口、P3 口常态时为 "1"，即高电平状态。P0 口外接上拉电阻后才具有高电平输出。

一、I/O 接口按口输出操作

1. 【例 3-1】　8 个灯依次循环闪烁源程序

```
        ORG      0000H
        LJMP     START
        ORG      0030H
START： MOV P1， #0FEH
        LCALL    T05S
        MOV P1， #0FFH
        LCALL    T05S
        MOV P1， #0FDH
        LCALL    T05S
        MOV P1， #0FFH
        LCALL    T05S
```

```
        MOV P1, #0FBH
        LCALL  T05S
        MOV P1, #0FFH
        LCALL  T05S
        MOV P1, #0F7H
        LCALL  T05S
        MOV P1, #0FFH
        LCALL  T05S
        MOV P1, #0EFH
        LCALL  T05S
        MOV P1, #0FFH
        LCALL  T05S
        MOV P1, #0DFH
        LCALL  T05S
        MOV P1, #0FFH
        LCALL  T05S
        MOV P1, #0BFH
        LCALL  T05S
        MOV P1, #0FFH
        LCALL  T05S
        MOV P1, #7FH
        LCALL  T05S
        MOV P1, #0FFH
        LCALL  T05S
      · JMP   START
        ORG   0200H
T05S:   MOV R1, #0FFH
X1:     MOV R2, #0FFH
X2:     NOP
        NOP
        NOP
        NOP
        DJNZ  R2, X2
        DJNZ  R1, X1
        RET
        END
```

2. 源文件的建立与汇编

用原指令编写的程序（源文件），要在单片机上运行首先要进行汇编，汇编的目的是将汇编程序（用助记符写的程序）编译成能在单片机上运行的机器码程序。汇编分为手工汇编和计算机软件汇编。手工汇编已经在第二章中反复使用。本章原指令汇编语言使用的是计算机软件汇编。计算机汇编软件是集成在 Keil C51 V6. 12 集成开发环境（IDE）内。Keil C51 V6. 12 IDE 的使用方法、步骤已在第一章中详细介绍过。读者可将例 3-1 中的程序在 IDE 软件上建立源文件并进行汇编，在确定无汇编错误、无警告后，生成后缀为 . hex 的文件，汇编过程即告完成。如果源程序有语法错误，应按信息栏指示的错误地点对源程序进行修改、汇编，重复以上步骤，直到无语法错误为止。汇编软件只能找出程序中的语法错误，对程序设计中的逻辑错误是无能为力的。Keil C51 对程序中出现的语法错误有很强的查错能力，可指出错误的行号及错误内容。

3. 下载源程序到目标机

STC-ISP V483. EXE 是宏晶科技公司给用户提供的下载专用软件。将汇编后的源程序下载到单片机中的具体方法、步骤已在第一章中详细介绍过。完成单片机与计算机连接后，按照下载步骤逐步完成后，程序自动转入执行用户程序。

4. 标点符号处理

编辑时标点符号是在英文界面下的，字母大小写均可。另存为后指令、注释要逐条变成绿色字体。有些指令（助记符）后仅有一个空格有效。汇编产生错误时要注意检查标点符号。

实例程序运行效果：在完成了源文件建立、汇编、下载的步骤后，单片机自动运行该程序。安装在 P1 口的 8 个发光二极管从 P1. 0 位开始到 P1. 7 位逐一循环闪烁。

程序点评：数据传送指令 MOV 将一组数据分别传送到 P1 口，做了输出口的操作。

说明：若是应用复制粘贴的方法将该程序内容粘贴在 Keilμ Vision2 IDE 软件中使用，则要将 word 文档下的分号改成英文输入状态下的分号。汇编时注释部分要变成绿色，指令变成蓝色。另外，还要注意语句中不能随便加空格，特别要区分字母 "O" 与数字 "0" 的书写。

实例中十六进制数据对应的二进制数据分别是：FFH—11111111B；FEH—11111110B；FDH—11111101B；FBH—11111011B；7FH—11110111B；EFH—11101111B；DFH— 11011111B；BFH—10111111B；7FH—— 01111111B。

5. 程序学习

（1）数据传送指令 MOV

单片机内部的数据传送包括寄存器、累加器、RAM 单元以及专业寄存器之间的数据相互传送，下面结合本款单片机提供的硬件将常用的几种重点介绍（寄存器、累加器、RAM 单元、专业寄存器以及指令中符号意义请参看本章第六节相关内容）。

```
    MOV  A,       #DATA    ;A←#DATA，将 8 位立即数传送给寄存器 A
                           ;（又称累加器）
    MOV  DIRECT, #DATA     ;DIRECT←#DATA，将 8 位立即数传送给 RAM
                           ;单元直接地址
    MOV  Rn,      #DATA    ;Rn←#DATA，将 8 位立即数传送给通用寄存器
                           ;Rn
    MOV  @Ri,     #DATA    ;@Ri←#DATA，将 8 位立即数传送给间接寄存
                           ;器@Ri
    MOV  DIRECT, DIRECT    ;芯片内部 RAM 单元地址间的相互传送数据
    MOV  DIRECT, Rn        ;寄存器 Rn 与芯片内部 RAM 单元地址间的
                           ;相互传送数据
    MOV  Rn, DIRECT        ;芯片内部 RAM 单元地址与通用寄存器 Rn 间的
                           ;相互传送数据
    MOV  Rn, A            ;累加器 A 与寄存器 Rn 之间相互传送数据
    MOV  A, Rn            ;寄存器 Rn 与累加器 A 之间相互传送数据
    MOV  A, DIRECT        ;芯片内部 RAM 单元地址与累加器之间相互传
                          ;送数据
    MOV  DIRECT, A        ;累加器与芯片内部 RAM 单元地址之间相互传
                          ;送数据
    MOV  C, BIT          ;可位寻址位的数据传送给累加位 C
    MOV  BIT, C          ;累加位 C 的数据传送给可位寻址位
```

【例 3-2】 将 8 位立即数传送给累加器 A，再由累加器 A 将数据传送到 I/O 接口的 P1 口，使 P1.0 灯亮。

```
          ORG    0000H
          LJMP   START
          ORG    0030H
START：MOV    A, #0FEH
          MOV    P1, A
          SJMP   $
          END
```

当 8 位立即数"#0FEH"的高一位十六进制数是字母时要在前面加"0"。

【例 3-3】 将 8 位立即数传送给芯片内部 RAM 用户区某个地址，再由 RAM 用户区某地址将数据传送到 I/O 接口的 P1 口，使 P1.0 灯亮

```
          ORG    0000H
```

```
        LJMP    START
        ORG     0030H
START： MOV     40H, #0FEH
        MOV     P1, 40H
        SJMP    $
        END
```

注意区别 "#0FEH" 与 "40H" 的不同，前面有 "#" 号的是立即数，无 "#" 号的是地址。另外，芯片内部 RAM 用户区地址为 30～7FH。

【例3-4】　将 8 位立即数传送给通用寄存器 Rn 中的 R1，再由 R1 送给累加器 A，由累加器 A 将数据传送（输出）到 I/O 接口的 P1 口，使 P1.0 灯亮

```
        ORG     0000H
        LJMP    START
        ORG     0030H
START： MOV     R1, #0FEH
        MOV     A, R1
        MOV     P1, A
        SJMP    $
        END
```

通用寄存器 Rn = R0～R7。通用寄存器 Rn 在芯片 RAM 内部共有四组。一般使用的是第一组，另外三组如何使用参见本章第六节。

通用寄存器 Rn 中的数据不能直接传送到 I/O 接口。

【例3-5】　将 8 位立即数传送到单片机内部 RAM 用户区某个地址（如 3AH）中，再把该地址保存到间接寄存器 R1。再将间接寄存器 R1 地址中的数据送给累加器 A，由累加器 A 将数据传送到 I/O 接口的 P1 口，使 P1.0 灯亮

```
        ORG     0000H
        LJMP    START
        ORG     0030H
START： MOV     3AH, #0FEH
        MOV     @R1, 3AH
        MOV     A, @R1
        MOV     P1, A
        SJMP    $
        END
```

间接寄存器 Ri, i = 0, 1。间接寄存器内部存放的是地址。使用间接寄存器时先要把数据存放在地址中，在把地址存放在间接寄存器中。在 I/O 接口输出操作时不能将间接寄存器中的地址输出到 P1 口。

【例3-6】 将8位立即数传送到单片机内部RAM用户区地址40h，再将该地址中的数据传送到芯片内部RAM用户区的地址45H中，最后从45H中将数据传送到I/O接口的P1口，使P1.0灯亮

```
        ORG    0000H
        LJMP   START
        ORG    0030H
START： MOV    40H, #0FEH
        MOV    45H, 40H
        MOV    P1, 45H
        SJMP   $
        END
```

【例3-7】 将8位立即数传送到通用寄存器Rn中，再由通用寄存器Rn把数据传送到单片机内部RAM用户区地址45H中，然后从内部RAM用户区地址45H中将数据传送到I/O接口的P1口，使P1.0灯亮

```
        ORG    0000H
        LJMP   START
        ORG    0030H
START： MOV    R1, #0FEH
        MOV    45H, R1
        MOV    P1, 45H
        SJMP   $
        END
```

【例3-8】 将8位立即数传送到单片机内部RAM用户区某地址保存，再将此数据传送到通用寄存器Rn，再由通用寄存器Rn传送到累加器A，再从累加器A传送到I/O接口的P1口，使P1.0灯亮

通用寄存器Rn中的数据不能直接传送到I/O接口。

```
        ORG    0000H
        LJMP   START
        ORG    0030H
START： MOV    45h, #0FEH
        MOV    R1, 45H
        MOV    A, R1
        MOV    P1, A
        SJMP   $
        END
```

【例3-9】 将8位立即数通过累加器与单片机内部RAM用户区地址间的相互

传送，最后传送到 I/O 接口使 P1.0 灯亮

```
         ORG    0000H
         LJMP   START
         ORG    0030H
START：MOV    45H, #0FEH
         MOV    A, 45H
         MOV    P1, A
         SJMP   $
         END
```

【例 3-10】 将 8 位立即数通过累加器 A 与单片机内部 RAM 用户区地址间的相互传送，最后传送到 I/O 接口使 P1.0 灯亮

```
         ORG    0000H
         LJMP   START
         ORG    0030H
START：MOV    A, #0FEH
         MOV    45H, A
         MOV    P1, 45H
         SJMP   $
         END
```

【例 3-11】 将 8 位立即数在通用寄存器 Rn 与累加器 A 之间相互传送，并使 P1.0 灯亮

```
         ORG    0000H
         LJMP   START
         ORG    0030H
START：MOV    R1, #0FEH
         MOV    A, R1
         MOV    P1, A
         SJMP   $
         END
```

【例 3-12】 将 8 位立即数在通用寄存器 Rn 与累加器 A 之间相互传送，并使 P1.0 灯亮

```
         ORG    0000H
         LJMP   START
         ORG    0030H
START：MOV    A, #0FEH
         MOV    R1, A
```

```
        MOV    A, R1
        MOV    P1, A
        SJMP   $
        END
```

实例程序运行效果：以上实例在完成了源文件建立、汇编、下载的步骤后，单片机自动运行该程序。安装在 P1 口的 P1.0 位发光二极管点亮。

程序点评：尽管上述的实例都用数据传送指令 MOV 将同一立即数传送到 P1 口，但方法各不相同。

（2）子程序调用 LCALL 与返回 RET 指令

子程序结构是一种重要的程序结构。在程序中常将一段反复使用的程序设计成子程序结构。通过子程序调用来使用子程序，使用完毕后再返回主程序。子程序调用 LCALL 与返回 RET 指令是一对命令。使用时调用指令 LCALL 后要写出子程序段的标号，而子程序的最后要返回 RET 指令。

（3）伪指令 ORG

表明汇编程序的起始地址。在例 3-1 中共有两段程序，主程序从 0030H 地址开始，子程序从 0200H 地址开始。

（4）伪指令 END

伪指令 END 是汇编语言源程序结束标志。

（5）程序标号"START"和" T05S"

在例 3-1 中一共有两段程序，主程序从程序标号"START"开始，子程序从标号" T05S"开始。

6. 程序存储器数据传送指令组

程序存储器包含内外两部分存储器。对于程序存储器只能读不能写，从程序存储器读出的数据只能向累加器 A 传送。其主要作用是用于访问程序存储器中的数据表格，查表。

```
MOVC  A,@A+DPTR   ;A←((A)+(DPTR))
MOVC  A,@A+PC     ;A←((A)+(PC))
```

【例 3-13】 变址寻址转移指令

```
MAIN:    MOV    DPTR, #TAB        ; 表格地址初始化
LOOP_2:  MOV    R0, #00H          ; 表格初始值
LOOP_1:  MOV    A, R0
         MOVC   A, @A+DPTR        ; 查表
         LCALL  DELAY             ; 延时 0.1s
         INC    R0                ; +1
         LJMP   LOOP_1            ; R0 =16 返回循环
TAB:     DB  00H, 80H, 0C0H, 0E0H ; 表格
```

```
DB   0F0H, 0F8H, 0FCH, 0FEH
DB   0FFH, 0FEH, 0FCH, 0F8H
DB   0F0H, 0E0H, 0C0H, 80H
END
```

其他程序、指令将在后续章节中讲述。

二、I/O 接口按口输入、输出操作

1）把 I/O 接口的 P2 口中的输入数据保存在累加器 A，再将累加器 A 中保存的输入数据输出到 I/O 接口的 P1 口。

【例 3-14】 从 P1 口验证 P2 口输入的数据源程序（一）

```
        ORG   0000H
        LJMP  START
        ORG   0030H
START： MOV   A, P2
        MOV   P1, A
        END
```

实验机的小键盘上的 +1 键、−1 键、高一位操作键、地址键和写入键一端分别接在 P2 口的 P2.0、P2.1、P2.2、P2.3、P2.4 上，另一端接地。当按下某一键时就将该位接地，相当于零状态。

操作时可任意将其中一键或多键按下（置 0），作为 P2 口的输入数据。每次复位后可以重新输入。

P2 口输入的数据是 1 个字节，即 8 位二进制数。

实例程序运行效果：在完成了源文件建立、汇编、下载的步骤后，单片机自动运行该程序。安装在 P1 口的发光二极管亮的位与接在 P2 口按下的键相对应。

程序点评：P2 口输入的数据通过累加器 A 输出到 P1 口。

2）把 I/O 接口 P2 口中的输入数据保存在单片机内部 RAM 用户区某地址中，再将 RAM 用户区该地址中保存的输入数据输出到 I/O 接口的 P1 口。

【例 3-15】 从 P1 口验证 P2 口输入的数据源程序（二）

```
        ORG   0000H
        LJMP  START
        ORG   0030H
START： MOV   45H, P2
        MOV   P1, 45H
        END
```

实验机的小键盘中的 "+1" 键，"−1" 键、高一位操作键、地址键和写入键一端分别接在 P2 口的 P2.0、P2.1、P2.2、P2.3、P2.4 上，另一端接地。当按下某一键时就将该位接地，相当于零状态。

操作时可任意将其中一键或多键按下（置0），作为 P2 口的输入数据。

P2 口输入的数据是 1 个字节，即 8 位二进制数。

实例程序运行效果：在完成了源文件建立、汇编、下载的步骤后，单片机自动运行该程序。安装在 P1 口的发光二极管亮的位与按在 P2 口下接的键相对应。

程序点评：P2 口输入的数据通过芯片内部 RAM 用户区某地址输出到 P1 口。

三、I/O 接口位输出操作

单片机具有较强的位处理功能。位处理功能以程序状态字寄存器 PSW 中的进位标志位 C 为累加位。可进行置位、复位、取反、等于 0 转移、等于 1 转移且清"0"、逻辑运算以及与可寻址位之间传送数据的操作。

MCS51 系列单片机的 I/O 接口位输入、输出操作指令只能通过累加位 C 进行。例 3-16 是应用了标志位 C，即累加位 C 置位（置"1"）和复位（清"0"）操作。

1. I/O 接口位置位与清"0"操作指令

【例 3-16】 8 个灯依次循环闪烁源程序

```
            ORG     0000H       ; 程序首地址
            LJMP    START       ; 转移至 START
            ORG     0030H       ; 主程序开始地址
START：     CLR     P1.0        ; P1.0 位清"0"
            LCALL   T05S        ; 调用 T05S 子程序
            SETB    P1.0        ; P1.0 位置"1"
            CLR     P1.1
            LCALL   T05S
            SETB    P1.1
            CLR     P1.2
            LCALL   T05S
            SETB    P1.2
            CLR     P1.3
            LCALL   T05S
            SETB    P1.3
            CLR     P1.4
            LCALL   T05S
            SETB    P1.4
            CLR     P1.5
            LCALL   T05S
            SETB    P1.5
            CLR     P1.6
            LCALL   T05S
```

```
        SETB      P1.6
        CLR       P1.7
        LCALL     T05S
        SETB      P1.7
        LJMP      START
        ORG       0200H          ; 子程序地址
T05S:   MOV       R1, #0FFH      ; R1 = 255
X1:     MOV       R2, #0FFH      ; R2 = 255
X2:     NOP
        NOP
        NOP
        NOP
        DJNZ      R2, X2         ; 当 R2 - 1 ≠ 0 时转移到 X2
        DJNZ      R1, X1         ; 当 R1 - 1 ≠ 0 时转移到 X1
        RET                      ; 返回主程序
        END                      ; 程序结束
```

实例程序运行效果：在完成了源文件建立、汇编、下载的步骤后，单片机自动运行该程序。安装在 P1 口的 8 个发光二极管从 P1.0 位开始到 P1.7 位逐一循环闪烁。

程序点评：尽管本例的运行效果与本章例 3-1 的运行效果一样，但所用的指令完全不同。本例中使用了 I/O 接口置位清 "0" 输出操作指令，而例 3-1 使用了 I/O 接口按口输出操作指令。

2. 通过累加位 C 的 I/O 接口位输出操作

MCS51 系列单片机 I/O 接口位输出操作指令只能通过累加位 C 进行。

【例 3-17】 8 个灯依次亮灭源程序

```
        ORG       0000H          ; 程序首地址
        LJMP      START          ; 转移至 START
        ORG       0030H          ; 主程序开始地址
START:  CLR       C              ; 累加位 C 清 "0"
        MOV       P1.0, C        ; 将 C = 0 输出到 P1.0 位
        LCALL     T05S           ; 调用 T05S 子程序
        MOV       P1.1, C        ; 将 C = 0 输出到 P1.1 位
        LCALL     T05S
        MOV       P1.2, C
        LCALL     T05S
        MOV       P1.3, C
```

```
        LCALL     T05S
        MOV       P1.4, C
        LCALL     T05S
        MOV       P1.5, C
        LCALL     T05S
        MOV       P1.6, C
        LCALL     T05S
        MOV       P1.7, C
        LCALL     T05S
        SETB      C                   ; 将 C 置 1
        MOV       P1.0, C             ; 将 C = 1 输出到 P1.0 位
        LCALL     T05S                ; 调用 T05S 子程序
        MOV       P1.1, C
        LCALL     T05S
        MOV       P1.2, C
        LCALL     T05S
        MOV       P1.3, C
        LCALL     T05S
        MOV       P1.4, C
        LCALL     T05S
        MOV       P1.5, C
        LCALL     T05S
        MOV       P1.6, C
        LCALL     T05S
        MOV       P1.7, C
        LCALL     T05S
        LJMP      START
        ORG       0200H               ; 子程序地址
T05S:   MOV       R1, #0FFH           ; R1 = 255
X1:     MOV       R2, #0FFH           ; R2 = 255
X2:     NOP
        NOP
        NOP
        NOP
        DJNZ      R2, X2              ; 当 R2 - 1 ≠ 0 时转移到 X2
        DJNZ      R1, X1              ; 当 R1 - 1 ≠ 0 时转移到 X1
```

```
            RET                        ；返回主程序
            END                        ；程序结束
```

实例程序运行效果：在完成了源文件建立、汇编、下载的步骤后，单片机自动运行该程序。安装在 P1 口的 8 个发光二极管从 P1.0 位开始到 P1.7 位逐一亮，再逐一灭并重复。

程序点评：程序中先对累加位 C 进行清"0"操作，并将 C=0 的状态逐一输出到 P1 口的每一位，再将累加位 C 进行置 1 操作，再将 C=1 的状态逐一输出到 P1 口的每一位。

3. 累加位 c 与可寻址位之间传送数据的操作。

单片机内部 RAM 设有位寻址区，位地址区域为 00H~2FH。位寻址在使用中有两种表示方法，一种是以位地址的形式，如 00H、24H、2FH 等，第二种是以存储单元加位的形式，如：20H.0、24H.5、2FH.7 等（以上两种实例表示的是同一位地址）。为了避免位寻址区和单元寻址的混淆，本书使用了第二种表示方法。

例 3-18 是练习、熟悉、使用累加位 C 与可寻址位之间传送数据的操作。由于 MCS51 系列单片机 I/O 接口位输出操作指令只能通过累加位 C 进行，所以将"0"和"1"两种状态分别保存在位地址"21H.7"和"20H.7"中，再从位地址中传送给累加位 C 并输出到 I/O 接口 P1 的各位。

【例 3-18】 8 个灯依次循环闪烁源程序

```
            ORG        0000H
            LJMP       START
            ORG        0030H
START：     CLR        C              ；累加位 C 清"0"
            MOV        21H.7，C        ；将 C=0 输送到 21H.7 位
            SETB       C              ；累加位置"1"
            MOV        20H.7，C        ；将 C=1 输送到 20H.7 位
            MOV        C，21H.7        ；将 21H.7 位数据输送到累加位 C
            MOV        P1.0，C         ；将累加位 C 中的数据传送到 P1.0 位
            LCALL      T05S           ；调用子程序（延时）
            MOV        C，20H.7        ；将 20H.7 位数据输送到累加位 C
            MOV        P1.0，C         ；将累加位 C 数据传送到 P1.0 位
            LCALL      T05S           ；调用子程序（延时）
            MOV        C，21H.7
            MOV        P1.1，C
            LCALL      T05S
            MOV        C，20H.7
            MOV        P1.1，C
```

```
        LCALL    T05S
        MOV      C, 21H. 7
        MOV      P1. 2, C
        LCALL    T05S
        MOV      C, 20H. 7
        MOV      P1. 2, C
        LCALL    T05S
        MOV      C, 21H. 7
        MOV      P1. 3, C
        LCALL    T05S
        MOV      C, 20H. 7
        MOV      P1. 3, C
        LCALL    T05S
        MOV      C, 21H. 7
        MOV      P1. 4, C
        LCALL    T05S
        MOV      C, 20H. 7
        MOV      P1. 4, C
        LCALL    T05S
        MOV      C, 21H. 7
        MOV      P1. 5, C
        LCALL    T05S
        MOV      C, 20H. 7
        MOV      P1. 5, C
        LCALL    T05S
        MOV      C, 21H. 7
        MOV      P1. 6, C
        LCALL    T05S
        MOV      C, 20H. 7
        MOV      P1. 6, C
        LCALL    T05S
        MOV      C, 21H. 7
        MOV      P1. 7, C
        LCALL    T05S
        MOV      C, 20H. 7
        MOV      P1. 7, C
```

```
            LCALL    T05S
            JMP      START
            ORG      0200H
T05S：      MOV      R1, #0FFH
X1：        MOV      R2, #0FFH
X2：        NOP
            NOP
            NOP
            NOP
            DJNZ     R2, X2
            DJNZ     R1, X1
            RET
            END
```

实例程序运行效果：在完成了源文件建立、汇编、下载的步骤后，单片机自动运行该程序。安装在 P1 口的 8 个发光二极管从 P1.0 位开始到 P1.7 位逐一循环闪烁。

程序点评：尽管本例的运行效果与例 3-1 和例 3-16 运行效果一样，但所用的指令完全不同。本例中使用了累加位 C 与可寻址位之间传送数据的操作指令。

四、I/O 接口位输入操作

由于 MCS51 系列单片机 I/O 接口位输入、输出操作指令是通过累加位 C 进行的，所以 I/O 接口位输入数据要先保存在累加位 C 中，然后再进行处理。对 I/O 接口进行位输出操作时，也只能将累加位 C 中保存的数据输出到 I/O 接口对应的位上，没有其他方法。在例 3-19 中，从 I/O 接口 P2 口各位输入的数据保存在累加位 C 中，再将累加位 C 中的数据传送到不同位地址中保存。再将保存位地址中的不同数据传送给累加位 C 并输出到与 P2 口各位对应的 P1 口各位。

【例 3-19】 P2 口位输入 "0" 状态与 P2 口对应位对照输出的源程序

```
            ORG      0000H
            LJMP     START
            ORG      0030H
START：     SETB     C              ; 累加位 C 置 1
            MOV      C, P2.0        ; P2.0 的数据输入到累加位 C 中
            MOV      20H.7, C       ; 将累加位 C 输入数据输送到 20H.7 位
            SETB     C              ; 累加位 C 置 1
            MOV      C, P2.1        ; P2.1 的数据输入到累加位 C 中
            MOV      21H.7, C       ; 将累加位 C 输入数据输送到 20H.7 位
            SETB     C              ; 累加位 C 置 1
```

```
         MOV      C, P2.2          ; P2.2 的数据输入到累加位 C 中
         MOV      22H.7, C         ; 将累加位 C 输入数据输送到 22H.7 位
         SETB     C                ; 累加位 C 置 1
         MOV      C, P2.3          ; P2.3 的数据输入到累加位 C 中
         MOV      23H.7, C         ; 将累加位 C 输入数据输送到 23H.7 位
         SETB     C                ; 累加位 C 置 1
         MOV      C, P2.4          ; P2.4 的数据输入到累加位 C 中
         MOV      24H.7, C         ; 将累加位 C 输入数据输送到 24H.7 位
         SETB     C                ; 累加位 C 置 1
         MOV      C, 20H.7         ; 将 20H.7 位数据输送到 C 累加位
         MOV      P1.0, C          ; 将累加位 C 中的数据传送到 P1.0 位
         SETB     C                ; 累加位 C 置 1
         MOV      C, 21H.7         ; 将 21H.7 位数据输送到 C 累加位
         MOV      P1.1, C          ; 将累加位 C 数据传送到 P1.0 位
         SETB     C                ; 累加位 C 置 1
         MOV      C, 22H.7
         MOV      P1.2, C
         SETB     C                ; 累加位 C 置 1
         MOV      C, 23H.7
         MOV      P1.3, C
         SETB     C                ; 累加位 C 置 1
         MOV      C, 24H.7
         MOV      P1.4, C
         SETB     C                ; 累加位 C 置 1
         JMP      START
         ORG      0200H
T05S:    MOV      R1, #0FFH
X1:      MOV      R2, #0FFH
X2:      NOP
         NOP
         NOP
         NOP
         DJNZ     R2, X2
         DJNZ     R1, X1
         RET
         END
```

实验机的小键盘中的"+1"键、"-1"键、高一位操作键、地址键和写入键一端分别接在 P2 口的 P2.0、P2.1、P2.2、P2.3、P2.4 上,另一端接地。当按下某一键时就将该位接地,相当于零状态(不含 P2.5,P2.6,P2.7 位)。

操作时可任意将其中一键作为 P2 口的位输入数据。P2 口的位常态时为"1",累加位 C 置 1 指令"SETB C"是完成每次操作后恢复 P2 口的位常态时用的。

实例程序运行效果:在完成了源文件建立、汇编、下载的步骤后,单片机自动运行该程序。安装在 P1 口发光二极管亮的各位与接在 P2 口按下的位键相对应。

程序点评:P2 口位输入的数据通过累加位 C 与位地址传送最终输出到 P1 口各位。

五、MCS51 系列单片机 I/O 接口按口操作指令

1. I/O 接口按口输入操作指令

(1) MOV A,Pm

(2) MOV DIRECT,Pm

2. I/O 接口按口输出操作指令

(1) MOV Pm,A

(2) MOV Pm,DIRECT

(3) MOV Pm,#DATA

六、MCS51 系列单片机 I/O 接口按位(线)操作指令

1. I/O 接口按位输入操作指令

MOV C,Pm.n

2. I/O 接口按位输出操作指令

MOV Pm.n,C

3. I/O 接口按位置位(1),清"0"操作指令

SETB   Pm.n

CLR   Pm.n

其他 I/O 接口按口、位(线)操作指令见后续实例。

七、应用举例

【例 3-20】 程序设计:利用 P1 口 8 个灯的亮灭模拟二进制数进位变化

设:灯亮表示"0",灯灭表示"1"。P1.0 是二进制数最低位,P1.7 是二进制数最高位。

十六进制数与二进制数对照表如下:

H	0	1	2	3	4	5	6	7	8	9
B	0000	0001	0010	0011	0100	0101	0110	0111	1000	1001
H	A	B	C	D	E	F				
B	1010	1011	1100	1101	1110	1111				

```
              ORG      0000H
              LJMP     MAIN
              ORG      0030H
MAIN：   MOV      A，#00H              ；初始化
LOOP_1： MOV      P1，A                ；输出到P1
              LCALL    DELAY               ；延时0.5s
              INC      A                    ；+1
              SJMP     LOOP_1              ；循环
DELAY： MOV      R5，#05H             ；500ms
X_2：     MOV      R6，#64H             ；100ms
X_1：     MOV      R7，#0FAH            ；1ms
              DJNZ     R7，$
              DJNZ     R6，X_1
              DJNZ     R5，X_2
              RET
              END
```

实例程序运行效果：在完成了源文件建立、汇编、下载的步骤后，单片机自动运行该程序。安装在P1口各位的灯从0000 0000B开始至1111 1111B模拟二进制数规律亮灭。

程序点评：程序中使用了累加器A加1指令，模拟二进制加1进位变化规律。

【例3-21】　变址寻址转移指令　P1口8个灯依次循环闪烁源程序

```
              ORG      0000H
              LJMP     MAIN
              ORG      0030H
MAIN：   MOV      DPTR，#TAB           ；表格地址初始化
LOOP_2： MOV      R0，#00H             ；表格初始值
LOOP_1： MOV      A，R0
              MOVC     A，@A+DPTR           ；查表
              MOV      P1，A                ；输出
              LCALL    DELAY               ；延时0.1s
              INC      R0                   ；+1
              CJNE     R0，#10H，LOOP_1     ；R0≠16个数据转移
              LJMP     LOOP_2              ；R0=16返回循环
DELAY： MOV      R5，#5H              ；T=5×100×200μs=100ms
X_2：     MOV      R6，#64H             ；R6=100
```

```
X_1:      MOV       R7，#0C8H                 ; R7 = 200
          DJNZ R7，$
          DJNZ R6，X_1
          DJNZ R5，X_2
          RET
TAB:      DB 00H, 80H, 0C0H, 0E0H            ; 表格
          DB 0F0H, 0F8H, 0FCH, 0FEH
          DB 0FFH, 0FEH, 0FCH, 0F8H
          DB 0F0H, 0E0H, 0C0H, 80H
          END
```

实例程序运行效果：在完成了源文件建立、汇编、下载的步骤后，单片机自动运行该程序。安装在 P1 口的 8 个灯交替循环亮灭。

程序点评：程序中使用了变址寻址转移指令即查表指令。表中的数据顺序决定 P1 口哪个灯熄灭。

第二节　转移指令

单片机在运行汇编程序时是按地址的顺序逐条执行的。单片机每次复位后的程序计数器 PC = 0000H，因此程序执行总是从地址 0000H 开始。程序计数器 PC 具有自动加 1 的功能，以实现程序按地址顺序逐条执行。要改变程序执行的顺序实现分支跳转，不按地址顺序执行就要强制改变程序计数器 PC 的数值。MCS51 系列单片机指令系统中的转移、调用、返回等指令就是改变程序执行的顺序。转移指令分为无条件转移和有条件转移。

一、无条件转移指令

无条件转移指令是对转移不设置任何的条件。

1.【例 3-22】 P1 口 8 个灯依次循环闪烁源程序

```
          ORG       0000H
          LJMP      START
          ORG       0030H
START:    LCALL     X1
          LCALL     X2
          LCALL     X3
          LCALL     X4
          LCALL     X5
          LCALL     X6
          LCALL     X7
```

```
            LCALL    X8
            AJMP     START
X1:         MOV      P1, #0FEH
            LCALL    T05S
            MOV      P1,    #0FFH
            LCALL    T05S
            RET
X2:         MOV      P1, #0FDH
            LCALL    T05S
            MOV      P1, #0FFH
            LCALL    T05S
            RET
X3:         MOV      P1, #0FBH
            LCALL    T05S
            MOV      P1, #0FFH
            LCALL    T05S
            RET
X4:         MOV      P1, #0F7H
            LCALL    T05S
            MOV      P1, #0FFH
            LCALL    T05S
            RET
X5:         MOV      P1, #0EFH
            LCALL    T05S
            MOV      P1, #0FFH
            LCALL    T05S
            RET
X6:         MOV      P1, #0DFH
            LCALL    T05S
            MOV      P1, #0FFH
            LCALL    T05S
            RET
X7:         MOV      P1, #0BFH
            LCALL    T05S
            MOV      P1, #0FFH
            LCALL    T05S
```

```
          RET
X8：      MOV        P1，#7FH
          LCALL      T05S
          MOV        P1，#0FFH
          LCALL      T05S
          RET
          ORG        0200H
T05S：    MOV        R1，#0FFH
X1：      MOV        R2，#0FFH
X2：      NOP
          NOP
          NOP
          NOP
          DJNZ       R2，X2
          DJNZ       R1，X1
          RET
          END
```

实例程序运行效果：在完成了源文件建立、汇编、下载的步骤后，单片机自动运行该程序。安装在 P1 口的 8 个灯从 P1.0 位开始到 P1.7 位逐一循环闪烁。

程序点评：本程序与例 3-1 效果一样，但在本程序中将 P1 口的每一个灯亮灭都设计成了子程序。

2. 指令学习

无条件转移指令在 MCS51 系列单片机指令系统中共有 4 条，其中包含一组调用无条件转移指令。

1）长转移指令 LJMP：LJMP 指令的转移范围 0000H ~ FFFFH 可达 24KB。

2）绝对转移指令 AJMP：AJMP 指令的转移范围 000H ~ 7FFH 最大转移范围为 2KB。

3）短转移指令 SJMP：SJMP 指令的转移范围 256B。其特点是可双向转移，既可向前转移，又可以向后转移。

4）长调用指令 LCALL 与调用返回指令 RET。

在例 3-22 中共 24 次应用了长调用指令 LCALL。每次所调用程序执行完后都有返回指令 ret，以便返回到原调用点执行下一条指令。在例 3-22 的程序中，还使用了长转移指令（LJMP START）和绝对转移指令（AJMP START）。这两种转移指令的区别是可转移的范围不同。

【例 3-23】 短转移指令

```
          ORG        0000H
```

```
        LJMP      START
        ORG       0030H
START： MOV       A，#0FEH
        MOV       P1，A
        SJMP      $
        END
```

实例程序运行效果：在完成了源文件建立、汇编、下载的步骤后，单片机自动运行该程序。安装在 P1.0 位发光二极管亮。

程序点评：程序中使用了短转移指令 SJMP。指令"SJMP　　$"使程序原地踏步。"$"代表当前程序计数器 PC 值。

二、条件转移指令

条件转移指令是对程序转移设置转移条件。执行条件转移指令时，若满足指令中规定的条件则程序转移，若不满足指令中规定的转移条件则程序按地址顺序逐条执行。

1. 数值比较转移指令

数值比较转移指令是自动地将两个数值进行比较，比较的结果作为转移的条件控制程序是否转移。

【例 3-24】 密码识别源程序（一）

```
        ORG       0000H
        LJMP      START
        ORG       0030H
START： MOV       A，P2            ；从 P2 口输入密码保存在累加器 A 中
        CJNE      A，#0F7H，X1     ；输入密码与密码比较，若不等转移至地
                                    ；址 X1
                                    ；输入密码与密码比较，若相等执行下一
                                    ；条指令
        MOV       P1，#00H         ；P1 口灯全部亮
        SJMP      $               ；停止
X1：    MOV       P2，#0FFH        ；P2 口置 1
        LJMP      START
        END
```

密码识别程序的功能是：人工从 P2 口 8 位中输入 1 位"0"与内设密码#0F7H 比较。内设密码可以任意设置。

本款单片机的小键盘中的"+1"键，"-1"键、高一位操作键、地址键和写入键一端分别接在 P2 口的 P2.0、P2.1、P2.2、P2.3、P2.4 上，另一端接地。当按下某一键时就将该位接地，相当于零状态。

操作时可任意将其中一键或多键按下（置 0），作为 P2 口的输入数据。每次复位后可以重新输入。

实例程序运行效果：在完成了源文件建立、汇编、下载的步骤后，单片机自动运行该程序。从 P2 口输入的密码与密码比较，若相等 P1 口灯全部亮，若不相等则复位从新输入。

程序点评：程序中使用了数值比较转移指令 CJNE，密码#0F7H = 11110111B。

（1）指令学习

数值比较转移指令在 MCS51 系列单片机指令系统中共有 4 条，即

```
CJNE    A, #DATA, REL        ; 累加器 A 内的数值与 8 位立即数比较, 不等转
                             ; 移
CJNE    A, DIRECT, REL       ; A 内数值与片内 RAM 存储单元内数值比较,
                             ; 不等转移
CJNE    Rn, #DATA, REL       ; 寄存器内的数值与 8 位立即数比较, 不等转移
CJNE    @Ri, #DATA, REL      ; @Ri 中存储单元内数值与 8 位立即数比较, 不
                             ; 等转移
```

（2）编程练习

实验机小键盘中的"+1"键、"-1"键、高一位操作键、地址键和写入键一端分别接在 P2 口的 P2.0、P2.1、P2.2、P2.3、P2.4 上，另一端接地。当按下某一键时就将该位接地，相当于零状态。

操作时可任意将其中一键或多键同时按下（置 0），作为 P2 口的输入数据。每次复位后可以重新输入。

P2 口输入的数据是 1 个字节，即 8 位二进制数。

【例 3-25】　密码识别源程序（一）

```
            ORG     0000H
            LJMP    DEING
            ORG     0030H
BEING: MOV     40H, #0F7H      ; 将设定密码 0F7H 保存在片内 RAM 存储
                               ; 单元 40H 内
            AJMP    START
START: MOV     A, P2           ; 从 P2 口输入密码保存在累加器 A 中
            CJNE    A, 40H, X1      ; 输入密码与设定密码比较, 若不等转移
                               ; 至地址 X1
            MOV     P1, #00H        ; P1 口灯全部亮
            SJMP    $              ; 停止
X1：   MOV     P2, #0FFH       ; P2 口置 1
            LJMP    START
```

```
         END
```

【例 3-26】 密码识别源程序（二）

```
         ORG    0000H
         LJMP   START
         ORG    0030H
BEING：  MOV    R1，#0F7H
         AJMP   START
START：  MOV    A，P2           ；从 P2 口输入密码暂存到累加器 A 中
         MOV    R1，A           ；密码从累加器 A 保存到通用寄存器 R1
                                ；中
         CJNE   R1，#0F7H，X1   ；输入密码与密码比较，若不等转移至地
                                ；址 X1
         MOV    P1，#00H        ；P1 口灯全部亮
         SJMP   $              ；停止
X1：     MOV    P2，#0FFH       ；P2 口置 1
         LJMP   START
         END
```

【例 3-27】 密码识别源程序（三）

```
         ORG    0000H
         LJMP   DEING
         ORG    0030H
BEING：  MOV    40H，#0F7H      ；将设定密码 0F7H 保存在片内 RAM 存储
                                ；单元 40H 内
         MOV    R0，40H         ；片内 RAM 存储单元 40H 地址保存在间
                                ；接寄存器 R0
         AJMP   START
START：  MOV    41H，P2         ；从 P2 口输入密码保存在存储单元 41H
                                ；中
         CJNE   @R0，41H，X1    ；输入密码与@R0 内设定密码比较若不
                                ；等转移至地址 X1
         MOV    P1，#00H        ；P1 口灯全部亮
         SJMP   $              ；停止
X1：     MOV    P2，#0FFH       ；P2 口置 1
         LJMP   START
         END
```

例 3-25 ~ 例 3-27 和例 3-24 的程序功能相同，都是密码识别源程序。不同的是

所用数值比较条件转移指令不同，密码也可以不同。

实验机的小键盘中的"+1"键，"-1"键、高一位操作键、地址键和写入键一端分别接在 P2 口的 P2.0、P2.1、P2.2、P2.3、P2.4 上，另一端接地。当按下某一键时就将该位接地，相当于零状态。

操作时可任意将其中一键或多键同时按下（置 0），作为 P2 口的输入数据。每次复位后可以重新输入。

实例程序运行效果：在完成了源文件建立、汇编、下载的步骤后，单片机自动运行该程序。从 P2 口输入的密码与密码比较，若相等 P1 口灯全部亮，不相等则复位重新输入。

程序点评：例中使用了不同的数值比较转移指令。

2. 位控制转移指令

位控制转移指令是以位的状态作为程序是否转移的条件。

【例 3-28】　P2 端口状态查询，某口输入位状态判 0 条件控制转移指令源程序

```
            ORG     0000H
            LJMP    START
            ORG     0030H
START：JNB      P2.0, X0
            JNB      P2.1, X1
            LJMP    START
X0：      LCALL   T10MS
            JNB      P2.0, X00
            LJMP    START
X1：      LCALL   T10MS
            JNB      P2.1, X01
            LJMP    START
X00：    MOV      C, P2.0
            MOV      P1.0, C
            SJMP     $
X01：    MOV      C, P2.1
            MOV      P1.1, C
            SJMP     $
T10MS：MOV      R6, #0AH
Y1：      MOV      R7, #64H
Y2：      NOP
            NOP
            NOP
```

```
        DJNZ        R7, Y2
        DJNZ        R6, Y1
        RET
        END
```

实验机的小键盘中的"+1"键、"-1"键、高一位操作键、地址键和写入键一端分别接在 P2 口的 P2.0、P2.1、P2.2、P2.3、P2.4 上，另一端接地。当按下某一键时就将该位接地，相当于零状态。

操作时可任意将其中一键或多键同时按下（置0），作为 P2 口的输入数据。每次复位后可以重新输入。

实例程序运行效果：在完成了源文件建立、汇编、下载的步骤后，单片机自动运行该程序。按下 P2.0 位对应的"+1"键或按下 P2.1 位对应的"-1"键时，P1 口对应的 P1.0 或 P1.1 灯亮。

程序点评：程序中标号"X0，X1"的程序段功能是防止按键产生的抖动。程序中用了"JNB Pm.n，REL"某口输入位状态判0条件控制转移指令。

（1）指令学习

在 MCS51 系列单片机指令系统中，以 I/O 接口位状态为条件的转移指令共有 2 条，以寻址位状态为条件的转移指令共有 3 条。以累加位 C 的状态为条件的转移指令共有 2 条。以累加器 A 的状态为条件的转移指令共有 2 条。具体如下：

```
    JNB  PM.N, REL    ; I/O 接口某位判 1 指令：当 I/O 接口某位的状态是 0，
                      ; 转移到 REL 地址
                      ; 当 I/O 接口某位的状态是 1，执行下一条程序
    JB   PM.N, REL    ; I/O 接口某位判 1 指令：当 I/O 接口某位的状态是 1，
                      ; 转移到 REL 地址
                      ; 当 I/O 接口某位的状态是 0，执行下一条程序
    JBC  PM.N, REL    ; I/O 接口某位判 0 指令：当 I/O 接口某位的状态是 1，
                      ; 转移到 REL 地址
                      ; 并将 PM.N 位清 0，若 I/O 接口某位的状态是 0，执
                      ; 行下一条程序
    JB   BIT, REL     ; 寻址位判 1 指令：当寻址位的状态是 1，转移到
                      ; REL 地址
                      ; 当寻址位的状态是 0，执行下一条程序
    JNB  BIT, REL     ; 寻址位判 0 指令：当寻址位的状态是 0，转移到
                      ; REL 地址
                      ; 当寻址位的状态是 1，执行下一条程序
    JBC  BIT, REL     ; 寻址判 1 清 0 指令：当寻址位的状态是 1，转移到
                      ; REL 地址
```

```
                        ；并使该位清位 0，当寻址位的状态是 0，执行下一条
                        ；程序
JC      REL             ；累加位 C 判 1 指令：当累加位 C 的状态是 1 转移到
                        ；REL 地址
                        ；当累加位 C 的状态是 0，执行下一条程序
JNC     REL             ；累加位 C 判 0 指令：当位的状态是 0 转移到 REL 地
                        ；址
                        ；当位的状态是 1，执行下一条程序
```

（2）编程练习

实验机 I/O 接口的状态均为 1。应用判 1 转移指令时先要将判断口置 0，但由于 P2.7 外接蜂鸣器要维持原状态（置 1），其余均可以置 0 状态。

【例 3-29】 P2 端口状态查询，某口输入位状态判 1 条件控制转移指令源程序

```
        ORG     0000H
        LJMP    START
        ORG     0030H
START： MOV     A，#80H       ；A = 10000000B
        MOV     P2，A        ；P2 = 10000000B
        JB      P2.0，X0     ；当 P2.0 = 1 转移到 X0 地址，否执行下一
                             ；条
        JB      P2.1，X1
        LJMP    START
X0：    LCALL   T10MS        ；延时 2ms
        JP      P2.0，X00
        LJMP    START
X1：    LCALL   T10MS
        JP      P2.1，X01
        LJMP    START
X00：   MOV     C，P2.0      ；C = 1
        CPI     C           ；C 取反，C = 0
        MOV     P1.0，C
        SJMP    $
X01：   MOV     C，P2.1      ；C = 1
        MOV     P1.1，C      ；C 取反，C = 0
        CPI     C
        SJMP    $
T10MS： MOV     R6，#0AH      ；延时时间 = 100
```

```
Y1：    MOV    R7，#64H      ; R7 = 100 × 5 × 2μs × 10 = 10ms
Y2：    NOP
        NOP
        NOP
        DJNZ   R7，Y2
        DJNZ   R6，Y1
        RET
        END
```

实例程序运行效果：在完成了源文件建立、汇编、下载的步骤后，单片机自动运行该程序。用跨线一端接 P2.0 位或 P2.1 位，另一端接电源正极时，P1 口对应的 P1.0 或 P1.1 灯亮。

程序点评：程序中用了"JNB Pm.n，REL"某口输入位状态判 1 条件控制转移指令。程序中标号"X0，X1"的程序段功能是防止按键产生的抖动。

在 MSC51 系列单片机有 11 个专业寄存器可以进行位寻址，其中 P2 口各位所对应的位地址如下：

P2 位地址	0A7H	0A6H	0A5H	0A4H	0A3H	0A2H	0A1H	0A0H
P2 口各位	P2.7	P2.6	P2.5	P2.4	P2.3	P2.2	P2.1	P2.0

【例 3-30】 寻址位状态查询判 0 条件控制转移指令源程序

```
        ORG     0000H
        LJMP    START
        ORG     0030H
START：  JNB     0A0H，X0
        JNB     0A1H，X1
        LJMP    START
X0：    LCALL   T10MS
        JNB     0A0H，X00
        LJMP    START
X1：    LCALL   T10MS
        JNB     0A1H，X01
        LJMP    START
X00：   MOV     C，0A0H
        MOV     P1.0，C
        SJMP    $
X01：   MOV     C，0A1H
        MOV     P1.1，C
```

```
        SJMP    $
T10MS：  MOV     R6, #0AH
Y1：     MOV     R7, #64H
Y2：     NOP
         NOP
         NOP
         DJNZ    R7, Y2
         DJNZ    R6, Y1
         RET
         END
```

【例3-31】 寻址位状态查询判1条件控制转移指令源程序

```
        ORG     0000h
        LJMP    START
        ORG     0030H
START：  MOV     A, #80H      ; A = 10000000B
        MOV     P2, A        ; P2 = 10000000B
        JB      0A0H, X0     ; 当 P2. 0 = 1 转移到 X0 地址, 否执行下一
                             ; 条
        JB      0A1H, X1
        LJMP    START
X0：     LCALL   T10MS        ; 延时2ms
        JP      0A0H, X00
        LJMP    START
X1：     LCALL   T10MS
        JP      0A1H, X01
        LJMP    START
X00：    MOV     C, 0A0H      ; C = 1
        CPI     C            ; C 取反, C = 0
        MOV     P1.0, C
        SJMP    $
X01：    MOV     C, 0A1H      ; C = 1
        CPI     C            ; C 取反, C = 0
        MOV     P1.1, C
        SJMP    $
T10MS：  MOV     R6, #0AH     ; 延时时间 = 100
Y1：     MOV     R7, #64H     ; R7 = 100 × 5 × 2μs × 10 = 10ms
```

```
Y2:      NOP
         NOP
         NOP
         DJNZ    R7, Y2
         DJNZ    R6, Y1
         RET
         END
```

【例3-32】 累加位 C 判 0 转移指令

```
         ORG     0000H
         LJMP    START
         ORG     0030H
START:   SETB    C              ; 累加位 C 置 1
         MOV     C, P2.0        ; P2.0 的状态输入到累加位 C 中
         JNC     X1             ; 累加位 C 判 0 转移到 REL 地址, 是 1 执行
                                ; 下一条程序
         MOV     C, P2.1
         JNC     X2
         LJMP    STAR
X1:      MOV     P1.0, C
         SJMP    $
X2:      MOV     P1.1, C
         SJMP    $
         END
```

【例3-33】 累加位 C 判 1 转移指令

```
         ORG     0000H
         LJMP    START
         ORG     0030H
START:   CLR     C              ; 累加位 C 置 1
         MOV     P2, #7CH       ; P2 = 01111100B
         MOV     C, P2.0        ; P2.0 的状态输入到累加位 C 中
         JC      X1             ; 累加位 C 判 0 转移到 REL 地址, 是 1 执行
                                ; 下一条程序
         MOV     C, P2.1
         JC      X2
         LJMP    STAR
XI:      CPI     C              ; C 取反, C = 0
```

```
        MOV     P1.0, C
        SJMP    $
XI：     CPI     C                       ; C取反，C=0
        MOV     P1.1, C
        SJMP    $
        END
```

实例程序运行效果：在完成了源文件建立、汇编、下载的步骤后，单片机自动运行该程序。例 3-30 和例 3-32 在按下 P2.0 位对应的"+1"键或按下 P2.0 位对应的"-1"键时，P1 口对应的 P1.0 或 P1.1 灯亮。例 3-31 和例 3-32 用跨线一端点接 P2.0 位或 P2.1 位，另一端点接电源正极时 P1 口对应的 P1.0 或 P1.1 灯亮。

程序点评：上述四例中使用了四种不同的指令完成，但程序运行效果相同。

三、应用举例

1. 【例 3-34】 4 路抢答器源程序（用 P2 端口状态查询）

4 路抢答器的功能：抢答口令发出后，只有最先按下开关键（灯最先亮）的一组有效获得抢答权。

本款单片机的小键盘中的"+1"键、"-1"键、高一位操作键、地址键和写入键一端分别接在 P2 口的 P2.0、P2.1、P2.2、P2.3、P2.4 上，另一端接地。当按下某一键时就将该位接地，相当于零状态。复位后可以重新输入。

程序一：

```
        ORG     0000H
        LJMP    START
        ORG     0030H
START： MOV     C, P2.0
        MOV     20H.0, C
        MOV     C, P2.1
        MOV     20H.1, C
        MOV     C, P2.0
        MOV     20H.2, C
        MOV     C, P2.0
        MOV     20H.3, C
        JNB     20H.0, X0
        JNB     20H.1, X1
        JNB     20H.2, X2
        JNB     20H.3, X3
        LJMP    START
X0：     MOV     C, 20H.0
```

```
            MOV     P1.0, C
            SJMP    $
X1:         MOV     C, 20H.1
            MOV     P1.1, C
            SJMP    $
X2:         MOV     C, 20H.2
            MOV     P1.2, C
            SJMP    $
X3:         MOV     C, 2.H.3
            MOV     P1.3, C
            SJMP    $
            ORG     1000H
T10MS:      MOV     R6, #09H
Y1:         MOV     R7, #64FH
Y2:         NOP
            NOP
            NOP
            NOP
            DJNZ    R7, Y2
            DJNZ    R6, Y1
            RET
            END
```

程序二:

```
            ORG     0000H
            LJMP    START
            ORG     0030H
START:      JNB     P2.0, X0
            JNB     P2.1, X1
            JNB     P2.2, X2
            JNB     P2.3, X3
            LJMP    START
X0:         LCALL   T10MS
            JNB     P2.0, X00
            LJMP    START
X1:         LCALL   T10MS
            JNB     P2.1, X01
```

```
              LJMP    START
X2：          LCALL   T10MS
              JNB     P2.2，X02
              LJMP    START
X3：          LCALL   T10MS
              JNB     P2.3，X03
              LJMP    START
X00：         MOV     C，P2.0
              MOV     P1.0，C
              SJMP    $
X01：         MOV     C，P2.1
              MOV     P1.1，C
              SJMP    $
X02：         MOV     C，P2.2
              MOV     P1.2，C
              SJMP    $
X03：         MOV     C，P2.3
              MOV     P1.3，C
              SJMP    $
              ORG     1000H
T10MS：       MOV     R6，#09H
Y1：          MOV     R7，#64FH
Y2：          NOP
              NOP
              NOP
              NOP
              DJNZ    R7，Y2
              DJNZ    R6，Y1
              RET
              END
```

实例程序运行效果：在完成了源文件建立、汇编、下载的步骤后，单片机自动运行该程序。按下 P2 口的不同键时，P1 口对应的灯亮。以便查询 P2 口位的状态。

程序点评：程序中用了 I/O 接口某位判 0 转移指令"JNB　BIT，REL"。

2. 【例 3-35】　寻黑线的智能车

1）智能车由双电动机驱动，左侧电动机驱动左侧车轮，右侧电动机驱动右侧车轮。仅有左侧电动机驱动时向右转，仅有右侧电动机驱动时向左转，双电动机同时驱动前进或后退。

2）寻黑线场地在白底场地上画有一定宽度的黑线，黑线图案按要求设定。

3）智能车前端沿黑线外沿，左右两端安装两个光线变化传感器。当任意一端的传感器出黑线进入白场地时，该传感器的状态由 1 跳变为 0。

4）智能车在前进方向行驶时若右传感器出黑线则仅由右侧电动机驱动，向左转；若左传感器出黑线则仅由左侧电动机驱动，向右转。

5）光线变化传感器可接入 P1 口的 P1.0 位（左端）和 P1.1 位（右端），电路如图 3-1 所示。

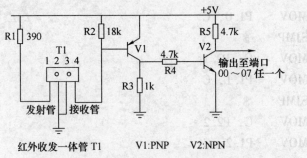

图 3-1 光敏控制电路

6）电动机驱动芯片 9110 及引脚定义，如图 3-2 和图 3-3 所示。

图 3-2 电动机驱动芯片 9110

引脚定义：

序号	符号	功能
1	OA	A 路输出引脚
2	VCC	电源电压
3	VCC	电源电压
4	OB	B 路输出引脚
5	GND	地线
6	IA	A 路输入引脚
7	IB	B 路输入引脚
8	GND	地线

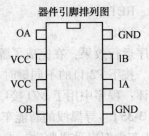

器件引脚排列图

图 3-3 芯片 9110 引脚定义

7）智能车电动机驱动芯片控制电路连接图如图3-4所示。

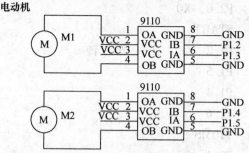

图3-4　电动机控制接线电路

8）智能车电动机驱动芯片控制真值表（设M1为左驱动电动机，M2为右驱动电动机），见表3-1。

表3-1　智能车电动机驱动芯片控制真值表

	P1.2左驱动电动机	P1.5左驱动电动机	P1.4右驱动电动机	P1.6右驱动电动机
停止	1	1	1	1
前进	1	0	1	0
后退	0	1	0	1
左转	1	1	1	0
右转	1	0	1	1

9）控制源程序。

```
            ORG     0000H
            LJMP    START
            ORG     0030H
START：CLR     P1.2        ；车前行
            STBE    P1.5
            CLR     P1.4
            STBE    P1.6
            JNB     P2.0，X0     ；检测左端传感器，出黑线跳转至X0
            JNB     P2.1，X1     ；检测右端传感器，出黑线跳转至X1
            LJMP    START
X0：    STBE    P1.2        ；车右转
            CLR     P1.5
            STBE    P1.4
            STBE    P1.6
```

```
        LCALL   T10MS
        JNB     P2.0，X0
        LJMP    START
X1：    STBE    P1.2            ；车左转
        STEB    P1.5
        CLR     P1.4
        STBE    P1.6
        LCALL   T10MS
        JNB     P2.1，X1
        LJMP    START
T10MS： MOV     R6，#64H        ；R6＝100
Y1：    MOV     R7，#64H        ；R7＝100
Y2：    NOP                     ；延时时间＝5×2μs×100×100＝100ms＝
                                ；0.1s

        NOP
        NOP
        DJNZ    R7，Y2
        DJNZ    R6，Y1
        RET
        END
```

实例程序运行效果：在完成了源文件建立、汇编、下载的步骤后，单片机自动运行该程序。接通电源后智能车寻黑线前行，出线后自动调整。

程序点评：程序中使用了 P1 口，灯的亮灭可以直观地检测光线传感器和驱动电动机的工作状况。运行中若出现智能车冲出跑道的情况，可以增加延时时间。

第三节　数码显示器操作指令

单片机控制显示器件常见操作有控制数码显示器件的操作、控制 LED 点阵显示器件的操作和控制液晶显示器件的操作等。

实验机中的数码管显示器是一种静态显示。它的特点是将要显示的数据转换为字形码后输出到两个 74HC164，只需要两条口线，即 P3.3 数据输入线端和 P3.4 移位时钟端。显示的数据可以保存，不需要连续扫描，字形码显示无闪烁，亮度高，MCU 利用率高。74HC164 是串行输入，并行输出 8 位移位寄存器，它的输出通过限流电阻 R1～R16 直接连接共阳极数码管的 A、B、C、D、E、F、G、H 各段，当某引脚输出为"0"时，对应段点亮。当某引脚输出为"1"时，对应段熄灭，按照这个规律可以得出共阳数码管 0～9 的字形码如下：

0C0H　0F9H　0A4H　0B0H　99H　92H　82H　0F8H　80H　90H　0FFH
　0　　　1　　　2　　　3　　　4　　 5　　 6　　　7　　　8　　 9　　黑

本节利用本款单片机提供的 8 个灯、5 个按键和 2 只数码管学习、练习数码显示器操作指令和简单编程。

一、数码管静态显示操作

1. 【例 3-36】　数码管显示"25"源程序

```
        DIN     BIT     P3.3        ;定义 P3.3 为 74HC164 数据输入端
        CLK     BIT     P3.4        ;定义 P3.4 为 74HC164 移位时钟端
        ORG     0000H
        LJMP    MAIN
        ORG     0030H
MAIN：  MOV     30H, #92H           ;低位字形码"5"送 30H
        MOV     31H, #0A4H          ;高位字形码"0A4"送 31H
        LCALL   DISP                ;显示子程序 DISP
        SJMP    $                   ;停止
DISP：  MOV     R0, #30H            ;定义低位显示缓冲区
        MOV     R7, #02H            ;定义输出字节数
XX2：   MOV     A, @R0              ;间址内容送 A
        MOV     R6, #08H            ;定义输出位数
XX1：   RLC     A                   ;A 左移 1 位送 C
        MOV     DIN, C              ;C 输出 1 位数据
        SETB    CLK                 ;CLK 输出"1"
        CLR     CLK                 ;CLK 输出"0"
        DJNZ    R6, XX1             ;位数 R6 - 1 ≠ 0 转 XX1
        INC     R0                  ;R0 + 1 既下一字节
        DJNZ    R7, XX1             ;字节数 R7 - 1 ≠ 0 转 XX2
        RET                         ;移位完，返回主程序
        END                         ;程序结束
```

8 段数码管的各段排列对应 8 位二进制数是"p、g、f、e、d、c、b、a"。哪段亮哪段为"0"，不亮的段是"1"。两个数码管中高一位显示"2"，低一位显示"5"，所对应的 8 位二进制码与十六进制分别是 10100100B = 0A4H、10010010B = 92H。两个数据分别保存在单片机芯片内部 ARM 用户储存单元 30H、31H 中。规定在程序中当遇到两位十六进制数据最高位是字母时前面要加"0"，如 A4H 应写为 0A4H。

实例程序运行效果：在完成了源文件建立、汇编、下载的步骤后，单片机自动运行该程序。安装在单片机上的两个数码管显示器静态显示"25"。

程序点评：P3.4 输出一个时钟周期，P3.3 输出移位数据。在 8 个时钟周期内 P3.3 通过累加器 A 左移 8 位显示 "5" 的字符，再在 8 个时钟周期内显示 "2" 的字符。

说明：若是应用复制粘贴的方法将该程序粘贴在 Keil μVision2 编译软件中使用时，要将 Word 文档下的分号改变成英文文档下的分号。编译中注释部分要变成绿色，指令变成蓝色。另外，还要注意语句中不能随便加空格，特别要区分字母 "O" 与数字 "0" 的书写。

2. 指令学习

（1）位定义 BIT 指令

该指令的功能是将某位的地址定义给某字符名称。

位定义格式："〈字符名称〉BIT〈位地址〉"。其中，〈位地址〉可以是绝对地址，也可以是符号地址（即符号名称）。

```
举例： DIN    BIT    P3.3    ；定义 P3.3 为 74HC164 数据输入端，名称是
                            ； DIN
       CLK    BIT    P3.4    ；定义 P3.4 为 74HC164 移位时钟端，名称是
                            ； CLK
```

（2）"RLC A" 带进位循环左移指令

该指令的功能是将 PC 指针从累加器 A 中的最低位左移至下一位即 $An \rightarrow An+1$，并且使进位标志位 $CY \rightarrow A0$、$A7 \rightarrow CY$。

【例 3-37】 两个数码管显示 "a 段" 源程序

```
        DIN    BIT    P3.3       ；定义 P3.3 为 74HC164 数据输入端
        CLK    BIT    P3.4       ；定义 P3.4 为 74HC164 移位时钟端
        ORG    0000H
        LJMP   MAIN
        ORG    0030H
MAIN：  MOV    30H, #0FEH        ；将低位显示字形 "a 段" 送 30H
        MOV    31H, #0FEH        ；将高位显示字形 "a 段" 送 31II
        LCALL  DISP             ；调用显示子程序 DISP
        SJMP   $                ；停止
DISP：  MOV    R0, #30H         ；定义低位显示缓冲区
        MOV    R7, #02H         ；定义输出字节数 R7 = 02H，对应两个数
                               ；码管
XX2：   MOV    A, @R0           ；间址内容送 A，低位 "a 段"
        MOV    R6, #8H          ；定义输出位数 R6 = 08H，即 8 位二进制
                               ；数
XX1：   RLC    A                ；A 左移 1 位送 C，即低位 "a 段" 二进制
```

```
                        数
        MOV     DIN, C        ; C 输出 1 位二进制数给数码管
        SETB    CLK           ; CLK 输出 "1" 控制脉冲
        CLR     CLK           ; CLK 输出 "0"
        DJNZ    R6, XX1       ; 位数 R6 - 1≠0 转 XX1，将 8 段输出完
        INC     R0            ; R0 + 1 高位 31H "a" 段
        DJNZ    R7, XX1       ; 传字节数 R7 - 1≠0 转 XX2
        RET                   ; 移位完，返回主程序
        END                   ; 程序结束
```

8 段数码管的各段排列对应 8 位二进制数是 "p、g、f、e、d、c、b、a"。由于在程序中高、低两个数码管位显示字形 "a 段"，所以对应 8 位二进制数是 11111110B = FEH（十六进制数）。在程序中规定，当遇到两位十六进制数最高位是字母时前面要加 "0"，如 FEH→0FEH。

"RLC　A" 带进位循环左移指令每隔一个机器周期 PC 指针左移一位，a→b→c→d→e→f→g→P 例中，0FEH = 11111110B 在第一个机器周期显示二进制中 "0" 对应的 "a 段"（亮），每隔一个机器周期 PC 指针左移一位分别显示 "1" 所对应的 p、g、f、e、d、c、b 段（不亮）。左移进位后，显示高一位数据。进位后回到显示第一位数据，即循环显示。

实例程序运行效果：在完成了源文件建立、汇编、下载的步骤后，单片机自动运行该程序。安装在单片机上的两个数码管显示器静态显示 "--"，即 "a 段" 亮。

程序点评：程序中高、低两个数码管位赋值为 0FEH，则显示字形 "a 段"。

【例 3-38】　流水灯源程序

```
        ORG     0000H
        LJMP    MAIN
        ORG     0030H
MAIN:   MOV     R0, #08H       ; 位数赋值
        MOV     A, #0FEH       ; 初始化
LOOP_1: MOV     P1, A          ; 输出
        LCALL   DELAY          ; 延时 0.5s
        RL      A              ; A 左移 1 位
        DJNZ    R0, LOOP_1     ; R0 - 1≠0 转移
        MOV     R0, #7H        ; 位数赋值
        MOV     A, #0BFH       ; 初始化
LOOP_2: MOV     P1, A          ; 输出
        LCALL   DELAY
        RR      A              ; A 右移 1 位
```

```
            DJNZ      R0, LOOP _ 2
            LJMP      MAIN
DELAY:      MOV       R5, #0AH        ; R5 = 10
X _ 2:      MOV       R6, #6AH        ; R6 = 100
X _ 1:      MOV       R7, #0FAH       ; R7 = 250
            DJNZ      R7, $
            DJNZ      R6, X _ 1
            DJNZ      R5, X _ 2
            RET
            END
```

编译时注意左右位移指令助记符后仅留一个空格，标点符号是在英文输入法下的。

实例程序运行效果：在完成了源文件建立、汇编、下载的步骤后，单片机自动运行该程序。安装在单片机上 P1 口的 8 个灯循环往返亮灭。

程序点评：程序中两次初始化赋值决定 8 个灯循环往返亮灭的起点与顺序。"RL A"左移 1 位指令不带进位。

（3）"INC"加 1 指令

在 MCS51 系列单片机中共有 5 条加 1 指令分别是

```
INC  A        ; 累加器 A 加 1 赋值, A←(A) +1
INC  Rn       ; 寄存器加 1 赋值, Rn←(Rn) +1
INC  DIRECT   ; 芯片内部 RAM 单元加 1 赋值, DIRECT←(DIRECT) +1
INC  @Ri      ; 间接寻址寄存器@Ri 加 1 赋值, Ri←(Ri) +1
INC  DPTR     ; 数据指针加 1 赋值, DPTR←(DPTR) +1
```

在【例3-36】数码管显示"25"源程序和两个数码管显示"a 段"源程序中应用了 INC @Ri 间接寻址寄存器@Ri 加 1 赋值，即使 Ri←(Ri) +1。两段程序中 30H =92H，和 30H =0FEH 分别赋值给间接寻址寄存器@Ri。"INC @Ri"操作后间接寻址寄存器@Ri 中的地址为 31H，数据分别是 31H =0C0H，31H =0FEH。

其他"INC"加 1 指令将在后续的实例中应用，在此不再举实例练习。

（4）I/O 接口位（口线）输出指令

程序中"MOV DIN, C"指令等同于"MOV P3.3, C"

3. 数码管数据的静态显示

对于数据在数码管静态显示的编程应用中，数据是按十进制 0 ~9 或十六进制 0 ~F 进行运算的，将数码管数据显示制作为一套子程序或一个程序模块，使用起来非常方便。我们将例 3-36 数码管显示"25"源程序和两个数码管显示"a"段源程序的可以作为显示数据和显示数码管某段的程序模块。使用时仅仅将单片机芯片内部 ARM 用户存储单元 30H, 31H 中的数据或数码管某段数据修改即可。

数码管数据的静态显示还可以通过查表实现。同样也可以将这种方法作为数码管数据显示制作为一套子程序或为一个程序模块。

数码管数据的静态显示查表法在送数据显示的子程序前，还必须经过分离、字形码转换后才能送显示。

【例 3-39】　数码管显示 "25" 源程序

设 20H 为数据缓冲区。在单片机芯片内部 ARM 用户储存单元 20H 分为低 4 位和高 4 位。30H 为低 4 位字形码缓冲区，31H 位高 4 位字形码缓冲区。由于数码管显示 "25"，则 20H = #25H。程序如下：

DIN	BIT	P3.3	；定义 164 数据输入端
CLK	BIT	P3.4	；定义 164 移位时钟端
	ORG	0000H	
	LJMP	MAIN	
	ORG	0030H	
MAIN：	MOV	20H, #25H	；数据送缓冲区 20H = #25H = ；00100101B
	LCALL	BEFORE	；调用数据分离处理子程序
	LCALL	FORM	；调用转换为字形码子程序
	LCALL	DISP	；调用数码管显示
	SJMP	$	；停止
BEFORE：	MOV	A, 20H	；调出数据 A = 00100101B
	ANL	A, #0FH	；屏蔽高 4 位（逻辑与）A = ；00000101B
	MOV	30H, A	；低 4 位送 30H, 30H = #05H
	MOV	A, 20H	；调出数据
	ANL	A, #0F0H	；屏蔽低 4 位（逻辑与）A = ；00100000B
	SWAP	A	；A 的高、低 4 位互换，A = ；00000010B
	MOV	31H, A	；低 4 位送 31H, 31H = #02H
	RET		
FORM：	MOV	DPTR, #TAB	；字形码首址#TAB
	MOV	A, 30H	；A = #05H
	MOVC	A, @A + DPTR	；字形码查表并将 "5" 的字 ；形码存储在 A 中
	MOV	30H, A	；得字形码低位 "5" 的字形 ；码存储在 30H 中

```
              MOV    A，31H              ；A = #02H
              MOVC   A，@ A + DPTR        ；字形码查表并将"2"的字
                                         ；形码存储在 A 中
              MOV    31H，A              ；得字形码高位 31H 存"2"
                                         ；的字形码
              RET
DISP：        MOV    R0，#30H
              MOV    R7，#02H
X2：          MOV    A，@ R0
              MOV    R6，#08H
X1：          RLC    A                   ；带进位循环左移
              MOV    DIN，C
              SETB   CLK
              CLR    CLK
              DJNZ   R6，X1
              INC    R0
              DJNZ   R7，X2
              RET
TAB：         DB     0C0H,0F9H,0A4H,0B0H,99H   ；0 ~ 9 的字形码
              DB     92H,82H,0F8H,80H,90H
              END
```

例 3-39 中第 1 部分是主程序 MAIN，先将某一数据"25"送数据缓冲区 20H，因为 MCS51 系列 MCU 的片内 RAM 区用户能自由支配的只有 20H ~ 7FH，先选 20H 为数据区，30H 和 31H 为显示区。主程序由 3 个子程序组成，BEFORE 数据分离处理子程序是显示前处理，它的任务是将 20H 数据内容分离为低位和高位，再用"SWAP A"指令将 A 中高低 4 位互换，使 30H 存放"2"，31H 存放"5"，为转换字形码准备条件。FORM 为字形码转换，它的任务是通过查表在 2 个码子区获取"2"和"5"为对应字形码。DISP 是数码管显示，它的任务是将 2 个字形码送 74HC164 数码管显示。

实例程序运行效果：在完成了源文件建立、汇编、下载的步骤后，单片机自动运行该程序。安装在单片机上的两个数码管显示器静态显示"25"。

程序点评：程序与例 3-36 效果一样，但程序方案不同。

同理，可以在 20H 内设置 0 ~ 9 任意数据，观察数码管数据的静态显示。

【例 3-40】 通过查表使两个数码管显示"a 段"源程序

```
DIN      BIT     P3.3              ；定义 164 数据输入端
CLK      BIT     P3.4              ；定义 164 移位时钟端
```

```
              ORG     0000H
              LJMP    MAIN
              ORG     0030H
MAIN：    LCALL   FORM                    ; 调用字形码
              LCALL   DISP                    ; 调用数码管显示
              SJMP    $
FORM：    MOV     DPTR，#TAB           ; TAB 首地址送 DPTR
              MOV     A，#00H                ; 从第 0 个字符开始
              MOVC    A，@ A + DPTR        ; 取第 1 个代码送 A
              MOV     30H，A                 ; 第 1 个代码存入 30H
              MOV     A，#00H                ; 仍从第 0 个字符开始
              MOVC    A，@ A + DPTR        ; 第 2 次取第 0 个代码送 A
              MOV     31H，A                 ; 得第 1 个代码存入 31H
              RET
DISP：     MOV     R0，#30H               ; 定义低位显示缓冲区
              MOV     R7，#02H               ; 定义输出字节数
XX2：      MOV     A，@ R0                ; 间址内容送 A
              MOV     R6，#08H               ; 定义输出位数
XX1：      RLC     A                       ; A 左移 1 位送 C
              MOV     DIN，C                 ; C 输出 1 位数据
              SETB    CLK                     ; CLK 输出 "1"
              CLR     CLK                     ; 移位 1 位数据
              DJNZ    R6，XX1                ; 位数 R6 – 1 ≠ 0 转 XX1
              INC     R0                      ; 下一字节
              DJNZ    R7，XX2                ; 字节数 R7 – 1 ≠ 0 转 XX2
              RET                             ; 移位完，返回
              ORG     0100H
TAB：      DB    0FEH,0FDH,0FBH,0F7H
              DB    0EFH,0DFH,0BFH,7FH        ; a ~ p 的字形码
              END
```

8 段数码管的各段排列对应 8 位二进制数是 p、g、f、e、d、c、b、a。字形 a 段，所对应 8 位二进制数是 11111110B = FEH（十六进制数）；字形 b 段所对应 8 位二进制数是 11111101B = FDH（十六进制数）；字形 c 段所对应 8 位二进制数是 11111011B = FBH（十六进制数）；字形 d 段所对应 8 位二进制数是 11110111B = F7H；字形 e 段所对应 8 位二进制数是 11101111B = EFH；字形 f 段所对应 8 位二进制数是 11111111B = DFH；字形 g 段所对应 8 位二进制数是 10111111B = BFH；字

形 p 段，所对应的 8 位二进制数是 01111111B = 7FH。

实例程序运行效果：在完成了源文件建立、汇编、下载的步骤后，单片机自动运行该程序。安装在单片机上的两个数码管静态显示"--"，即 a 段亮。

程序点评：程序中的高、低两个数码管显示字形 a 段是通过查字形码表实现的。

二、数码管动态显示操作

1. 【例 3-41】 累加"1"显示源程序

```
            DIN    BIT    P3.3        ；定义 164 数据输入端
            CLK    BIT    P3.4        ；定义 164 移位时钟端
            ORG    0000H
            LJMP   MAIN
            ORG    0030H
MAIN：      MOV    20H, #00H          ；初始数据送缓冲区
M_1：       LCALL  BEFORE            ；数据分离处理
            LCALL  FORM              ；转换为字形码
            LCALL  DISP              ；数码管显示
            LCALL  SEC_1             ；延时 1s
            MOV    A, 20H
            ADD    A, #01H           ；A 累加器数据 +1
            DA     A                 ；十进制变换
            MOV    20H, A            ；A 累加器数据存入 20H
            CJNE   A, #99H, M_1      ；A 累加器数据不等于 99H 转移
            SJMP   MAIN              ；等于 99H 重新循环
BEFORE：    MOV    A, 20H            ；调出数据
            ANL    A, #0FH           ；屏蔽高 4 位
            MOV    30H, A            ；低 4 位送 30H
            MOV    A, 20H            ；调出数据
            ANL    A, #0F0H          ；屏蔽低 4 位
            SWAP   A                 ；换为低 4 位
            MOV    31H, A            ；高 4 位送 31H
            RET
FORM：      MOV    DPTR, #TAB        ；字形码首址
            MOV    A, 30H
            MOVC   A, @A + DPTR      ；字形码查表
            MOV    30H, A            ；得字形码低位
            MOV    A, 31H
```

```
            MOVC    A, @ A + DPTR
            MOV     31H, A                  ; 得字形码高位
            RET
DISP:       MOV     R0, #30H
            MOV     R7, #02H
XX2:        MOV     A, @ R0
            MOV     R6, #08H
XX1:        RLC     A
            MOV     DIN, C
            SETB    CLK
            CLR     CLK
            DJNZ    R6, XX1
            INC     R0
            DJNZ    R7, XX2
            RET
SEC _ 1:    MOV     R5, #0AH                 ; 延时 1s
X2:         MOV     R4, #64H
X1:         MOV     R3, #0EAH
            DJNZ    R3, $
            DJNZ    R4, X1
            DJNZ    R5, X2
            RET
TAB:        DB  0C0H, 0F9H, 0A4H, 0B0H, 99H
            DB  92H, 82H, 0F8H, 80H, 90H
            END
```

实例程序运行效果：在完成了源文件建立、汇编、下载的步骤后，单片机自动运行该程序。安装在单片机上的两个数码管从"00"开始累加 1 显示，到"99"后循环。

程序点评：程序使用了数据分离处理、转换字形码、数码管显示模块，还使用了数据比较条件转移指令。

2. 指令学习

例 3-41 中使用了前述的程序举例中模块。需要讲解的指令重点是累加器 A 加 1 赋值指令"INC　A"和十进制变换指令"DA　A"。程序中在使用累加器 A 加 1 赋值指令时，先将 R0 中存放的数传送到累加器 A 中，"INC　A"累加器 A 加 1 赋值指令完成累加器 A 加 1 赋值功能后，再经过"DA　A"十进制变换指令后再将数返回到 R0 中存放。

【例 3-42】 低位数码管逐段循环显示源程序

```
        DIN     BIT     P3.3            ; 定义 164 数据输入端
        CLK     BIT     P3.4            ; 定义 164 移位时钟端
        ORG     0000H
        LJMP    MAIN
        ORG     0030H
MAIN:   MOV     20H, #00H               ; 初始数据送缓冲区
M_1:    LCALL   BEFORE                  ; 数据分离处理
        LCALL   FORM                    ; 转换为字形码
        LCALL   DISP                    ; 数码管显示
        LCALL   SEC_1                   ; 延时 1s
        MOV     A, 20H
        ADD     A, #01H                 ; A 累加器数据 +1
        DA      A                       ; 十进制变换
        MOV     20H, A                  ; A 累加器数据存入 20H
        CJNE    A, #07H, M_1            ; A 累加器数据不等于 07H 转移
        SJMP    MAIN                    ; 等于 99H 重新循环
BEFORE: MOV     A, 20H                  ; 调出数据
        ANL     A, #0FH                 ; 屏蔽高 4 位
        MOV     30H, A                  ; 低 4 位送 30H
        MOV     A, 20H                  ; 调出数据
        ANL     A, #0F0H                ; 屏蔽低 4 位
        SWAP    A                       ; 换为低 4 位
        MOV     31H, A                  ; 高 4 位送 31H
        RET
FORM:   MOV     DPTR, #TAB              ; 字形码首址
        MOV     A, 30H
        MOVC    A, @A + DPTR            ; 字形码查表
        MOV     30H, A                  ; 得字形码低位
        MOV     A, 31H
        MOVC    A, @A + DPTR
        MOV     31H, A                  ; 得字形码高位
        RET
DISP:   MOV     R0, #30H
        MOV     R7, #02H
XX2:    MOV     A, @R0
```

```
              MOV      R6, #08H
    XX1:      RLC      A
              MOV      DIN, C
              SETB     CLK
              CLR      CLK
              DJNZ     R6, XX1
              INC      R0
              DJNZ     R7, XX2
              RET
    SEC_1:    MOV      R5, #0AH        ; 延时1s
    X2:       MOV      R4, #64H
    X1:       MOV      R3, #0EAH
              DJNZ     R3, $
              DJNZ     R4, X1
              DJNZ     R5, X2
              RET
    TAB:      DB  0F0H, 0FEH, 0FDH, 0FBH
              DB  0F7H, 0EFH, 0DFH
              END
```

实例程序运行效果：在完成了源文件建立、汇编、下载的步骤后，单片机自动运行该程序。安装在单片机上的低位数码管从 a 段开始逐段显示，显示到 f 段后循环。

程序点评：程序的数据表是 p、g、f、e、d、c、b、a 的各段字形码。

上例中若要实现按照不同的字符顺序显示时，仅将程序数据表按不同顺序排列即可。

【例 3-43】 高低两个数码管逐段循环显示源程序

```
    DIN       BIT      P3.3            ; 定义 164 数据输入端
    CLK       BIT      P3.4            ; 定义 164 移位时钟端
              ORG      0000H
              LJMP     MAIN
              ORG      0030H
    MAIN:     MOV      20H, #00H       ; 初始数据送缓冲区
    M_1:      LCALL    BEFORE          ; 数据分离处理
              LCALL    FORM            ; 转换为字形码
              LCALL    DISP            ; 数码管显示
              LCALL    SEC_1           ; 延时 1s
```

```
            MOV    A, 20H
            ADD    A, #01H          ; A 累加器数据 +1
            DA     A                ; 十进制变换
            MOV    20H, A           ; A 累加器数据存入 20H
            CJNE   A, #07H, M _ 1   ; A 累加器数据不等于 07H 转移
            SJMP   MAIN             ; 等于 99H 重新循环
BEFORE：MOV    A, 20H           ; 调出数据
            ANL    A, #0FH          ; 屏蔽高 4 位
            MOV    30H, A           ; 低 4 位送 30H
            MOV    31H, A           ; 将 4 位送 31H
            RET
FORM：  MOV    DPTR, #TAB       ; 字形码首址
            MOV    A, 30H
            MOVC   A, @ A + DPTR    ; 字形码查表
            MOV    30H, A           ; 得字形码低位
            MOV    A, 31H
            MOVC   A, @ A + DPTR
            MOV    31H, A           ; 得字形码高位
            RET
DISP：  MOV    R0, #30H
            MOV    R7, #02H
XX2：   MOV    A, @ R0
            MOV    R6, #08H
XX1：   RLC    A
            MOV    DIN, C
            SETB   CLK
            CLR    CLK
            DJNZ   R6, XX1
            INC    R0
            DJNZ   R7, XX2
            RET
SEC _ 1：MOV    R5, #0AH          ; 延时 1s
X2：    MOV    R4, #64H
X1：    MOV    R3, #0EAH
            DJNZ   R3, $
            DJNZ   R4, X1
```

```
        DJNZ    R5, X2
        RET
TAB：    DB  0FFH, 0FEH, 0FDH, 0FBH
        DB  0F7H, 0EFH, 0DFH
        END
```

实例程序运行效果：在完成了源文件建立、汇编、下载的步骤后，单片机自动运行该程序。安装在单片机上的高、低两个数码管从 a 段开始逐段显示，显示到 f 段后循环。

程序点评：本程序与上例程序的区别是，在数据分离处理模块中屏蔽了高 4 位，并将低 4 位数据分别送 30H 和 31H。

三、编程练习

【例 3-44】 两个数码管逐段相向对应循环显示源程序

```
        DIN     BIT     P3.3        ; 定义 164 数据输入端
        CLK     BIT     P3.4        ; 定义 164 移位时钟端
        ORG     0000H
        LJMP    MAIN
        ORG     0030H
MAIN：  MOV     20H, #00H           ; 初始数据送缓冲区
M_1：   LCALL   BEFORE              ; 数据分离处理
        LCALL   FORM                ; 转换为字形码
        LCALL   DISP                ; 数码管显示
        LCALL   SEC_1               ; 延时 1s
        MOV     A, 20H
        ADD     A, #01H             ; A 累加器数据 +1
        DA      A                   ; 十进制变换
        MOV     20H, A              ; A 累加器数据存入 20H
        CJNE    A, #07H, M_1        ; A 累加器数据不等于 07H 转移
        SJMP    MAIN                ; 等于 99H 重新循环
BEFORE：MOV     A, 20H              ; 调出数据
        ANL     A, #0FH             ; 屏蔽高 4 位
        MOV     30H, A              ; 低 4 位送 30H
        MOV     A, 20H              ; 调出数据
        ADD     A, #07H             ; 累加器加 7 并保存
        ANL     A, #0FH             ; 屏蔽高 4 位
        MOV     31H, A              ; 高 4 位送 31H
        RET
```

```
FORM：   MOV     DPTR, #TAB              ; 字形码首址
         MOV     A, 30H
         MOVC    A, @A+DPTR              ; 字形码查表
         MOV     30H, A                  ; 得字形码低位
         MOV     A, 31H
         MOVC    A, @A+DPTR
         MOV     31H, A                  ; 得字形码高位
         RET
DISP：   MOV     R0, #30H
         MOV     R7, #02H
XX2：    MOV     A, @R0
         MOV     R6, #08H
XX1：    RLC     A
         MOV     DIN, C
         SETB    CLK
         CLR     CLK
         DJNZ    R6, XX1
         INC     R0
         DJNZ    R7, XX2
         RET
SEC_1：  MOV     R5, #0AH                ; 延时 1s
X2：     MOV     R4, #64H
X1：     MOV     R3, #0EAH
         DJNZ    R3, $
         DJNZ    R4, X1
         DJNZ    R5, X2
         RET
TAB：    DB  0FFH, 0FEH, 0FDH,   0FBH
         DB  0F7H, 0EFH, 0DFH, 0FFH
         DB  0FEH, 0DFH, 0EFH, 0F7H
         DB  0FBH, 0FDH
         END
```

实例程序运行效果：在完成了源文件建立、汇编、下载的步骤后，单片机自动运行该程序。安装在单片机上的高、低两个数码管从 a 段开始逐段相向循环显示。

程序点评：本程序在"数据分离处理模块"中两次进行了屏蔽了高 4 位操作，而且使用了加法运算"ADD"指令，其作用是"转换字形码模块"查表读字形码

首址，并得到字形码低位码数据（供低位数码管显示使用）。然后地址加"7"，将字形码首址改为第 8 位字形码数据的地址，读出的字形码的高位码数据供低位数码管显示使用。两组数据分别保存在 30H 和 31H 中。

上例中若要实现按照不同的字符顺序显示时，仅将程序数据表按不同顺序排列即可。

实例程序运行效果：在完成了源文件建立、汇编、下载的步骤后，单片机自动运行该程序。安装在单片机上的两个数码管从"00"开始累加 1 显示，到"99"后循环。

程序点评：程序用了数据分离处理、转换字形码、数码管显示模块，还使用了数据比较条件转移指令。

【例 3-45】 5 个数正计时源程序

```
            DIN     BIT     P3.3        ; 定义 164 数据输入端
            CLK     BIT     P3.4        ; 定义 164 移位时钟端
            ORG     0000H
            LJMP    MAIN
            ORG     0030H
MAIN：      MOV     20H, #06H           ; 初始数据送缓冲区
M_1：       LCALL   BEFORE              ; 数据分离处理
            LCALL   FORM                ; 转换为字形码
            LCALL   DISP                ; 数码管显示
            LCALL   SEC_1               ; 延时 1s
            MOV     A, 20H
            DEC     A, #01H             ; A 累加器数据 -1
            DA      A                   ; 十进制变换
            MOV     20H, A              ; A 累加器数据存入 20H
            CJNE    A, #01H, M_1        ; A 累加器数据不等于 06H 转移
            SJMP    $                   ; 等于 05H 停止
BEFORE：    MOV     A, 20H              ; 调出数据
            ANL     A, #0FH             ; 屏蔽高 4 位
            MOV     30H, A              ; 低 4 位送 30H
            MOV     A, 20H              ; 调出数据
            ANL     A, #0F0H            ; 屏蔽低 4 位
            SWAP    A                   ; 换为低 4 位
            MOV     31H, A              ; 高 4 位送 31H
            RET
FORM：      MOV     DPTR, #TAB          ; 字形码首址
```

```
           MOV      A, 30H
           MOVC     A, @ A + DPTR        ; 字形码查表
           MOV      30H, A               ; 得字形码低位
           MOV      A, 31H
           MOVC     A, @ A + DPTR
           MOV      31H, A               ; 得字形码高位
           RET
DISP：     MOV      R0, #30H
           MOV      R7, #02H
XX2：      MOV      A, @ R0
           MOV      R6, #08H
XX1：      RLC      A
           MOV      DIN, C
           SETB     CLK
           CLR      CLK
           DJNZ     R6, XX1
           INC      R0
           DJNZ     R7, XX2
           RET
SEC _1：   MOV      R5, #0AH             ; 延时 1s
X2：       MOV      R4, #64H
X1：       MOV      R3, #0EAH
           DJNZ     R3, $
           DJNZ     R4, X1
           DJNZ     R5, X2
           RET
TAB：      DB   0C0H, 0F9H, 0A4H, 0B0H, 99H
           DB   92H, 82H, 0F8H, 80H,
           END
```

实例程序运行效果：在完成了源文件建立、汇编、下载的步骤后，单片机自动运行该程序。安装在单片机上的两个数码管从"01"开始正计时 5 个数显示。

程序点评：程序与累加"1"程序不同之处是起始值不同，数据比较条件转移指令中的比较数值不同。

【例3-46】 5 个数倒计时源程序

```
           DIN      BIT    P3.3          ; 定义 164 数据输入端
           CLK      BIT    P3.4          ; 定义 164 移位时钟端
```

```
              ORG      0000H
              LJMP     MAIN
              ORG      0030H
MAIN：    MOV      20H, #05H           ；初始数据送缓冲区
M_1：     LCALL    BEFORE              ；数据分离处理
              LCALL    FORM                ；转换为字形码
              LCALL    DISP                ；数码管显示
              LCALL    SEC_1               ；延时 1s
              MOV      A, 20H
              DEC      A                   ；数据 -1
              DA       A                   ；十进制变换
              MOV      20H, A
              CJNE     A, #00H, M_1        ；不等于 00H 转移
              SJMP     $                   ；等于 00H 停止
BEFORE：  MOV      A, 20H              ；调出数据
              ANL      A, #0FH             ；屏蔽低 4 位
              MOV      30H, A              ；低 4 位送 30H
              MOV      A, 20H              ；调出数据
              ANL      A, #0F0H            ；屏蔽高 4 位
              SWAP     A                   ；换为低 4 位
              MOV      31H, A              ；高 4 位送 31H
              RET
FORM：    MOV      DPTR, #TAB          ；字形码首址
              MOV      A, 30H
              MOVC     A, @A + DPTR        ；字形码查表
              MOV      30H, A              ；得字形码低位
              MOV      A, 31H
              MOVC     A, @A + DPTR
              MOV      31H, A              ；得字形码高位
              RET
DISP：    MOV      R0, #30H
              MOV      R7, #02H
XX2：     MOV      A, @R0
              MOV      R6, #08H
XX1：     RLC      A
              MOV      DIN, C
```

```
          SETB    CLK
          CLR     CLK
          DJNZ    R6, XX1
          INC     R0
          DJNZ    R7, XX2
          RET
SEC _1:   MOV     R5, #0AH           ; 延时 1s
XX4:      MOV     R6, #64H
XX3:      MOV     R7, #0EAH
          DJNZ    R7, $
          DJNZ    R6, XX3
          DJNZ    R5, XX4
          RET
TAB:      DB  0C0H, 0F9H, 0A4H, 0B0H, 99H
          DB  92H, 82H, 0F8H, 80H, 90H
          END
```

实例程序运行效果：在完成了源文件建立、汇编、下载的步骤后，单片机自动运行该程序。安装在单片机上的两个数码管从"05"开始倒计时 5 个数显示，到"01"停止。

程序点评：程序与 5 个数正计时程序不同，使用了累加器减 1 "DEC"指令。程序的起始值不同，数据比较条件转移指令中的比较数值不同。

四、实际应用

【例3-47】 两个数码管以"口"字形交替变化源程序

```
          DIN     BIT     P3.3       ; 定义 164 数据输入端
          CLK     BIT     P3.4       ; 定义 164 移位时钟端
          ORG     0000H
          LJMP    MAIN
          ORG     0030H
MAIN:     MOV     20H, #01H          ; 数据送缓冲区
          LCALL   BEFORE             ; 数据分离处理
          LCALL   FORM               ; 转换为字形码
          LCALL   DISP               ; 数码管显示
          LCALL   SEC _1
          MOV     20H, #23H          ; 数据送缓冲区
          LCALL   BEFORE             ; 数据分离处理
          LCALL   FORM               ; 转换为字形码
```

```
            LCALL   DISP                    ; 数码管显示
            LCALL   SEC _ 1
            LJMP    MAIN
BEFORE: MOV     A, 20H                  ; 调出数据
            ANL     A, #0FH                 ; 屏蔽高（低）4 位
            MOV     30H, A                  ; 低 4 位送 30H
            MOV     A, 20H                  ; 调出数据
            ANL     A, #0F0H                ; 屏蔽低（高）4 位
            SWAP    A                       ; 换为低 4 位
            MOV     31H, A                  ; 低（高）4 位送 31H
            RET
FORM:   MOV     DPTR, #TAB              ; 字形码首址
            MOV     A, 30H
            MOVC    A, @ A + DPTR           ; 字形码查表
            MOV     30H, A                  ; 得字形码低位
            MOV     A, 31H
            MOVC    A, @ A + DPTR
            MOV     31H, A                  ; 得字形码高位
            RET
DISP:   MOV     R0, #30H
            MOV     R7, #02H
D _ 2:   MOV     A, @ R0
            MOV     R6, #08H
D _ 1:   RLC     A                       ; 向左移位
            MOV     DIN, C
            SETB    CLK
            CLR     CLK
            DJNZ    R6, D _ 1
            INC     R0
            DJNZ    R7, D _ 2
            RET
SEC _ 1: MOV    R5, #0AH                ; 延时 1s
L _ 2:   MOV     R6, #64H
L _ 1:   MOV     R7, #0EAH
            DJNZ    R7, $
            DJNZ    R6, L _ 1
```

```
        DJNZ       R5, L _ 2
        RET
TAB:    DB  9CH, 0A3H, 0A3H, 9CH
        END
```

实例程序运行效果：在完成了源文件建立、汇编、下载的步骤后，单片机自动运行该程序。安装在单片机上的两个数码管以"口"字形交替循环变化。

程序点评：程序最终显示效果由查表数据决定。

第四节　中断、计数器/定时器、串行通信的应用

中断、计数器/定时器、串行通信及外部存储器的应用是单片机实现实时控制的重要内容。本节将利用实验机所提供的硬件资源对中断、计数器/定时器、串行通信及芯片内部寄存器的基本知识、基本编程方法以及基本应用进行学习和练习。

一、中断

所谓"中断"就是计算机为提高运行效率而采用的一种方式。例如对一个变量，当它状态发生改变时就要立即进行处理。为此，就必须时刻查询这个变量的状态，但这样做会浪费计算机大量的运行时间，显然这是不合理的。而采用"中断"方式就可以有效地克服这种缺点。当一个变量一旦要发生的改变时，计算机立即自动触发"中断"转向这一段服务程序，执行完成后自动返回主程序的原断点继续运行，不必要时刻查询这个变量的状态。变量在不发生改变时可以放心做其他工作。这样就解放了计算机的大量能力，提高了运行效率。就像我们接听电话一样，一旦电话铃声响起时，就立即中断当前的工作，转去接电话。结束后立即返回原工作继续进行，而不必时刻守在电话机旁。由此看来"中断"是非常必要的一种方式。

在以下的练习中为了利于理解、掌握，在中断响应的服务程序均用了一段延时程序。但实际应用中是不同功能的服务程序，这在本节应用实例程序中将体现。

1. 【例3-48】　两个灯循环闪烁源程序

```
        ORG        0000H
        LJMP       BEGIN
        ORG        0003H          ; 外部0中断
        LJMP       TIME           ; 中断程序入口
        ORG        0030H
BEGIN:  SETB       EA             ; 中断总允许
        SETB       EX0            ; 允许外中断
        CLR        ET0            ; 禁止定时中断
        CLR        ES             ; 禁止串行中断
```

```
            CLR     IT0                     ; 电平触发
LOOP：      CLR     P1.2
            CLR     P1.5
            CLR     P3.2                    ; 电平触发 0 中断
            CLR     IE0                     ; 中断标志位清 0
            SETB    P1.2
            SETR    P1.5
            LJMP    LOOP
TTIME：     SETB    IE0                     ; 中断程序
            MOV     R1，#0AAH
XX1：       MOV     R2，#0FFH
XX2：       NOP
            NOP
            NOP
            DJNZ    R2，XX2
            DJNZ    R1，XX1
            RETI                            ; 中断返回
            END
```

实例程序运行效果：在完成了源文件建立、汇编、下载的步骤后，单片机自动运行该程序。安装在单片机上 P1.2 和 P1.5 的发光二极管闪烁。

程序点评：程序应用了 0 中断，电平触发方式。

说明：若是应用复制、粘贴的方法将该程序中粘贴在 Keil μVision2 编译软件中使用时，要将 Word 文档下的分号改变成英文输入状态下的分号。编译中注释部分要变成绿色。指令变成蓝色。另外，还要注意语句中不能随便加空格，特别要区分字母 "O" 与数字 "0" 的书写。

2. 中断控制学习

（1）中断源

MCS51 系列单片机共有 5 个中断源分 3 类，外部中断 2 个、定时中断 2 个、串行中断 1 个，对应的中断地址区为

0003H ~ 000AH	外部中断 0 中断地址区
000BH ~ 0012H	定时器/计数器 0 中断地址区
0013H ~ 001AH	外部中断 1 中断地址区
001BH ~ 0022H	定时器/计数器 1 中断地址区
0023H ~ 002AH	串行中断地址区

一般使用时在 5 个中断地址区首地址存放一条无条件转移指令，中断在响应后转移到中断程序的入口地址。

MCS51 系列单片机 5 个中断源的使用与 P3 口的第二功能设置紧密相关。P3 口的第二功能见表 3-2。

表 3-2　P3 口的第二功能

口线	第二功能	信 号 名 称
P3.0	RXD	串行数据接收
P3.1	TXD	串行数据发送
P3.2	INT0	外部中断 0 申请
P3.3	INT1	外部中断 1 申请
P3.4	T0	定时器/计数器 0 计数输入
P3.5	T1	定时器/计数器 1 计数输入
P3.6	WR	外部 RAM 写选通
P3.7	RD	外部 RAM 读选通

定时中断是为满足定时或计数的需要设置的。串行中断是为数据传送的需要设置的。这两种中断的请求是在单片机内部发生的，不需要在芯片上设置引入端。

外部中断是由外部信号引起的，需要在芯片上设置引入端。外部中断 0 中断和外部中断 1 中断分别需要在芯片 P3.2（INT0）和 P3.3（INT1）引入。

外部中断申请有两种信号方式：电平方式和脉冲方式。

电平方式的中断请求是低电平有效。只要在单片机的中断请求端，即芯片 P3.2（INT0）和 P3.3（INT1）端采样到有效的低电平就可以激活外部中断。

脉冲方式的中断请求是脉冲的后沿负跳有效。只要在单片机的中断请求端，即芯片 P3.2（INT0）和 P3.3（INT1）端采样到前一次是高电平，后一次是低电平就可以激活外部中断。

中断请求的撤销。中断响应后要及时清除中断请求标志位。定时中断和脉冲方式中断的撤销是自动的，不需要用户干预。串行中断和电平方式中断的撤销需要软件设置，如电平方式在中断响应后需要在中断请求信号引脚用软件（指令）从低电平设置成高电平。

（2）中断控制寄存器

MCS51 系列单片机提供给用户的控制中断的寄存器有 4 个。在设计使用中断服务程序前首先要根据所选中断源的类型对中断寄存器初始化（值）进行正确的设置。若仅有一个中断源或不考虑中断优先控制时，外部中断初始化要设置中断总允许、外中断允许和中断方式三项。采用定时中断初始化要设置中断总允许、外中断允许两项。

1）中断允许控制寄存器（IE）。IE 是专业寄存器，其地址为 0A8H，位地址是 0A8H ~ 0AFH。寄存器的内容及位地址表示如下：

位地址	0AFH	0AEH	0ADH	0ACH	0ABH	0AAH	0A9H	0A8H
位符号	EA	×	ET2	ES	ET1	EX1	ET0	EX0

MSB（表上方左端） LSB（表上方右端）

单片机复位后，IE＝00H 禁止一切中断。中断控制各位状态的设置如下：

①EA——中断总允许控制位。

若 EA＝0，禁止一切中断；若 EA＝1，中断条件总允许。

②×——无效位，是保留位。

③ET2——定时器 2 中断允许位。

若 ET2＝0，此位禁止；ET2＝1，此位允许有效（EA＝1 时）。

④ES——串行接口中断允许位。

若 ES＝0，此位禁止；ES＝1，此位允许有效（EA＝1 时）。

⑤ET1——定时器 1 中断允许位。

若 ET1＝0，此位禁止；ET1＝1，此位允许有效（EA＝1 时）。

⑥EX1——外部中断 1 允许位。

若 EX1＝0，此位禁止；EX1＝1，此位允许有效（EA＝1 时）。

⑦ET0——定时器 0 中断允许位。

若 ET0＝0，此位禁止；ET0＝1，此位允许有效（EA＝1 时）。

⑧EX0——外部中断 0 允许位。

若 EX0＝0，此位禁止；EX0＝1，此位允许有效（EA＝1 时）。

2）中断优先级寄存器 IP。IP 是专业寄存器，其地址 0B8H。位地址是 0B8H～0BFH。寄存器的内容及位地址表示如下：

位地址	0BFH	0BEH	0BDH	0BCH	0BBH	0BAH	0B9H	0B8H
位符号	×	×	PT2	PS	PT1	PX1	PT0	PX0

MSB（表上方左端） LSB（表上方右端）

单片机复位后 IP＝00H 中断无优先级。在各位状态的设置中，若某位置"1"，则表示优先级为高，若该位清"0"表示优先级为低。×表示无效位，是保留位。

①PT2——定时器 2 优先级设置位。

PT2＝1，优先级为高。

②PS——串行接口中断优先级设置位。

PS＝1，优先级为高。

③PT1——定时器 1 中断优先级设置位。

PT1＝1，优先级为高。

④PX1——外部中断 1 优先级设置位。

PX1＝1，优先级为高。

⑤PT0——定时器 0 中断优先级设置位。

PT0 = 1，优先级为高。

⑥PX0——外部中断 0 优先级设置位。

PX0 = 1，优先级为高。

所谓优先级设置就是设置计算机对中断响应的选择权。当几个通道同时发生中断时，计算机只能选择一个通道进行响应，即具有高优先级的通道才能被响应。当多个高优先级中断发生或无优先级设定时，要按照下面自然优先级响应中断：PX0 最高→PT0→PX1→PT1→PS→PT2 最低。

3）串行接口控制寄存器（SCON）。SCON 是专业寄存器，其地址位 98H。位地址是 98H ~ 9FH。寄存器的内容及位地址表示如下：

位地址	9FH	9EH	9DH	9CH	9BH	9AH	99H	98H
位符号	SM0	SM1	SM2	REN	TB8	RB8	TI	BI

串行接口控制寄存器（SCON）与中断有关的控制位有 2 位，即串行发送位和接收位。

①TI——串行接口发送中断请求标志位。在转向中断服务程序后，用软件清"0"。

②RI——串行接口接收中断请求标志位。在转向中断服务程序后，用软件清"0"。

4）定时器（中断）控制寄存器（TCON）。TCON 是专业寄存器，用于保存外部中断请求以及定时器的计数溢出。它既有中断控制功能又有定时器/计数器的控制功能。其地址为 88H，位地址 8FH ~ 88H。寄存器的内容及位地址表示如下：

MSB LSB

位地址	8FH	8EH	8DH	8CH	8BH	8AH	89H	88H
位符号	TF1	TR1	TF0	TR0	IE1	IT1	IE0	IT0

单片机复位后，TCON = 00H。各位标志如下：

①TF1——计数器 T/C1 的溢出标志位。

当计数器 T/C1 产生计数溢出时，溢出标志位 TF1 = 1。当进入中断服务程序后，由硬件自动清"0"。

②TF0——计数器 T/C0 的溢出标志。

当计数器 T/C0 产生计数溢出时，溢出标志位 TF0 = 1。当进入中断服务程序后，由硬件自动清"0"。

计数器的溢出标志位 TF1 和 TF0 的使用有两种情况。采用中断方式时，作为中断请求标志位使用。在转向中断服务程序后，由硬件自动清"0"。采用查询方式时，作为查询状态位使用。当查询有效后应用软件的方法及时将该位清"0"。

③TR1——定时器 T/C1 运行控制位。

若令 TR1 = 1，定时器 T/C1 进入工作，TR1 = 0，定时器 T/C1 停止工作，均由软件控制。

④TR0——定时 T/C0 器运行控制位。

若令 TR0 = 1，定时器 T/C0 进入工作，TR0 = 0，定时器 T/C0 停止工作，均由软件控制。

⑤IE1——外部中断$\overline{INT1}$请求标志位。

当单片机检测到$\overline{INT1}$引脚上出现外部中断请求时，IE1 = 1，在进入中断服务程序后该位由硬件自动清"0"。

⑥IE0——外部中断$\overline{INT0}$请求标志位

当单片机检测到$\overline{INT0}$引脚上出现外部中断请求时，IE0 = 1，在进入中断服务程序后该位由硬件自动清"0"。

⑦IT1——是外部中断$\overline{INT1}$脉冲触发类型控制位。

由软件设置或清除，当 IT1 = 1 时，是下降沿触发，当 IT1 = 0 时，是电平触发。

⑧IT0——是外部中断$\overline{INT0}$脉冲触发类型控制位。

由软件设置或清除，当 IT0 = 1 时，是下降沿触发，当 IT0 = 0 时，是电平触发。

（3）中断初始化设置（中断控制寄存器的状态设置）

在设计单片机程序时，如果要使用中服务程序就要遇到中断初始化问题。中断初始化主要有两个工作，一是结合选定的中断类型确定中断地址区，即中断入口；另一个工作是设置中断控制寄存器的状态。若不包括优先级控制，外部中断要设置中断总允许、外中断允许和中断方式。对于定时中断没有中断方式的设定。设置时可以对控制寄存器进行字节操作，也可以进行位操作。

具体设置步骤如下：

1）确定 TCON 值，选定中断触发方式。

2）确定 IE 值，EA = 1，允许总中断并设置中断的类型。

3）确定 IP 值，因只有一个中断，可以不设置优先级，仍保持复位状态 IP = 00H。

4）确定中断服务程序地址入口。

5）确定控制寄存器初始值是进行字节设置，还是位设置。

【例3-49】外部中断 1 中断，电平触发方式（对控制寄存器位操作）

```
ORG     0000H
LJMP    BEGIN
ORG     000BH        ; 外部 1 中断
LJMP    TIME         ; 中断程序入口
ORG     0030H
```

```
BEGIN：SETB    EA          ; 中断总允许
       SETB    EX1         ; 允许外中断
       CLR     ET1         ; 禁止定时中断
       CLR     ES          ; 禁止串行中断
       CLR     IT1         ; 电平触发
```

【例3-50】 外部中断0中断，脉冲触发方式（对控制寄存器位操作）

```
       ORG     0000H
       LJMP    BEGIN
       ORG     0003H       ; 外部0中断
       LJMP    TIME        ; 中断程序入口
       ORG     0030H
BEGIN：MOV     TCON, #01H  ; 停止定时器/计数器，脉冲触发方式
       MOV     IE, #81H    ; 允许总中断、允许外中断、禁止串行中
                           ; 断
```

在对外部中断初始化的过程中要注意，选择外部中断0或外部中断1时，一方面要与中断0、中断1的地址对应，另一方面也要与各控制寄存器中的中断0、中断1位符号相对应。对于定时器/计数器中断和串行中断的初始化练习，将在后续的实例中讲述及应用，在此不再叙述。

3. 编程练习

【例3-51】 利用外部中断0中断（脉冲触发方式）流动灯源程序

```
        ORG     0000H
        LJMP    MAIN
        ORG     0003H       ; 外部0中断
        LJMP    TIME        ; 中断程序入口
        ORG     0030H
MAIN：   MOV     TCON, #01H  ; 停止定时器/计数器，脉冲触发方式
        MOV     IE, #81H    ; 允许总中断、允许外中断、禁止串行
                            ; 中断
        MOV     R0, #8      ; 位数赋值
        MOV     A, #0FEH    ; 初始化
LOOP_1：MOV     P1, A       ; 输出
        RL      A           ; A左移1位
        SETB    P3.2        ; "1"脉冲
        CLR     P3.2        ; "0"脉冲，触发0中断
        CLR     IE0         ; 中断标志位清 "0"
        DJNZ    R0, LOOP_1  ; R0-1≠0，转移
```

```
          MOV     R0, #7           ; 位数赋值
          MOV     A, #0BFH         ; 初始化
LOOP _2： MOV     P1, A            ; 输出
          RR      A                ; 右移 1 位
          SETB    P3.2             ; "1" 脉冲
          CLR     P3.2             ; "0" 脉冲, 触发 0 中断
          CLR     IE0              ; 中断标志位清 0
          DJNZ    R0, LOOP _2
          LJMP    MAIN
TIME：    MOV     R5, #05H
X _2：    MOV     R6, #64H
X _1：    MOV     R7, #0FAH
          DJNZ    R7, $
          DJNZ    R6, X _1
          DJNZ    R5, X _2
          RETI                     ; 中断返回
          END
```

实例程序运行效果：在完成了源文件建立、汇编、下载的步骤后，单片机自动运行该程序。安装在单片机上 P1 口的 8 个灯循环往返亮灭。

程序点评：0 中断，入口地址为 0003H，对应 P3.2 口线，脉冲触发方式后沿负跳有效。

本程序在编译过程中要注意左右位移指令（助记符）与累加器 A 之间仅留一个空格。

【例3-52】 利用外部中断 1 中断（电平触发方式）二进制数进位源程序

```
          ORG     0000H
          LJMP    MAIN
          ORG     000BH            ; 外部 1 中断
          LJMP    TIME             ; 中断程序入口
          ORG     0030H
MAIN：    MOV     TCON, #00H       ; 停止定时器/计数器, 电平触发方式
          MOV     IE, #84H         ; 允许总中断、允许外中断、禁止串行
                                   ; 中断
          MOV     A, #00H          ; 初始化
LOOP _1： MOV     P1, A            ; 输出到 P1
          CLR     P3.3             ; 电平触发 1 中断
          CLR     IE0              ; 中断标志位清 0
```

```
              INC      A                ; +1
              SJMP     LOOP _ 1         ; 循环
TIME：        MOV      R5, #64H         ; 1s
X _ 2：       MOV      R6, #64H         ; 100ms
X _ 1：       MOV      R7, #0FAH        ; 1ms
              DJNZ     R7, $
              DJNZ     R6, X _ 1
              DJNZ     R5, X _ 2
              RETI
              END
```

实例程序运行效果：在完成了源文件建立、汇编、下载的步骤后，单片机自动运行该程序。安装在 P1 口各位的发光二极管从 0000 0000B 开始至 1111 1111B 模拟二进制数规律亮灭。

程序点评：程序使用了 1 中断，入口地址位 000BH，对应 P3.3 口线，电平触发方式为低电平有效。

二、定时器/计数器（TC0/TC1）的定时功能

定时器/计数器（Timer/Counter）是 MCS51 系列单片机芯片内的一个组件，简写为 T/C 。它有 2 个相同的定时器/计数器，称为定时器/计数器 0 和定时器/计数器 1。用符号分别表示为 T/C0 和 T/C1。实际上定时器/计数器是一个计数器，可以 8 位、13 位或 16 位计数，对应的两组 4 个 8 位计数器（TH0/TL0 和 TH1/TL1）。这 4 个计数器属于专业寄存器。

计数功能：若作为计数器使用，要对外部输入脉冲计数，累计计数，累积到计满溢出停止时，脉冲数就是计数的个数。计数器的计数方式是对一个有效计数脉冲（前 1 个机器周期为高电平、后 1 个机器周期为低电平）进行计数器加 1。MCS51 系列单片机芯片有 T0（P3.4）和 T1（P3.4）两个信号引脚对外部脉冲进行计数。外部输入的脉冲在负跳变时有效。

定时功能：定时功能是通过定时器/计数器的计数来实现的。若作为定时器使用，计数器对单片机内部的每个机器时钟脉冲作为定时计数，累积到计满溢出停止时，这个脉冲数就是定时时间。

1.【例 3-53】 P1.0、P1.1 的两个灯亮灭各定时 0.5s 的循环闪烁源程序

```
              ORG      0000H
              LJMP     MAIN
              ORG      0030H
MAIN：        MOV      TMOD, #01H       ; 赋值
              MOV      TH0, #3CH        ; 定时常数高 8 位赋值
              MOV      TL0, #0B0H       ; 定时常数低 8 位赋值
```

```
            SETB    TR0                  ; 开 T/C0 定时
            MOV     R1，#00H              ; R1 赋初值
            CLR     P1.0                 ; 点亮 P1.0 灯
            CLR     P1.1                 ; 点亮 P1.1 灯
LOOP_2：    JBC     TF0，LOOP_1          ; 若 TF0 = 1 溢出则转移
            SJMP    LOOP_2               ; TF0 = 0 表示 T/C0 未溢出继续
                                           查询
LOOP_1：    MOV     TH0，#3CH            ; 重复赋值
            MOV     TL0，#0B0H
            INC     R1                   ; R1 计数 + 1
            CJNE    R1，#05H，LOOP_3     ; 若 R1 ≠ 05，则返回
            CPL     P1.0                 ; R1 = 05 ~ 1s，P1.0 灯取反
            CPL     P1.1                 ; P1.1 灯取反
            MOV     R1，#00H             ; R1 返回初值
LOOP_3：    LJMP    LOOP_2               ; 返回 LOOP_2
            END
```

实例程序运行效果：在完成了源文件建立、汇编、下载的步骤后，单片机自动运行该程序。安装在 P1.0 和 P1.1 位的灯亮灭按定时各 0.5s 的规律亮灭。

程序点评：程序中使用了定时器 0，选择了定时工作方式 1。计数溢出采用查询方式。程序进入"LOOP_2"循环段落后使用了取反指令"CPL"，P1.0 和 P1.1 通过反复取反达到反复地置 0、置 1，从而控制了灯的亮灭。程序还用了数值比较转移指令"CJNE"。

2. 定时器控制学习

MCS51 系列单片机提供给用户的控制定时的寄存器共有 3 个，在设计使用定时器服务程序前首先要对所选定的定时寄存器进行正确的初始化（值）设置。计算计数初始值（因为定时是通过计数实现的）并且将初始值分别存放在定时器/计数器 0 和定时器/计数器 1（T/C0 和 T/C1）所对应的两组 4 个 8 位专业寄存器中（TH0/TL0 和 TH1/TL1），并选择定时器/计数器的工作方式。

（1）与定时控制相关的寄存器

1）定时控制寄存器（TCON）。单片机复位后，TCON = 00H。各位标志如下：

MSB　　　　　　　　　　　　　　　　　　　　　　　　　　　　　　　　　　　　　LSB

位地址	8FH	8EH	8DH	8CH	8BH	8AH	89H	88H
位符号	TF1	TR1	TF0	TR0	IE1	IT1	IE0	IT0

TCON 寄存器参与中断控制和定时控制。寄存器中断控制位的设置见前述。TCON 定时控制位共 4 位。

①TF0 和 TF1 是计数溢出标志位。当计数器计数溢出时该位置"1"，可以将此位状态供位查询使用，查询后软件（指令）清"0"。也可以作为中断的标志位使用，在转向中断后也要清"0"。

②TR0 和 TR1 定时器运行控制位。

TR0（TR1）= 0，停止定时器/计数器工作；TR0（TR1）= 1，开启定时器/计数器工作。

使用中用软件（指令）置"0"或置"1"。

定时控制寄存器（TCON）初始值设置可以是字节设置也可以是位设置。

2）工作方式控制寄存器（TMOD）。TMOD 是专业寄存器，用于设定定时器/计数器 0 和定时器/计数器 1（T/C0 和 T/C1）的工作方式，只能用字节传送设置。其各位定义如下：

MSB   LSB

位序	B7	B6	B5	B4	B3	B2	B1	B0
位符号	GATE	T/C	M1	M0	GATE	T/C	M1	M0

--------------T/C1---------------   --------------T/C0-------------------

MSB—表示最高有效位，LSB—表示最低有效位。

单片机复位后，TMOD = 00H。其中，低 4 位控制 T/C0，高 4 位控制 T/C1。

工作方式控制寄存器（TMOD）各位设置如下：

①GATE——选通门控制。当 GATE = 0 时，不管 $\overline{INT1}$ 或 $\overline{INT0}$ 引脚是高电平或低电平，均不作为定时器选通条件；当 GATE = 1 时，只有 $\overline{INT1}$ 或 $\overline{INT0}$ 引脚是高电平，才能作为定时器选通条件之一。

②C/T——定时方式或计数方式选择。T/C = 0 为定时器方式，T/C = 1 为计数器方式。

③M1、M0——定时器/计数器工作模式选择。

M1   M0 = 00，工作方式 0（mode 0）。

M1   M0 = 01，工作方式 1（mode 1）。

M1   M0 = 10，工作方式 2（mode 2）。

M1   M0 = 11，工作方式 3（mode 3）。

工作方式 0（mode 0）是 13 位计数结构的工作方式（不常用），其计数器由 TH0 全部 8 位和 TL0 的低 5 位构成。TL0 的低 3 位不用。计数范围为 $1 \sim 8192$（2^{13}）。本款单片机晶振频率为 6MHz，则最小定时时间为 $[2^{13} - (2^{13} - 1)] \times 1/6 \times 10^{-6} \times 12\mu s = 2 \times 10^{-6}\mu s = 2\mu s$，最大定时时间为：$(2^{13} - 0) \times 1/6 \times 10^{-6} \times 12\mu s = 16384 \times 10^{-6}\mu s = 16384\mu s$。

工作方式 1（mode 1）是 16 位计数结构计数器，由 TH 高 8 位、TL 低 8 位构成。计数范围为 $1 \sim 65536$（2^{16}）。本款单片机晶振频率为 6MHz，则最小定时时间

为 $[2^{16} - (2^{16} - 1)] \times 1/6 \times 10^{-6} \times 12\mu s = 2 \times 10^{-6}\mu s = 2\mu s$，最大定时时间为 $(2^{16} - 0) \times 1/6 \times 10^{-6} \times 12\mu s = 131072 \times 10^{-6}\mu s = 131072\mu s \approx 131ms$。

工作方式 2（mode 2）是 8 位自动重新加载工作方式。把 16 位计数器分成两部分，TL 作计数器，TH 作预置初始值寄存器。当 TL 计数溢出后，TH 将初始值内容自动重新装入 TL 内。计数范围为 $1 \sim 255$（2^8）。本款单片机晶振频率为 6MHz，则最小定时时间为 $[2^8 - (2^8 - 1)] \times 1/6 \times 10^{-6} \times 12\mu s = 2 \times 10^{-6}\mu s = 2\mu s$，最大定时时间为：$(2^8 - 0) \times 1/6 \times 10^{-6} \times 12\mu s = 255 \times 10^{-6}\mu s = 510\mu s$。

工作方式 3T/C0 分成两个 8 位定时器，T/C1 停止计数。

定时器/计数器工作模式选择一般作为定时器选用 16 位计数器，这时最大定时时间就是机器时钟时间 $\times 65536$（2^{16}）。若晶体振荡器频率为 6MHz，机器周期 = 晶振周期 $\times 12$，而晶振周期 $T = 1/f = 1/6 \times 10^{-6}$。所以机器周期 $= 1/6 \times 10^{-6} \times 12 = 2\mu s$，则定时器最大定时时间为 $2\mu s \times 65536 = 0.13s$。

3）中断允许控制寄存器（IE）。寄存器（IE）的详细介绍见中断控制寄存器章节。与定时器/计数器有关的位再复习如下：

①EA——中断总允许控制位　EA = 0 中断总禁止，EA = 1 中断总允许。

②ET0、ET1——定时/计数中断允许控制位 ET0（ET1）= 0 禁止定时/计数中断，ET0（ET1）= 1 允许定时/计数中断。

（2）定时初始化设置步骤（既定时控制寄存器的状态设置）

1）计算计数初始值（定时常数），并将定时常数分别放入 TH0（TH1）和 TL0（TL1）中。

2）确定 TMOD 值。

①选择定时器 T/C0 或 T/C1 并定义所对应的低半字节或高半字节。

②确定工作方式选 M0M1。

③确定门控制位 GATE。

④确定定时方式位（或确定计数方式位）。

3）确定 TCON 中 TR0 和 TR1 定时器运行控制位的值。

3. 编程练习一（定时器：查询方式）

【例 3-54】　使用定时器 1，采用工作方式 0 和查询方式。晶振频率为 6MHz，一个机器周期 $2\mu s$。设计产生一个周期 $500\mu s$ 的连续等宽方波并控制 P1.0，P1.1 两个灯亮灭各定时 20ms 循环闪烁源程序。

1）计算计数初始值。因为是周期为 $500\mu s$ 的等宽方波，则该等宽方波由占空比 50% 的高、低电平组成。高低电平各为 $250\mu s$。则 $250\mu s \times 80 = 20ms$。另外，工作方式 0（mode 0）是 13 位计数结构。

$(2^{13} - X) \times 2\mu s \times 10^6 2 = 250\mu s \times 10^6$　　　$X = 8192 - 125 = 8067$

$8067 \div 256 = 31$ 余 131　　$31 \div 16 = 1$ 余 $15 = 1FH = 11111B$（因为余数 $15 = FH$）

余数 $131 \div 16 = 8$ 余 $3 = 83H = 10000011B$

X = 8067 = 1111110000011B, 高 8 位 = 11111100 放入计数器 1 的计数存储器 TH1 = 11111100B, 则 TH1 = 0FCH。低 5 位 = 00011B 放入计数器 1 的低位计数存储器 TL1 = 03H。

2) 工作方式控制寄存器 TMOD 的初始化。因为采用工作方式 0, 所以 M1M0 = 00。又因为选择定时功能, 所以 C/T = 0。选择了定时器 1, 为实现定时器 1 的运行控制 GATE = 0。另外, 定时器 0 不用, 有关为设置为 0, 则 TMOD = 00H。

说明: 根据条件设置 TMOD = 00H, 看似使用定时器 1 或使用定时器 0 没有区别, 但是在程序中的指令是启动定时运行位控制 TR1, 只能使用定时器 1。这一点应特别注意。

3) 确定 TCON 中 TR0 和 TR1 定时器运行控制位的值, TR1 = 1。

4) 源程序。

```
            ORG    0000H
            LJMP   MAIN
            ORG    0030H
MAIN:       MOV    TMOD, #00H        ; 定时器 1 工作方式 0 赋值
            MOV    TH1, #0FCH        ; 定时常数高 8 位赋值
            MOV    TL1, #03H         ; 定时常数低 5 位赋值
            MOV    IE, #00H          ; 禁止中断
            SETB   TR1               ; 启动 T/C1 定时
            MOV    R1, #00H          ; R1 赋初值
            CLR    P1.0              ; 点亮 P1.0 灯
            CLR    P1.1              ; 点亮 P1.1 灯
LOOP_2:     JBC    TF1, LOOP_1       ; 若 TF1 = 1 溢出则转移
            SJMP   LOOP_2            ; TF1 = 0 表示 T/C1 未溢出继续查
                                     ; 询
LOOP_1:     MOV    TH1, #0FCH        ; 重复赋值
            MOV    TL1, #03H
            CLR    TF1               ; 计数溢出标志位清 "0"
            INC    R1                ; R1 计数 +1
            CJNE   R1, #80H, LOOP_3  ; 若 R1 ≠ 80 则返回
            CPL    P1.0              ; R1 = 80, P1.0 灯取反
            CPL    P1.1              ; P1.1 灯取反
            MOV    R1, #00H          ; R1 返回初值
LOOP_3:     LJMP   LOOP_2            ; 返回 LOOP_2
            END
```

实例程序运行效果: 在完成了源文件建立、汇编、下载的步骤后, 单片机自动

运行该程序。安装在 P1.0 和 P1.1 的灯按定时各 20ms 规律亮灭。

程序点评：程序中使用了定时器 1，选择了定时器工作方式 0。计数溢出采用查询方式。程序进入"LOOP＿2"循环段落后 P1.0 和 P1.1 的状态反复取反达到亮灭效果。另外，本程序灯的亮灭控制时间明显快于例 3-51。

【例 3-55】 使用定时器 0，采用工作方式 2 和查询方式。晶振频率为 6MHz，一个机器周期 2μs。设计产生一个周期 500μs 的连续等宽方波，并控制 P1.2、P1.3 两个灯亮灭各定时 50ms 循环闪烁的源程序

1）计算计数初始值。因为是周期为 500μs 等宽方波，则该等宽方波由占空比 50% 的高、低电平组成。高低电平各为 250μs，则 250μs × 200 = 50ms。另外，工作方式 2 是 8 位计数结构。

$(2^8 - X) \times 2μs \times 10^6 2 = 250μs \times 10^6$，解 X = 255 − 125 = 130，130 ÷ 16 = 8 余 2 = 82H = 10000010B。

将 82H 分别装入 TH0 和 TL0 中。

2）工作方式控制寄存器 TMOD 的初始化。因为采用工作方式 2，所以 M1M0 = 10。又因为选择定时功能，所以 C/T = 0。选择定时器 0，为实现定时器 0 的运行控制 GATE = 0。另外，定时器 1 不用，设置为 0，则 TMOD = 02H。

3）确定 TCON 中 TR0 和 TR1 定时器运行控制位的值，TR0 = 1 。

4）源程序如下：

```
            ORG     0000H
            LJMP    MAIN
            ORG     0030H
MAIN:       MOV     TMOD, #02H        ；赋值
            MOV     TH0, #82H         ；重载预置寄存器赋值
            MOV     TL0, #82H         ；定时常数赋值
            MOV     IE, #00H          ；禁止中断
            SETB    TR0               ；启动 T/C0 定时
            MOV     R1, #00H          ；R1 赋初值
            CLR     P1.2              ；点亮 P1.2 灯
            CLR     P1.3              ；点亮 P1.3 灯
LOOP＿2:    JBC     TF0, LOOP＿1       ；若 TF0 = 1 溢出则转移
            SJMP    LOOP＿2            ；TF0 = 0 表示 T/C1 未溢出继续
                                      ；查询
LOOP＿1:    INC     R1                ；R1 计数 + 1
            CJNE    R1, #0C8H, LOOP＿3 ；若 R1 ≠ 200 = 0C8H，则返回
            CPL     P1.2              ；R1 = 200, P1.2 灯取反
            CPL     P1.3              ；P1.3 灯取反
```

```
        MOV    R1，#00H              ；R1 返回初值
LOOP_3：LJMP   LOOP_2              ；返回 LOOP_2
        END
```

实例程序运行效果：在完成了源文件建立、汇编、下载的步骤后，单片机自动运行该程序。安装在 P1.2 和 P1.3 接口的灯按定时各 50ms 规律亮灭。

程序点评：程序中使用了定时器 0，选择了定时器方式为工作方式 2（即自动重新装载方式）。计数溢出采用查询方式。

4. 编程练习二（定时器：中断方式）

【例 3-56】 使用定时器 1，采用工作方式 0 和中断方式。晶振频率为 6MHz，一个机器周期 2μs。设计产生一个周期 500μs 的连续等宽方波，并控制 P1.0、P1.1 两个灯亮灭各定时 20ms 循环闪烁源程序

1）计算计数初始值。因为是周期为 500μs 的等宽方波，则该等宽方波由占空比 50% 的高、低电平组成。高低电平各为 250μs，则 250μs × 200 = 50ms。另外，工作方式 0（mode 0）是 13 位计数结构。

$(2^{13} - X) \times 2μs \times 10^6 2 = 250μs \times 10^6$，X = 8192 − 125 = 8067

8067 ÷ 256 = 31 余 131 31 ÷ 16 = 1 余 15 = 1FH = 11111B（因为余数 15 = FH）

余数 131 ÷ 16 = 8 余 3 = 83H = 10000011B

X = 8067 = 1111110000011B，高 8 位 = 11111100 放入计数器 1 的计数存储器 TH1 = 11111100B，则 TH1 = 0FCH。低 5 位 = 00011B 放入计数器 1 的低位计数存储器 TL1 = 03H。

2）工作方式控制寄存器 TMOD 的初始化。因为采用工作方式 0，所以 M1M0 = 00。又因为选择定时功能，所以 C/T = 0。选择了定时器 1，为实现定时器 1 的运行控制 GATE = 0。另外，定时器 0 不用，有关为设置为 0，则 TMOD = 00H。

说明：根据条件设置 TMOD = 00H，看似使用定时器 1 或使用定时器 0 没有区别，但是在程序中的指令是启动定时运行位控制 TR1，只能使用定时器 1。这一点应特别注意。

3）确定 TCON 值。TR1 = 1 在程序中设置（因为使用定时器 1），其他位为 0，TCON = 00H。

4）确定中断允许控制寄存器（IE）数值。

EA = 1，中断总允许；ET1 = 1，允许定时器 1 定时中断，IE = 88h = 10001000B。

5）确定中断入口。定时器 1 的中断入口为 001BH。

6）确定 IP 值。因只有一个中断，可以不设置优先级，仍保持复位状态 IP = 00H。

7）源程序如下：

```
        ORG    0000H
```

```
          LJMP    MAIN
          ORG     001BH                ; 中断入口
          LJMP    LOOP
          ORG     0030H
MAIN:     MOV     TMOD, #00H           ; 定时器 1 工作方式 0 赋值
          MOV     TH1, #0FCH           ; 定时常数高 8 位赋值
          MOV     TL1, #03H            ; 定时常数低 5 位赋值
          MOV     IE, #88H             ; 中断总允许, 允许定时中断
          MOV     R1, #00H             ; R1 赋初值
          CLR     P1.0                 ; 点亮 P1.0 灯
          CLR     P1.1                 ; 点亮 P1.1 灯
          SETB    TR1                  ; 启动 T/C1 定时
          SJMP    $                    ; 等待中断
LOOP:     MOV     TH1, #0FCH           ; 重复赋值
          MOV     TL1, #03H
          INC     R1                   ; R1 计数 +1
          CJNE    R1, #0C8H, LOOP_1    ; 若 R1≠200 则返回
          CPL     P1.0                 ; R1 =200, P1.0 灯取反
          CPL     P1.1                 ; P1.1 灯取反
          MOV     R1, #00H             ; R1 返回初值
LOOP_1:   RETI                         ; 返回中断
          END
```

实例程序运行效果：在完成了源文件建立、汇编、下载的步骤后，单片机自动运行该程序。安装在 P1.0 和 P1.1 的灯按定时各 50ms 规律亮灭。

程序点评：程序中使用了定时器 1，选择了定时器工作方式 0。计数溢出采用中断方式。

【例 3-57】　使用定时器 0，采用工作方式 2 和中断方式。晶振频率为 6MHz，一个机器周期 2μs。设计产生一个周期 500μs 的连续等宽方波，并控制 P1.2、P1.3 两个灯亮灭各定时 50ms 循环闪烁的源程序

1）计算计数初始值。因为是周期为 500μs 等宽方波，则该等宽方波由占空比 50% 的高、低电平组成。高、低电平各为 250μs，则 250μs × 200 =50ms。另外，工作方式 2 （mode 2）是 8 位计数结构。

$(2^8 - X) \times 2\mu s \times 10^6 2 = 250\mu s \times 10^6$，解得：X = 255 - 125 = 130，130 ÷ 16 = 8，余 2 =82H =10000010B。将 82H 分别装入 TH0 和 TL0 中。

2）工作方式控制寄存器 TMOD 的初始化。因为采用工作方式 2，所以 M1M0 =10。又因为选择定时功能，所以 C/T =0。选择定时器 0，为实现定时器 0 的运行

控制，应使 GATE = 0。另外，定时器 1 不用，有关位设置为 0，则有 TMOD = 02H。

3）确定 TCON 值。TR0 = 1 在程序中设置（因为使用定时器），其他位为 0，TCON = 00H。

4）确定中断允许控制寄存器（IE）数值。

EA = 1，中断总允许；ET0 = 1　允许定时器 0 定时中断，IE = 82H = 10000010B。

5）确定中断入口。定时器 0 的中断入口为 000BH。

6）确定 IP 值。因只有一个中断，可以不设置优先级，仍保持复位状态 IP = 00H。

7）源程序。

```
              ORG    0000H
              LJMP   MAIN
              ORG    000BH
              LJMP   LOOP
              ORG    0030H
MAIN：        MOV    TMOD, #02H        ; 工作方式 2 赋值
              MOV    TH0, #82H         ; 重载预置寄存器赋值
              MOV    TL0, #82H         ; 定时常数赋值
              MOV    IE, #82H          ; 允许总中断 允许定时器 0 中断
              SETB   TR0               ; 启动 T/C0 定时
              MOV    R1, #00H          ; R1 赋初值
              CLR    P1.2              ; 点亮 P1.2 灯
              CLR    P1.3              ; 点亮 P1.3 灯
              SJMP   $                 ; 等待中断
LOOP：        INC    R1                ; R1 计数 +1
              CJNE   R1, #0C8H, LOOP_1 ; 若 R1≠200 = 0C8H 则返回
              CPL    P1.2              ; R1 = 200, P1.2 灯取反
              CPL    P1.3              ; P1.3 灯取反
              MOV    R1, #00H          ; R1 返回初值
LOOP_1：      RETI                     ; 返回中断
              END
```

实例程序运行效果：在完成了源文件建立、汇编、下载的步骤后，单片机自动运行该程序。安装在 P1.2 和 P1.3 的灯按定时各 50ms 规律亮灭。

程序点评：程序中使用了定时器 0，选择了定时器方式工作方式 2（即自动重新装载方式）。计数溢出采用中断方式。

【例 3-58】　利用定时器 T/C0 控制 P1.7 灯闪烁，定时时间为 1s，采用中断方

式

1）确定 TMOD 值。选用 T/C0 做定时器，工作方式选工作方式 1，即 16 位定时器。TMOD = 0000 0001B = 01H。

2）计算定时常数。要求定时时间为 1s，选 T/C0 定时时间为 T/C0 = 0.1s，靠软件重复 10 次，总定时时间 $T = 10 \times 0.1s = 1s$。定时常数 T0 = 65536 − (100 × 10^3/2) = 65536 − 50000 = 15536。因为 T/C0 是由 2 个 8 位定时器组成，必须将 T0 分解为高 8 位 TH0 和低 8 位 TL0，即 TH0 = 15536/256 = 60 = 3CH，TL0 = 15536 − (256 × 60) = 176 = 0B0H。

3）确定 TCON 值。TR0 在程序中设置，其他位为 0，TCON = 00H。

4）确定 IE 值。EA = 1，允许总中断；ET0 = 1 允许 T/C0 定时中断；其他位为 0；IE = 1000 0010 = 82H。

5）确定 IP 值。因只有一个中断，可以不设置优先级，仍保持复位状态 IP = 00H。

6）确定中断服务程序地址入口 000BH。

7）源程序如下：

```
            ORG     0000H
            LJMP    MAIN                ；主程序入口
            ORG     000BH
            LJMP    INT _ T0            ；中断入口
            ORG     0030H
MAIN：      MOV     TMOD, #01H
            MOV     TH0, #3CH           ；定时常数赋值
            MOV     TL0, #0B0H
            MOV     IE, #82H            ；IE 赋值
            SETB    TR0                 ；开 T/C0
            MOV     R1, #00H            ；R1 赋初值
            CLR     P1.7                ；点亮 D1 灯
            SJMP    $                   ；等待中断
INT _ T0：  MOV     TH0, #3CH           ；重复赋值
            MOV     TL0, #0B0H
            INC     R1                  ；R1 计数 +1
            CJNE    R1, #0AH, LOOP _ 1  ；若 R1 ≠ 10 则返回
            CPL     P1.7                ；R7 = 10 到 1s，D1 灯取反
            MOV     R1, #00H            ；R1 返回初值
LOOP _ 1：  RETI                        ；中断返回
            END
```

实例程序运行效果：在完成了源文件建立、汇编、下载的步骤后，单片机自动运行该程序。安装在 P1.7 的灯按 1s 的定时规律亮灭。

程序点评：程序中使用了定时器 0，选择了定时器方式工作方式 1，计数溢出采用中断方式。

三、定时器/计数器（TC0/TC1）的计数功能

一般定时器/计数器的计数功能是依靠（TC0/TC1）外部脉冲输入到芯片 P3.4 和 P3.5 引脚的脉冲计数来实现的。计数器的计数脉冲是对一个有效计数脉冲（前 1 个机器周期为高电平、后 1 个机器周期为低电平）进行计数器加 1，累积计数个数。一般使用中，当累积到计满溢出时产生计数中断，执行中断控制程序。若一个外部计数脉冲就能实现一个中断请求，执行一个中断控制程序，则计数器每对外部计数脉冲计数一次就执行一次中断。

另外，定时器/计数器的计数功能也可以对内部脉冲计数实现。其计数方法与定时中断方法相同，因为定时器/计数器（TC0/TC1）的定时功能是依靠计数实现的。

1.【例 3-59】 每按下一次小键盘上的"+1"键，8 个灯往返闪烁一次的源程序

```
            ORG    0000H
            LJMP   MAIN           ;主程序入口
            ORG    000BH          ;计数中断 0
            LJMP   XX1            ;中断入口
            ORG    0030H
MAIN:       MOV    TMOD, #06H     ;使用计数器 T/C0 计数方式、工作方
                                 ;式 2
            MOV    TH0, #0FFH     ;计数初始值赋值
            MOV    TL0, #0FFH
            MOV    IE, #83H       ;IE 赋值总中断、计数中断、外中断开
                                 ;启
            SETB   TR0            ;开 T/C0
XX1:        JB     P2.0, XX1      ;当 P2.0 = 1 时转移至 XX1（检测 +1
                                 ;键）
            SETB   P3.4
            CLR    P3.4
            MOV    R0, #08H       ;R0 赋初值
            MOV    A, #0FEH       ;R1 赋初值
LOOP_1:     MOV    P1, A          ;输出
            LCALL  DELAY          ;延时 0.5s
```

```
              RL       A                 ; A 左移 1 位
              DJNZ     R0, LOOP_1        ; R0 - 1≠0 转移
              MOV      R0, #07H          ; 位数赋值
              MOV      A, #0BFH          ; 初始化
    LOOP_2:   MOV      P1, A             ; 输出
              LCALL    DELAY             ; 延时 0.5s
              RR       A                 ; A 右移 1 位
              DJNZ     R0, LOOP_2
              MOV      A, #0FFH
              MOV      P1, A
              LCALL    DELAY             ; 延时 0.5s
              RETI
    DELAY:    MOV      R5, #05H
    X_2:      MOV      R6, #64H
    X_1:      MOV      R7, #0EAH
              DJNZ     R7, $
              DJNZ     R6, X_1
              DJNZ     R5, X_2
              RET
              END
```

实例程序运行效果：在完成了源文件建立、汇编、下载的步骤后，当单片机运行该程序后，每按下一次小键盘上的"+1"键，8 个灯往返闪烁一次。

程序点评：程序中使用了计数器 0，对应的外部脉冲输入端是 P3.4，并选择了计数器工作方式 2。计数溢出采用中断方式。因为计数初始值 TH0 = 0FFH，TL0 = 0FFH。所以，每当有一个外部计数脉冲就产生一次中断，8 个灯往返闪烁一次。计数 0 中断程序入口时 000BH，IE 赋值总中断、计数中断、外中断开启。

2. 编程练习

【例 3-60】　计数器源程序（每按下一次小键盘上的"+1"键，显示器加 1 计数显示的源程序）

按项目要求设置计数器各寄存器初始值如下：

1）确定 TMOD 值。选用 T/C0 做定时器，工作方式选择工作方式 3，即 8 位定时器。

TMOD = 0000 0110B = 06H。

2）计算定时常数。

项目要求当每按下一次小键盘上的"+1"键计数器就对外部计数脉冲计数一次，执行一次中断，则显示器加 1 计数显示。因为计数初始值为 TH0 = 0FFH，TL0

=0FFH。

3）确定 TCON 值。其中 TR0 作为 T/C0 的启动在程序中设置。TF0 溢出执行计数中断。

4）中断允许控制寄存器 IE 值。中断总允许 EA = 1，计数中断允许 ET0 = 1，允许外中断方式 EX0 = 1，则 IE = 83H。

5）确定 IP 值。因只有一个中断，可以不设置优先级，仍保持复位状态 IP = 00H。

6）确定中断服务程序地址入口 000BH。

7）源程序如下：

```
            DIN     BIT     P3.3        ；定义 164 数据输入端
            CLK     BIT     P3.4        ；定义 164 移位时钟端
            ORG     0000H
            LJMP    MAIN
            ORG     000BH               ；计数中断 0
            LJMP    YY1                 ；中断入口
            ORG     0030H
    MAIN：  MOV     TMOD，#06H          ；使用计数器 T/C0 计数方式、工作
                                        ；方式 3
            MOV     TH0，#0FFH          ；计数初始值赋值
            MOV     TL0，#0FFH
            MOV     IE，#83H            ；IE 赋值总中断、计数中断、外中断
                                        ；开启
            SETB    TR0                 ；开 T/C0
            MOV     20H，#00H           ；初始数据送缓冲区
    M_1：   LCALL   BEFORE             ；数据分离处理
            LCALL   FORM               ；转换为字形码
            LCALL   DISP               ；数码管显示
    YY1：   JB      P2.0，YY1          ；当 P2.0 = 1 时转移至 XX1（检测
                                        ；+1 键）
            JNB     P2.0，YY1          ；当 P2.0 = 0 时转移至 XX1（检测
                                        ；+1 键）
            SETB    P3.4
            CLR     P3.4
            MOV     A，20H
            ADD     A，#01H             ；累加器 A 数据 +1
            DA      A                   ；十进制变换
```

```
            MOV    20H, A           ;累加器 A 数据存入 20H
            CJNE   A, #99H, M_1     ;累加器 A 数据不等于 99H 转移
            RETI                    ;返回中断
BEFORE：    MOV    A, 20H           ;调出数据
            ANL    A, #0FH          ;屏蔽高 4 位
            MOV    30H, A           ;低 4 位送 30H
            MOV    A, 20H           ;调出数据
            ANL    A, #0F0H         ;屏蔽低 4 位
            SWAP   A                ;换为低 4 位
            MOV    31H, A           ;高 4 位送 31H
            RET
FORM：      MOV    DPTR, #TAB       ;字形码首地址
            MOV    A, 30H
            MOVC   A, @A+DPTR       ;字形码查表
            MOV    30H, A           ;得字形码低位
            MOV    A, 31H
            MOVC   A, @A+DPTR
            MOV    31H, A           ;得字形码高位
            RET
DISP：      MOV    R0, #30H
            MOV    R7, #02H
XX2：       MOV    A, @R0
            MOV    R6, #08H
XX1：       RLC    A
            MOV    DIN, C
            SETB   CLK
            CLR    CLK
            DJNZ   R6, XX1
            INC    R0
            DJNZ   R7, XX2
            RET
TAB：       DB  0C0H, 0F9H, 0A4H, 0B0H, 99H
            DB  92H, 82H, 0F8H, 80H, 90H
            END
```

实例程序运行效果：在完成了源文件建立、汇编、下载的步骤后，单片机自动运行该程序后，每按下一次小键盘上的"+1"键，显示器就会加 1 显示计数。安

装在单片机上的两个数码管从"00"开始累加 1 显示，到"99"后循环。

程序点评：程序中使用了计数器 0，对应的外部脉冲输入端是 P3.4，并选择了计数器工作方式 3。计数溢出采用中断方式。因为计数初始值 TH0 = 0FFH，TL0 = 0FFH。所以，每按下一次小键盘上的"+1"键就有一个外部计数脉冲，产生一次中断，显示器加 1 计数显示。计数 0 中断程序入口是 000BH，IE 赋值总中断、计数中断、外中断开启。程序显示单元用了数据分离处理、转换为字形码、数码管显示模块，使用了数据比较条件转移指令。

另外，对小键盘上的"+1"键的扫描识别用了 P2.0 位状态判断指令。连续用了两条 P2.0 位状态判断指令是为了有效操作。

【例 3-61】　1kHz 信号产生器源程序（利用单片机内部时钟脉冲计数）

单片机产生的 1kHz 频率信号是占空比 50% 的方波，高、低电平各 500μs。每一个机器周期 2μs 计数一次，共需要计数 500μs ÷ 2μs = 250 次。

按项目要求设置计数器各寄存器初始值如下：

1）确定 TMOD 值。选用 T/C0 为计数器。工作方式选 mode 1，即 16 位定时器。

TMOD = 0000 0001B = 01H。

2）计算定时常数。

项目要求 P2.7 输出频率为 f = 1kHz，周期为 T = 1/1kHz = 1ms，占空比为 50%，据此定时器的定时时间应为 1ms/2 = 0.5ms。

定时常数 T0 = 65536 - $(0.5 \times 10^3/2)$ = 65536 - 250 = 65286。因为 T/C0 由 2 个 8 位定时器组成，必须将 T0 分解为高 8 位 TH0 和低 8 位 TL0，即 TH0 = 65286/256 = 255 = 0FFH，TL0 = 65286 - (256 × 255) = 65286 - 65280 = 06H。

3）确定 TCON 值。其中 TR0 作为 T/C0 的启动在程序中设置。TF0 由溢出中断。

4）中断允许控制寄存器 IE 值。中断总允许 EA = 1，计数中断允许 ET0 = 1，IE = 82H。

5）确定 IP 值。因只有一个中断，可以不设置优先级，仍保持复位状态 IP = 00H。

6）确定中断服务程序地址入口 000BH。

7）源程序如下：

```
          ORG    0000H
          LJMP   MAIN        ; 主程序入口
          ORG    000BH       ; 计数中断 0
          LJMP   XX1         ; 中断入口
          ORG    0030H
MAIN:     MOV    TMOD, #01H  ; 使用计数器 T/C0 计数方式、工作方式 1
```

```
        MOV     TH0，#0FFH      ；计数初始值赋值
        MOV     TL0，#06H
        MOV     IE，#82H        ；IE 赋值总中断、计数中断开启、外中断禁
                                ；止
        SETB    TR0            ；开 T/C0
        CLR     P2.7           ；蜂鸣器置低
        SJMP    $              ；等待计数中断
XX1：   MOV     TH0，#0FFH      ；定时常数重复赋值
        MOV     TL0，#06H
        CPL     P2.7           ；蜂鸣器取反
        RETI                   ；返回中断
        END
```

实例程序运行效果：在完成了源文件建立、汇编、下载的步骤后，单片机自动运行该程序后，安装在单片机上的蜂鸣器发出 1kHz 的音频信号。

程序点评：程序中使用了计数器 0 并选择了计数器工作方式 1。计数溢出采用中断方式，中断入口为 000BH。计数初始值 TH0 = 0FFH，TL0 = 06H，由于选择计数器工作方式 1，所以需要重新装载数据。

四、串行通信

MSC51 系列单片机具有一个全双工串行接口，即 P3.0（RXD）串行接收和 P3.1（TXD）串行发送。所谓"全双工"即发送和接收可以同时进行。"半双工"也可以发送和接收，但不能同时进行。"单工"只具有发送或接收一种功能。串行接口可以在单片机之间进行通信，也可以与 PC 进行通信。利用串行接口将主 MCU 与各分 MCU 组成一套复杂的系统。例如，汽车控制系统就是一种网络化的综合控制系统。由于单片机的显示和存储功能有限，因而与 PC 通信就是非常必要的，对一些复杂的控制系统需要以局部单片机组成一套控制网。本节将分别介绍这两种通信方式。串行接口的最重要功能就是通信能力，当然 P3.0/P3.1 也可以作为通用端口进行输入和输出。

1. 单片机之间通信

（1）【例 3-62】　单片机串行接口自发自收数据并在 P1 口显示该数据的编程

```
        ORG     0000H
        SJMP    MAIN
MAIN：  MOV     TMOD，#00100000B   ；定时器 T1 模式 2
        MOV     PCON，#10000000B   ；SMOD = 1
        MOV     TL1，#0F3H         ；2400bit/s
        MOV     TH1，#0F3H         ；TL = TH1
        MOV     SCON，#01010000B   ；串行模式 1，REN = 1
```

```
MOV     A, #89H          ; 数据送 ACC
SETB    TR1              ; 开始波特率
MOV     SBUF, A          ; 发送数据
JNB     Ri, $            ; Ri = 0 等待
CLR     Ri               ; Ri = 1 收一字节, RI 清 0
MOV     P1, SBUF         ; 字节送 P1 显示
CLR     Ti               ; 清 Ti
SJMP    $
END
```

实例程序运行效果：在完成了源文件建立、汇编、下载的步骤后，用飞线将 P3.0 与 P3.1 短接。当单片机运行该程序后，P1 口的灯按照数据 89H = 10001001B 亮灭（0 表示亮，1 表示灭）。

程序点评：程序中使用了计数器 0，对应的外部脉冲输入端是 P3.4，并选择了计数器工作方式 2。计数溢出采用中断方式。因为计数初始值 TH0 = 0FFH，TL0 = 0FFH。所以，每当有一个外部计数脉冲就产生一次中断，8 个灯往返闪烁一次。计数 0 中断程序入口时 000BH，IE 赋值总中断、计数中断、外中断开启。

（2）异步串口通信的字符格式

数据传送分为串行和并行，通信又分为异步和同步。单片机使用的是串行异步方式。它以字符为单位，一个字符一个字符地传送。在通信格式中有两种：8 位 UART 和 9 位 UART，如图 3-5 所示。

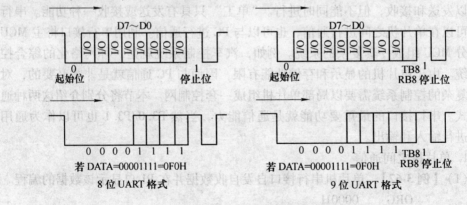

图 3-5　异步通信格式

8 位 UART 格式中，起始位（1）+ 数据位（8）+ 停止位（1），共 10 位作为 1 帧进行传送。9 位 UART 格式中，起始位（1）+ 数据位（8）+ 奇偶位（1）+ 停止位（1），共 11 位作为 1 帧进行传送。一般异步通信按 8 位 UART 格式。从起始位开始到停止位结束的全部内容称为一帧。帧是一个字符的完整通信格式。异步

串行通信是一帧接一帧进行的，传送既可以是连续的，也可以是断续的。

UART（Universal Asynchronous Receiver Transmitter）是非同步接收发送器，也就是异步通信方式。

（3）串行通信的传送速率及通信波特率的计算

MCS51 系列单片机串行接口组成的通信系统是一种异步通信系统。通信双方在发送与接收时，只靠通信双方的软件控制同步。有两个条件必须保证，即通信双方传送的数据格式必须一致，通信双方传送的数据传输速率（也就是波特率）必须一致。

波特率（Baud）定义为每秒传送的二进制位的个数，单位是 bit/s。例如，波特率为 2400bit/s，就是每秒传送 2400 个二进制位。

波特率在串行口异步通信中是一个由用户决定的保证通信可靠的重要参数。波特率的确定一般可分为以下两个步骤：

1）定时器设置。在异步通信方式中，常用定时器作为波特率发生器。定时器必须设置为定时器 T1。定时器的工作方式选择工作方式 2。TL1 作为工作 8 位计数器，TH1 作为预置 8 位计数器。当 TL1 计数满溢出后，TH1 预置的内容自动装入 TL1 内，保证连续工作。因此，定时器控制寄存器 TMOD = 0010 0000B = 20H。

2）波特率计算。确定 T1 作为波特率发生器后，接下来要根据波特率要求值计算出 TH1 = TL1 的数值。再根据实际 TH1、TL1 的值计算出实际波特率，并与标准波特率的误差要不大于 2.5%。波特率越高，通信速度越快，效率也就越高，但稳定性、正确性的保证就越困难。一般对单片机的数据通信要求不很高，用串行接口即可达到，为 2400 ~ 9600bit/s 范围。下面按步骤进行波特率计算。

①波特率计算公式：$Buad = (2^{smod}/32)(f_{osc}/12(256 - n))$。
式中，smod 是电源控制 PCON 寄存器的 PCON.7 位，复位后 PCON.7 = 0，若计算需要也可设为 1；f_{osc} 是 MCU 的晶体振荡频率，取 $f_{osc} = 6MHz = 6 \times 10^6 Hz$；$n$ 是 TH1（TL1）定时常数。

②若 Baud = 2400bit/s，则

$$n = 256 - (2^{smod} f_{osc})/(12 \times 32 \times Baud)$$
$$n = 256 - (2^0 \times 6 \times 10^6)/(12 \times 32 \times 2400)$$
$$n = 256 - 6.5 = 249.5$$

因定时常数必须为整数，所以取 $n = 249$。

将 n 代入公式反算 Baud：$Baud = (2^0 \times 6 \times 10^6)/12 \times 32 \times (256 - 249) bit/s = 2232bit/s$，与标准波特率 2400bit/s 的误差为 $e = (2400 - 2232)/2400 = 7\%$，超出了不大于 2.5% 误差的要求。

设 smod = 1，即电源控制 PCON 寄存器的 PCON.7 位为 1，则 PCON = 1000 0000B = 80H 此时重新计算 n：

$$n = 256 - (2^{smod} f_{osc})/(12 \times 32 \times Baud)$$

$$n = 256 - (2^1 \times 6 \times 10^6) / (12 \times 32 \times 2400)$$
$$n = 256 - 13 = 243$$

将 n 代入公式反算 Baud：Baud $= (2^1 \times 6 \times 10^6) / 12 \times 32 \times (256 - 243) \text{bit/s} =$ 2403bit/s，与标准波特率 2400bit/s 的误差为 $e = (2403\text{bit/s} - 2400\text{bit/s}) / 2400\text{bit/s}$ $= 0.125\%$，在 $\leqslant 2.5\%$ 误差的范围内。因而，取 smod $= 1$，PCON $= 1000\ 0000\text{B} =$ 80H 是合适的。

③若 Baud $= 9600\text{bit/s}$，$n = 256 - (2^1 \times 6 \times 10^6) / (12 \times 32 \times 9600) = 256 - 3 =$ 253，TL1 $=$ TH1 $= 253 = 0\text{FDH}$ 即可满足要求，且 PCON $= 1000\ 0000\text{B} = 80\text{H}$。

(4) 串行通信控制寄存器

MCS51 系列单片机提供给用户的串行通信控制寄存器有 3 个，在设计使用串行通信服务程序前首先要对所选定的串行通信寄存器进行正确初始化（值）的设置。

1) 串行接口控制寄存器 SCON 设置 串行接口控制寄存器 SCON 是一个可位寻址的专业寄存器，用于串行数据通信控制。单元地址为 98H，位地址为 9FH ~ 98H。寄存器内容及位地址表示如下：

位地址	9FH	9EH	9DH	9CH	9BH	9AH	99H	98H
位符号	SM0	SM1	SM2	REN	TB8	RB8	TI	RI

①SM0 和 SM1 是串行接口工作模式选择位，共有 4 种模式见表 3-3。

表 3-3　串行接口工作模式选择

SM0	SM1	模式	功　能	波特率
0	0	0	同步移位寄存器	$f_{osc}/12$
0	1	1	8 位 UART	可变
1	0	2	9 位 UART	$f_{osc}/64$ 或 $f_{osc}/32$
1	1	3	9 位 UART	可变

②SM2：是多机通信使能位，通常设为 0。

③REN：允许接收位。由软件设置，REN $= 1$，允许接收；REN $= 0$，禁止接收。

④TB8：发送数据的第 9 位。可以由软件置"1"或置"0"，也可以作为奇偶校验位。

⑤RB8：接收数据的第 9 位。

⑥TI：发送结束标志。当 TI 由 0 变为 1 时，表示 SBUF 缓冲区一帧数据发送结束，可以作为查询标志，也可以作为中断申请标志，但 TI 必须由软件清"0"，准备下一次发送。

⑦RI：接收结束标志。当 RI 由 0 变为 1 时，表示 SBUF（串行数据缓冲专业寄存器）缓冲区一帧数据接收结束，可以作为查询标志，也可以作为中断申请标志，RI 由软件清"0"。

2）电源控制寄存器 PCON。专业寄存器 PCON 是 MCS51 系列单片机为电源控制设置的。单元地址位为 87H，不可位寻址。其内容如下：

位序	B7	B6	B5	B4	B3	B2	B1	B0
位符号	SMOD	/	/	/	GF1	GF0	PD	ID

在 CMOS 的单片机中，该寄存器除最高位之外其他位都没有意义。最高位 SMOD 是串行接口波特率的倍增位。当 SMOD = 1 时，串行接口波特率加倍，单片机复位后 SMOD = 0。

3）中断允许寄存器 IE。寄存器 IE 已经介绍过，在串行数据通信中的应用如下：

MSB							LSB
位地址	0AFH	0AEH	0ADH	0ACH	0ABH	0AAH	0A9H	0A8H
位符号	EA	×	ET2	ES	ET1	EX1	ET0	EX0

①EA 为中断总允许控制位。若 EA = 0，禁止一切中断；EA = 1，中断条件总允许。

②ES 为串行接口中断允许位。若 ES = 0，此位禁止；ES = 1，此位允许有效（EA = 1 时）。

单片机复位后，IE = 00H 禁止一切中断。

（5）串行接口数据发送与接收过程的设置步骤

单片机串行通信工作对工作方式 1、2、3 只是数据传输的帧格式不同，但过程机制是相同的。在设置串行控制寄存器 SCON 时注意这一点。

1）确定 SCON。若用工作方式 1，发送和接收有效，SCON = 01010000B，REN = 1 允许接收。

2）确定 TCON。设置定时器 T1 作为波特率发生器，定时器的工作方式选择方式 2，则定时器控制寄存器 TCON = 00100000B。

3）按确定的波特率计算 TL1，TH1（TL1 = TH1）。

4）TR1 = 1，启动波特率发生器。

5）数据送 ACC。

6）ACC 数据送串行数据缓存寄存器 SBUF；单片机（MCU）立即开始从串行接口发送数据。直到 TI = 1 表示一帧数据发送结束，且 TI 清"0"。

7）查询 RI 是否等于 1。若为 1 表示一帧数据接收完成，RI 清"0"，并将 SBUF 中的数据送 ACC，转数据处理。

注意：串行接口的 SBUF 作为发送和接收共用的缓冲区。波特率发生器只能用定时器 T1。

2. 单片机与 PC 之间通信

要更好地发挥单片机（MCU）的能力与 PC 的通信是不可缺少的。MCS51 系列单片机本身具有一个串行接口，而且是 TTL/CMOS 电平标准（即逻辑"1"为 5V，逻辑"0"为 0V）。但 PC 串行接口的通信标准却使用的是 RS-232C 协议标准，其电平与 TTL/CMOS 电平不同。

RS-232C 是计算机与 MCU 之间进行通信的协议标准是由美国电子工业协会制订的。RS（Recommended Standard）意思为推荐标准，232 是一个标识号码，C 表示该标准已被修改的次数。

实验机安装有型号 MAX232 的电平转换芯片，任务是将 MCU 串行接口的 TTL/CMOS 电平（高电平 5V，低电平 0V）转换为 RS-232C 电平（低电平 −3 ～ −15V，高电平 +3 ～ +15V）。因此，若 PC 有 D 形插座（9 脚）可以直接用本款单片机提供的下载线连接单片机与 PC。

对于没有 D 形插座（9 脚）的 PC，仅有 USB 接口的用户可以选用一款 USB/RS-232 转换器，再通过与本款单片机提供的下载线连接单片机与 PC。

实验机与 PC 连接与调试请查看本书的第一章相关内容。

（1）串行口调试助手的下载与安装

在调试 MCU 与 PC 的串行通信时，PC 要发送数据到 MCU，并且要接收 MCU 发送来的数据。单片机与 PC 之间的通信是通过 PC 的通信界面软件完成的。通常 PC 端的应用软件要独立设计，为了调试方便可以借助"串口调试助手"软件单独调试 MCU 部分。串行接口调试助手可以由互联网上下载。

（2）单片机与 PC 之间的通信练习

【例 3-63】 MCU 发送 16 个十六进制数 50H，由 PC 接收后显示在屏幕上

1）MCU 侧发送源程序如下：

```
        ORG    0000H
        SJMP   MAIN
        ORG    0030H
MAIN:   JNB    P2.0, M_1
        SJMP   MAIN
M_1:    LCALL  DELAY_1    ; 消抖动延时 10ms
        JNB    P2.0, M_2  ; 确实按下，转 M_2
        SJMP   MAIN
M_2:    MOV    TMOD, #20H ; T1 方式 2
        MOV    PCON, #80H ; SMOD = 1
        MOV    SCON, #50H ; 串口方式 1
        MOV    TH1, #0F3H ; 2400bit/s，6MHz
```

```
            MOV      TL1, #0F3H
            SETB     TR1
            MOV      R7, #10H          ; 发送字符数
 LOOP _ 1：  MOV      A, #50H           ; 发送字符赋值
            LCALL    FA                ; 发送子程序
            DJNZ     R7, LOOP _ 1      ; 不够 16 转
            SJMP     $                 ; 发送完停止
 FA：        MOV      SBUF, A           ; 发送开始
            JBC      TI, EXIT _ 1      ; TI = 1 发送完 1 字符转
            SJMP     FA                ; TI = 0 继续查询
 EXIT _ 1：  RET                       ; 返回
 DELAY _ 1： MOV      R6, #10H
 D _ 1：     MOV      R7, #0EAH
            DJNZ     R7, $
            DJNZ     R6, D _ 1
            RET
            END
```

2）将上面源程序下载到 STC89C51RD 片内。

3）启动"串口调试助手"。

读者注意：若 STC 用 COM1 串口下载，而"串口调试助手"也用 COM1，为避免冲突，要在 STC 下载后，重启计算机。若"串口调试助手"已安装在计算机上，则双击 Uart Assist（异步接收发送器助手），显示"串口调试助手"界面。

设置通信参数：

串口号：COM1（若用 USB/RS232 转换器，则按系统的串口号设置）；

波特率：2400　（若用 11.059MHz 晶体，则为 9600）；

校验位：NONE（无）；

数据位：8 位；

停止位：1 位；

接收区设置："✓"十六进制显示。

PC 设置完后打开屏幕串行接口，显示红色标志表示串行接口已通。

SXX-1 机上电并复位后，按"+1"键（P2.0），开始发送字符，在 PC 的接收区屏幕上立即显示 50　50　50　50…50 共 16 个字符，如图 3-6 所示。

【例 3-64】　PC 发送 16 进制数 50H，由 MCU 接收后显示在 P1 口

1）MCU 侧接收源程序如下：

```
            ORG      0000H
            SJMP     MAIN              ; 转主程序
```

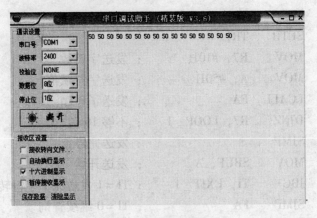

图 3-6 PC 串口接收

```
            ORG      0030H
MAIN:       JNB      P2.0, M_1
            SJMP     MAIN
M_1:        LCALL    DELAY_1
            JNB      P2.0, M_2
            SJMP     MAIN
M_2:        MOV      TMOD, #20H
            MOV      PCON, #80H
            MOV      SCON, #50H
            MOV      TH1, #0F3H
            MOV      TL1, #0F3H
            SETB     TR1
            LCALL    SHOU
            SJMP     $
SHOU:       JBC      RI, EXIT
            SJMP     SHOU
EXIT:       MOV      A, SBUF
            MOV      P1, A
            RET
DELAY_1:    MOV      R6, #0AH
D_1:        MOV      R7, #0EAH
            DJNZ     R7, $
            DJNZ     R6, D_1
            RET
            END
```

2）将上面源程序下载到 STC89C51RD 片内。

3）执行。先重启计算机，双击 Uart Assist，进入"串口通信助手"界面。串口参数设置同例 3-63，打开屏幕串口显示红色标志，十六进制发送。

4）SXX-1 机上电，复位后按下"＋1"键进入接收状态。在屏幕的发送区键入 50，点击"发送"，在 SXX-1 机的 P1 口显示 01010000B，表示 MCU 接收正常，如图 3-7 所示。

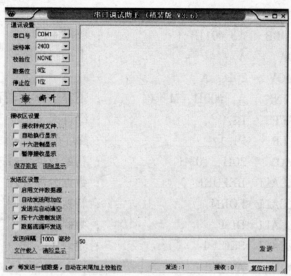

图 3-7　PC 发送字符

也可以单击"清除显示"，SXX-1 机复位，按下"＋1"进入接收状态．在屏幕发送区键入 50，点击"发送"SXX-1 机应重复出现 0101 0000B。

以上各例，其硬件资源范围只限于实验机本身。

五、应用举例

【例 3-65】　某交通路口红绿灯控制进行技术改造，增加倒计时显示功能。改造后的交通路口红绿灯控制要求：东西绿灯亮 5s 并开始倒计时显示。计时结束后绿灯关闭。黄灯亮 3s 并倒计时。黄灯结束后红灯亮 8s 并进入倒计时。红灯结束后后返回初始状态进入循环控制

设：绿灯是 P1.0 位，黄灯是 P1.1 位，红灯是 P1.2 位。

源程序：

```
DIN    BIT    P3.3      ;定义 164 数据输入端
CLK    BIT    P3.4      ;定义 164 移位时钟端
ORG    0000H
LJMP   MAIN
ORG    0030H
```

```
MAIN:     CLR     P1.0
          MOV     20H, #05H          ; 初始数据送缓冲区
M_1:      LCALL   BEFORE             ; 数据分离处理
          LCALL   FORM               ; 转换为字形码
          LCALL   DISP               ; 数码管显示
          LCALL   SEC_1              ; 延时 1s
          MOV     A, 20H
          SUBB    A, #01H            ; 数据 +1
          DA      A                  ; 十进制变换
          MOV     20H, A
          CJNE    A, #00H, M_1       ; 不等于 60H 转移
          SETB    P1.0               ; 绿灯灭
          CLR     P1.1               ; 黄灯亮
          MOV     20H, #03H          ; 初始数据送缓冲区
M_2:      LCALL   BEFORE             ; 数据分离处理
          LCALL   FORM               ; 转换为字形码
          LCALL   DISP               ; 数码管显示
          LCALL   SEC_1              ; 定时 1s
          MOV     A, 20H
          SUBB    A, #01H            ; 数据 -1
          DA      A                  ; 十进制变换
          MOV     20H, A
          CJNE    A, #00H, M_2       ; 不等于 00H 转移
          SETB    P1.1               ; 黄灯灭
          CLR     P1.2               ; 红灯亮
          MOV     20H, #08H          ; 初始数据送缓冲区
M_3:      LCALL   BEFORE             ; 数据分离处理
          LCALL   FORM               ; 转换为字形码
          LCALL   DISP               ; 数码管显示
          LCALL   SEC_1              ; 定时 1s
          MOV     A, 20H
          SUBB    A, #01H            ; 数据 -1
          DA      A                  ; 十进制变换
          MOV     20H, A
          CJNE    A, #00H, M_3       ; 不等于 00H 转移
          SETB    P1.2               ; 红灯灭
```

```
              LJMP    MAIN                 ;重新循环
BEFORE:       MOV     A, 20H               ;调出数据
              ANL     A, #0FH              ;屏蔽低 4 位
              MOV     30H, A               ;低 4 位送 30H
              MOV     A, 20H               ;调出数据
              ANL     A, #0F0H             ;屏蔽高 4 位
              SWAP    A                    ;换为低 4 位
              MOV     31H, A               ;高 4 位送 31H
              RET
FORM:         MOV     DPTR, #TAB           ;字形码首址
              MOV     A, 30H
              MOVC    A, @A+DPTR           ;字形码查表
              MOV     30H, A               ;得字形码低位
              MOV     A, 31H
              MOVC    A, @A+DPTR
              MOV     31H, A               ;得字形码高位
              RET
DISP:         MOV     R0, #30H
              MOV     R7, #02H
D_2:          MOV     A, @R0
              MOV     R6, #8
D_1:          RLC     A
              MOV     DIN, C
              SETB    CLK
              CLR     CLK
              DJNZ    R6, D_1
              INC     R0
              DJNZ    R7, D_2
              RET
SEC_1:        MOV     TMOD, #01H           ;赋值
              MOV     TH0, #3CH            ;定时常数高 8 位赋值
              MOV     TL0, #0B0H           ;定时常数低 8 位赋值
              SETB    TR0                  ;开 T/C0
              MOV     R1, #00H             ;R1 赋初值
LOOP_2:       JBC     TF0, LOOP_1          ;若 TF0 =1 溢出则转移
              SJMP    LOOP_2               ;TF0 =0 表示 T/C0 未溢出继续
```

```
                                        查询
LOOP_1： MOV    TH0, #3CH          ; 重复赋值
         MOV    TL0, #0B0H
         INC    R1                 ; R1 计数 +1
         CJNE   R1, #0AH, LOOP_2   ; 若 R1≠10 则返回
         RET
TAB：    DB  0C0H, 0F9H, 0A4H, 0B0H, 99H
         DB  92H, 82H, 0F8H, 80H, 90H
         END
```

实例程序运行效果：在单片机上手工输入并运行该程序，绿灯亮并从"05"开始倒计时并显示。绿灯计时、显示结束后，黄灯亮并从"03"开始倒计时并显示。黄灯计时、显示结束后，红灯亮并从"08"开始倒计时并显示。红灯计时、显示结束后返回初始状态开始循环控制。

程序点评：本程序采用绿灯、黄灯、红灯计时时间分别赋值。绿灯、黄灯、红灯三段计时、显示程序结构相同。本例中延时使用了定时程序。

第五节　汇编语言的软仿真调试

当一套汇编语言程序编辑完成并通过汇编后，只能说明程序语法正确，必须下载到目标机执行才能最终检验程序是否可行。不管是初学者或已有经验的设计者都不可能保证程序一次执行成功。一旦达不到设计预期结果可能有两种情况：一种是硬件有问题，另一种就是软件本身有问题。有时很难区分这两种情况。最有效的解决办法就是先进行软仿真调试。它可以在无需硬件条件的情况下利用跟踪、单步和设断点等方法一步步地执行程序并观察程序运行结果是否符合设计要求，再针对出现的错误进行修改直到全部通过为止。这对程序的下载执行准备了良好的条件。下面我们用各种实例进行边操作边熟悉。

一、汇编语言的软仿真软件

汇编语言的软仿真软件仍然用 Keil C51 V6.12 版编译调试软件。通过本章的学习我们已经能熟练地掌握了 Keil C51 V6.12 版编译软件对原指令程序进行编译、汇编方法、步骤。本节中将通过几个举例重点学习使用 Keil C51 V6.12 版编译软件，对已经完成汇编而且确定无汇编错误、无警告和已生成了后缀为".hex"的程序进行软仿真调试。

二、I/O 接口软仿真调试

1. 调试程序

```
     ORG     0000H
     LJMP    MAIN
```

```
            ORG      0030H
MAIN：   CPL      P1.0          ; 点亮灯 P1.0
            LCALL    DELAY         ; 延时 0.5s
            SETB     P1.0          ; 灯 P1.0 灭
            LCALL    DELAY         ; 延时 0.5s
            SJMP     MAIN          ; 转移到地址 MAIN
DELAY：MOV      R5，#05H       ; 延时 250×4×100×5
D _2：    MOV      R6，#64H
D _1：    MOV      R7，#0EAH
            DJNZ     R7，$
            DJNZ     R6，D _1
            DJNZ     R5，D _2
            RET
            END
```

2. 汇编

用 Keil C51 V6.12 编译软件汇编。将文件命名为 "exam _ 1" 并完成汇编而且确定无汇编错误、无警告和已生成了后缀为 ".hex" 的文件。

若程序汇编出错，则必须按系统信息栏的错误提示对程序进行修改，再次进行汇编，直到通过为止。否则无法产生 .hex 文件，更无法进入调试环境。只在程序汇编通过并产生 .hex 文件的条件下才可进入调试状态。

3. 软仿真调试操作步骤

下面为简化软仿真调试统称 "调试"。调试的目的是发现程序的错误。主要是观察工作寄存器、片内 RAM 单元、SFR 及转移的地址位置是否正确，软仿真调试窗口如图 3-8 所示。

1）单击主菜单上的 "调试" 按钮，在第 1 条（LJMP MAIN）指令处显示黄色图标，并显示调试菜单条。

2）单击调试菜单上的 "外围设备→I/O→Port→Port 1" （因为程序中使用了 P1 口），I/O 接口图标显示 P1 口状态 （可以拖动）。上排表示输出状态，下排表示输入状态。标志 "✓" 表示高电平，空白表示低电平。系统上电复位后，端口均处于高电平输入状态。

3）在调试菜单中单击 "跟踪" 按钮，再一下下按动键盘上的 "F11" 键，程序则一步步执行。经过指令 "CPL P1.0"，I/O 接口图标显示 P1 口状态可看到 P1.0 = 0 。

这里 "跟踪" 是一条条执行指令，进入延时指令后继续执行 "跟踪"，在左侧工作寄存器栏显示 R5 = 0x05，R6 = 0x64，R7 = 0xF6 数据一个个变化。先是 R7 不断减 1，一直到 R7 = 0 为止。然后 R6 减 1，再执行 R7 - 1 。如果有耐心的话，可以一直执行"跟踪",观察工作寄存器的变化。因为每执行一步 DJNZ R7，\$，等于延时 $2 \times 2 = 4\mu s$。总的延时时间 $t = 250 \times 4 \times 100 \times 5 = 500ms = 0.5s$。

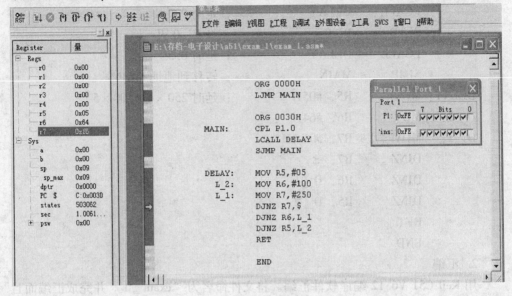

图 3-8   软仿真调试窗口

4）在调试菜单中单击"单步"按钮，再一下下按动键盘上的"F10"键，程序则一条条执行。经过指令"CPL   P1.0"时，I/O 接口图标显示 P1 口状态可看到 P1.0 = 0。在经过指令"SETB P1.0"时，I/O 接口图标显示 P1 口状态可看到 P1.0 = 1。执行 SJMP MAIN 程序转移到 MAIN。连续单击"单步"按钮，可看到 P1.0 由 1 到 0 不断变化。实际就反映了灯 P1.0 的亮和灭的变化。

"单步"调试是一种宏调试。它可以一次执行完子程序的全部指令，这与"跟踪"调试不同。

5）在调试菜单中单击"调试开始/停止"按钮，返回编辑状态。尽管这是为练习而举的例子，但不管程序如何复杂在程序正确的条件下方法是相同的。

三、间接寻址软仿真调试

1. 调试程序

```
        ORG     0000H
        LJMP    MAIN
        ORG     0030H
MAIN:   MOV     30H, #23H    ; 30H 赋值
        MOV     R0, #30H     ; R0 赋值
        MOV     P1, @R0      ; R0 间址内容送 P1
```

```
SJMP    $
END
```

2. 汇编

用 Keil C51 V6.12 版编译软件汇编。将文件命名为"exam_1"，并完成汇编而且确定无汇编错误、无警告和已生成了后缀为".hex"的文件。

若程序汇编出错，则必须按系统信息栏对错误的提示对程序进行修改，再次进行汇编，直到通过为止。否则无法产生 .hex 文件，无法进入调试环境。只在程序汇编通过并产生 .hex 文件的条件下才可进入调试状态。

3. 软仿真调试操作步骤

1）单击主菜单中的"调试"按钮，在第 1 条（LJMP　MAIN）指令处显示黄色图标，并显示调试菜单条。

2）单击调试菜单中的"外围设备→I/O-Port→Port 1"，显示 P1 口状态。

3）单击调试菜单的"视图→M 存储器"窗口，在信息栏显示存储器窗口。在地址栏输入 d：00，单击 Enter 键，显示片内 RAM 内容。初始状态全部为 0x00。

图 3-9　RAM 单元内容

4）单击调试菜单的"调试"→跟踪按钮，一步步执行到 SJMP $ 。可以看到程序执行结果：RAM 地址 0x30 内容为 0x23，寄存器 R0 内容为 0x30，P1 内容为 0010 0011 = 0x23，如图 3-9 ~ 图 3-11 所示。

以上例子虽然简单，但其操作方法对其他程序是通用的。它可以在无硬件条件下，准确地判断程序结果，对设计者是非常重要的一环。

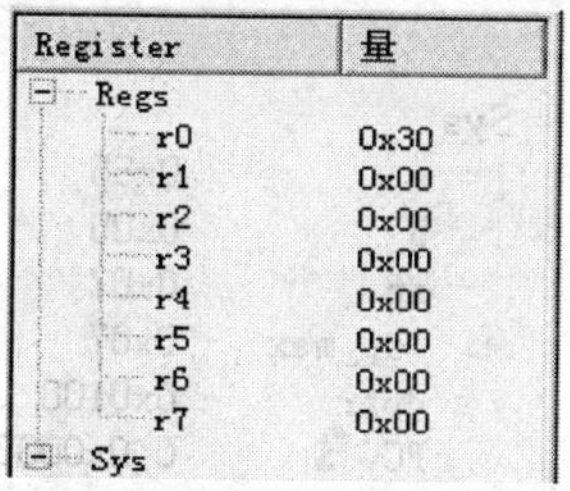

图 3-10　工作寄存器内容

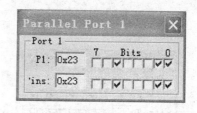

图 3-11　P1 状态

5）通过调试证明程序执行正确。单击"调试→开始→停止"返回编辑状态。

四、提取存储器代码软仿真调试

1. 调试程序

```
ORG     0000H
LJMP    MAIN
ORG     0030H
```

```
MAIN:   MOV     DPTR, #TAB
        MOV     A, #00H
        MOVC    A, @ A + DPTR
        MOV     P1, A
        SJMP    $
        ORG     0100H
TAB:    DB      55H
        END
```

2. 汇编

用 Keil C51 V6.12 版编译软件汇编。将文件命名为"exam _ 1",并完成汇编而且确定无汇编错误、无警告和已生成了后缀为".hex"的文件。

若程序汇编出错,则必须按系统信息栏对错误的提示对程序进行修改,再次进行汇编,直到通过为止。否则无法产生 .hex 文件,更无法进入调试环境。只在程序汇编通过并产生 .hex 文件的条件下才可进入调试状态。

3. 软仿真调试操作

1)单击主菜单中的"调试"按钮,在第1条指令处显示黄色图标,并显示调试菜单条。

2)单击调试菜单中的"外围设备→I/O Port→Port 1",显示 P1 口状态,如图3-12 所示。

3)单击调试菜单的视图/M 存储器窗口,在信息栏显示存储器窗口。在地址栏输入d: 00,单击 Enter 键,显示片内 RAM 内容,如图3-13 所示。初始状态全部为 0x00 。

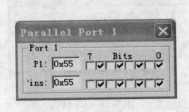

图3-12　P1 口状态

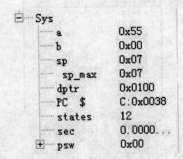

图3-13　工作寄存器内容

4)单击"跟踪"按钮,一步步地执行程序,到 SJMP $ 指令停止。

5)执行结果显示,DPTR = 0x0100,a = 0x55,P1 = 0x55 。通过调试,证明程序执行正确。单击"调试→开始→停止"按钮,返回编辑状态。

第六节　MCS51 系列单片机芯片介绍

MCS51 系列单片机具有多种型号。具体说按照其内部资源配置的不同，可分为两个子系列和 4 种类型，见表 3-4。

表 3-4　MCS51 系列单片机分类

子系列 \ 资源配置	片内 ROM 形式				片内 ROM 容量	片内 RAM 容量	定时器/计数器	中断源
	无	ROM	EPROM	E^2PROM				
51 子系列	8031	8051	8751	8951	4KB	128B	2×16	5
52 子系列	8032	8052	8752	8952	8KB	256B	3×16	6

80C51 系列单片机是在 MCS51 系列的基础上发展起来的，早期的 80C51 只是 MCS51 系列众多芯片中的一类，但是随着后来的发展，80C51 已经形成独立的系列，并且成为当前 8 位单片机的典型代表。

新一代的 80C51 兼容芯片，还在芯片中增加了一些外部接口功能单元，例如数-模（A-D）转换器、可编程计数器阵列（PCA）、监视定时器（WDT）、高速 I/O 接口、计数器的俘获/比较逻辑等。有些还在总线结构上做了重大改进，出现了廉价的非总线型单片机芯片。所有这些使新一代的兼容芯片已远非原来意义上的 80C51 了。

目前这些 80C51 的兼容芯片已开始在我国使用，其中尤以 PHILIPS 公司的同名芯片 80C51 及其派生产品最受欢迎，而 ATMEL 公司的闪速存储器（Flash ROM）型单片机芯片 AT89C51 等更是后来居上，大有取代传统 EPROM（Otp ROM）型芯片之势。AT89C 系列单片机主要特征见表 3-5。

表 3-5　AT89C 系列单片机的主要特征

序号	主 要 特 征	AT89C51	AT89C52	AT89C2051	AT89C1051
1	与 51 系列单片机	全兼容	全兼容	全兼容	全兼容
2	电可擦除写次数/次	1000	1000	1000	1000
3	工作电压范围 V_{CC}/V	2.7~6	2.7~6	2.7~6	2.7~6
4	编程电压/V	12/5	12/5	5	5
5	16 位定时器/计数器/个	2	3	2	1
6	中断源/个	5	8	5	3
7	全静态工作模式/MHz	0~24			
8	可编程 I/O 线	4×8	4×8	15	15
9	休眠与掉电模式	5mA/40μA	6.5mA/40μA	1mA/20μA	1mA/20μA
10	存储器	4KB/128B	8KB/265B	2KB/128B	1KB/128B
11	封装形式	40 引脚 DIP	40 引脚 DIP	20 引脚 DIP	20 引脚 DIP

一、MCS51 系列单片机的指令系统

单片机指令系统是芯片生产厂商定义并为用户提供的软件资源。不同的生产厂商生产的单片机芯片型号系列不同所定义的单片机指令系统也不同。自然按照不同指令系统编写的汇编程序也不能相互移植。

1. 指令系统的助记符表示法

单片机从存储器内读出的指令实际上是一系列二进制编码，一条指令由操作码和操作数组成。例如，MCS51 系列单片机指令集中，一条指令用二进制表示为0111 1000 0110 1110B（其中的"B"代表是二进制数）。若用十六进制表示为 7 8 6 E H（其中的 H 代表是十六进制数）。这种指令表示法单片机能顺利地识别它。但为人阅读带来了一定的困难，若想准确地识别 100 多条各种不同的十六进制代码也是不现实的。若用有一定意义的英语字符表示就会方便多了。上面的指令可以表示为"MOV A，#6EH"。这里"MOV"是 MOVE 的缩写，意思是传送，"A"代表累加器，"#6EH"代表一个十六进制的立即数。整个指令的意思就是将立即数"6EH"传送到累加器"A"中，只要记住"MOV"的意思就很容易阅读。"MOV"就是助记符。将指令机器码变化为用助记符表示是很大的进步。

2. MCS51 系列单片机助记符指令简介

在 MCS51 系列单片机助记符指令中定义并使用了一些符号，如一条数据传送指令"MOV A，#23H"，其意义是将十六进制立即数"23H"传送到累加器"A"中。在这一条指令不仅要将指令进行通用意义的表示，还要用符号"DATA"表示"23H"代表的是数据。这条指令就可以写为"MOV A，#DATA"。这就可以准确地涵盖所有的数据。下面列出说明指令中定义的各种符号及意义：

1）Rn 表示当前选中的工作寄存器 R0 ~ R7（n = 0 ~ 7）。

2）Ri 表示可用间接寻址的寄存器 R0 ~ R1（i = 0，1）。

3）DIRECT 表示片内 RAM 单元 8 位地址。它可以是 RAM 单元地址，也可以是 I/O 接口的地址。

4）#DATA 表示包含在指令中的 8 位立即数。

5）#DATA16 表示包含在指令中的 16 位立即数。

6）ADDR16 表示 16 位目的地址，用于 LCALL 和 LJMP 指令中，范围是 64KB 程序存储器地址空间。

7）ADDR11 表示 11 位目的地址，用于 ACALL 和 AJMP 指令中。

8）REL 表示 8 位带符号的偏移字节。它用于短转移和所有条件转移指令的相对地址。由相对于表示下一条指令的第一个字节地址计算，在 - 128 ~ + 127 范围内取值。

9）DPTR 表示数据指针，可用作 16 位地址寄存器。

10）BIT 表示内部 RAM 或 SFR 中的直接地址位。

11）A 表示累加器。

12）B 表示 B 寄存器。用于 MUL 和 DIV 指令。

13）C 表示进位标志位，或作为布尔处理机中的累加器。

14）@ 表示间址寄存器或基址寄存器的前缀，如@ Ri，@ A，@ DPTR。

15）/表示位操作数的前缀，表示对该位操作数取反，如/BIT。

16）（X）表示 X 中的内容。

17）（（X））表示 X 间址的内容。

3. 指令格式

一般一条指令包括：＜操作码＞＜空格＞＜操作数 1＞＜逗号＞＜操作数 2＞
＜逗号＞＜操作数 3＞，在这里操作码是指令助记符，助记符规定了指令的操作内
容。在空格后面是操作数，它提供操作所必需的数据或地址。操作数可以是 1 个、
2 个，最多 3 个，中间用逗号隔开。也可以没有操作数，而只有指令助记符。例如

```
CLR    A                    ;操作码，1 个操作数
MOV    A，#DATA             ;操作码，2 个操作数
CJNE   A，#DATA，REL        ;操作码，3 个操作数
RET                        ;只有操作码
```

4. 指令类型

MCS51 系列单片机指令集共有 111 条指令，其中数据传送类指令 29 条，算术
运算类指令 24 条，逻辑运算类指令 24 条控制转移类指令 17 条布尔位运算类指令
17 条。共有 44 种不同操作类型，255 个指令机器码。这 44 种操作类型按首字母排
列其含义见表 3-6。

表 3-6　操作类型及其含义

操作类型	含　义	操作类型	含　义
ACALL	绝对转移到子程序	JB	直接位为 1 转移
ADD	加法	JBC	直接位为 1 转移，并该位清 0
ADDC	带进位加法	JC	进位位为 1 转移
AJMP	绝对无条件转移	JMP	直接转移
ANL	逻辑与	JNB	直接位为 0 转移
CJNE	比较不相等转移	JNC	进位位为 0 转移
CLR	清 0	JNZ	A 不为 0 转移
CPL	取反	JZ	A 为 0 转移
DA	十进制调整	LCALL	长转移到子程序
DEC	减 1	LJMP	无条件长转移
DIV	除法	MOV	数据传送
DJNZ	减 1 不为 0 转移	MOVC	程序存储器数据传送
INC	加 1	MOVX	扩展 RAM 数据传送

（续）

操作类型	含 义	操作类型	含 义
MUL	乘法	RR	循环右移
NOP	空操作	RRC	带 C 循环右移
ORL	逻辑或	SETB	置位
POP	栈弹出	SJMP	短转移
PUSH	压入栈	SUBB	减法
RET	子程序返回	SWAP	数据交换 4 位
RETI	中断返回	XCH	数据交换 8 位
RL	循环左移	XCHD	数据交换 4 位
RLC	带 C 循环左移	XRL	异或

MCS51 系列单片机的指令集见表 3-7。

表 3-7 MCS51 系列单片机的指令集

指令助记符	十六进制代码	指令操作	字节	机器周期
数据传送类 29 条				
MOV A,#DATA	74 _	A←DATA	2	1
MOV A,DIRECT	E5 _	A←(DIRECT)	2	1
MOV A,@ Ri	E6 ~ E7	A←((@ Ri))	1	1
MOV A,Rn	E8 ~ EF	A←(Rn)	1	1
MOV Rn,#DATA	78 _ ~7F _	Rn←DATA	2	1
MOV Rn,DIRECT	A8 _ ~ AF _	Rn←(DIRECT)	2	2
MOV Rn,A	F8 ~ FF	Rn←(A)	1	1
MOV DIRECT,#DATA	75 _ _	DIRECT←DATA	3	2
MOV DIRECT2,DIRECT1	85 _ _	DIRECT2←DIRECT1	3	2
MOV DIRECT,@ Ri	86 _ ~87 _	DIRECT←((Ri))	2	2
MOV DIRECT,Rn	88 _ ~8F _	DIRECT←(Rn)	2	2
MOV DIRECT,A	F5 _	DIRECT←(A)	2	1
MOV @ Ri,#DATA	76 _ ~77 _	(Ri)←DATA	2	1
MOV @ Ri,DIRECT	A6 _ ~ A7 _	(Ri)←(DIRECT)	2	2
MOV @ Ri,A	F6 ~ F7	(Ri)←(A)	1	1
MOV DPTR,#DATA16	90 _ _	DPTR←ADDR16	3	2
MOVC A,@ A + PC	83	A←((A)+(PC))	1	2
MOVC A,@ A + DPTR	93	A←((A)+(DPTR))	1	2
MOVX A,@ Ri	E2 ~ E3	A←((Ri))	1	2

（续）

指令助记符	十六进制代码	指令操作	字节	机器周期
		数据传送类 29 条		
MOVX @ Ri,A	F2 ~ F3	(Ri)←(A)	1	2
MOVX A,@ DPTR	E0 ~ E1	A←((DPTR))	1	2
MOVX @ DPTR,A	F0 ~ F1	(DPTR)←(A)	1	2
XCH A,Rn	C8 ~ CF	(A)←→(Rn)	1	1
XCH A,@ Ri	C6 ~ C7	(A)←→((Ri))	1	1
XCH A,DIRECT	C5 _	(A)←→(DIRECT)	2	1
XCHD A,@ Ri	D6 ~ D7	$(A)_{3-0}$←→$((Ri))_{3-0}$	1	1
SWAP A	C4	$(A)_{7-4}$←→$(A)_{3-0}$	1	1
POP DIRECT	D0 _	DIRECT←(SP),SP←(SP) − 1	2	2
PUSH DIRECT	C0 _	SP←(SP) − 1,(SP)←(DIRECT)	2	2
		算术运算类 24 条		
ADD A,Rn	54 _	A←(A) + (Rn)	1	1
ADD A,@ Ri	26 ~ 27	A←(A) + ((Ri))	1	1
ADD A,DIRECT	25 _	A←(A) + (DIRECT)	2	1
ADD A,#DATA	24 _	A←(A) + DATA	2	1
ADDC A,Rn	38 ~ 3F	A←(A) + (Rn) + (C)	1	1
ADDC A,@ Ri	36 ~ 37	A←(A) + ((Ri)) + (C)	1	1
ADDC A,DIRECT	35 _	A←(A) + (DIRECT) + (C)	2	1
ADDC A,#DATA	34 _	A←(A) + DATA + (C)	2	1
INC A	04	A←(A) + 1	1	1
INC Rn	08 ~ 0F	Rn←(Rn) + 1	1	1
INC DIRECT	05 _	DIRECT←(DIRECT) + 1	2	1
INC @ Ri	06 ~ 07	Ri←((Ri)) + 1	1	1
INC DPTR	A3	DPTR←DPTR + 1	1	2
SUBB A,Rn	98 ~ 9F	A←(A) − (Rn) − (C)	1	1
SUBB A,@ Ri	96 ~ 97	A←(A) − ((Ri)) − (C)	1	1
SUBB A,DIRECT	95 _	A←(A) − (DIRECT) − (C)	2	1
SUBB A,#DATA	94 _	A←(A) − DATA − (C)	2	1
DEC A	14	A←(A) − 1	1	1
DEC Rn	18 ~ 1F	Rn←(Rn) − 1	1	1
DEC @ Ri	16 ~ 17	Ri←((Ri)) − 1	1	1
DEC DIRECT	15 _	DIRECT←(DIRECT) − 1	2	1

（续）

指令助记符	十六进制代码	指令操作	字节	机器周期
算术运算类 24 条				
MUL AB	A4	$AB \leftarrow (A) \times (B)$	1	4
DIV AB	84	$A \leftarrow (A) \div (B)$	1	4
DA A	D4	(A)进行十进制调整	1	1
逻辑运算类 24 条				
ANL A,Rn	58 ~ 5F	$A \leftarrow (A) \wedge (Rn)$	1	1
ANL A,@ Ri	56 ~ 57	$A \leftarrow (A) \wedge ((Ri))$	1	1
ANL A,#DATA	54 _	$A \leftarrow (A) \wedge DATA$	2	1
ANL A,DIRECT	55 _	$A \leftarrow (A) \wedge (DIRECT)$	2	1
ANL DIRECT,A	52 _	$DIRECT \leftarrow (A) \wedge (DIRECT)$	2	1
ANL DIRECT,#DATA	53 _ _	$DIRECT \leftarrow (DIRECT) \wedge DATA$	3	2
ORL A,Rn	48 ~ 4F	$A \leftarrow (A) \vee (Rn)$	1	1
ORL A,@ Ri	46 ~ 47	$A \leftarrow (A) \vee ((Ri))$	1	1
ORL A,#DATA	44 _	$A \leftarrow (A) \vee DATA$	2	1
ORL A,DIRECT	45 _	$A \leftarrow (A) \vee (DIRECT)$	2	1
ORL DIRECT,A	42 _	$DIRECT \leftarrow (DIRECT) \vee (A)$	2	1
ORL DIRECT,#DATA	43 _ _	$DIRECT \leftarrow (DIRECT) \vee DATA$	3	2
XRL A,Rn	68 ~ 6F	$A \leftarrow (A) \oplus (Rn)$	1	1
XRL A,@ Ri	66 ~ 67	$A \leftarrow (A) \oplus ((Ri))$	1	1
XRL A,#DATA	64 _	$A \leftarrow (A) \oplus DATA$	2	1
XRL A,DIRECT	65 _	$A \leftarrow (A) \oplus (DIRECT)$	2	1
XRL DIRECT,A	62 _	$DIRECT \leftarrow (DIRECT) \oplus (A)$	2	1
XRL DIRECT,#DATA	63 _ _	$DIRECT \leftarrow (DIRECT) \oplus DATA$	3	2
RL A	23	$An+1 \leftarrow (An) \quad A0 \leftarrow (A7)$	1	1
RLC A	33	$An+1 \leftarrow (An) \quad A0 \leftarrow (C) \ C \leftarrow (A7)$	1	1
RR A	03	$An \leftarrow (An+1) \quad A7 \leftarrow (A0)$	1	1
RRC A	13	$An \leftarrow (An+1) \quad A7 \leftarrow (C) C \leftarrow (A0)$	1	1
CPL A	F4	$A \leftarrow /(A)$	1	1
CLR A	E4	$A \leftarrow 0$	1	
控制转移类 17 条				
ACALL ADDR11	01H	$PC \leftarrow (PC) + 1 \quad (SP) \leftarrow (PC)_{15 \sim 8}$ $SP \leftarrow (SP) + 1 \quad PC_{10 \sim 0} \leftarrow ADDR_{10 \sim 0}$ $(SP) \leftarrow (PC)_{7 \sim 0}$	2	2
AJMP ADDR11		$PC \leftarrow (PC) + 2$ $PC_{10 \sim 0} \leftarrow ADDR_n$	2	2
LCALL ADDR16	12 _ _	$PC \leftarrow ADDR16$	3	2

（续）

指令助记符	十六进制代码	指令操作	字节	机器周期
控制转移类 17 条				
LJMP ADDR16	02 _ _	PC←ADDR16	3	2
SJMP REL	80 _	PC←(PC) +2　PC←(PC) + REL	2	2
JMP @ A + DPTR	73	PC←(A) + (DPTR)	1	2
RET	22	子程序返回	1	2
RETI	32	中断返回	1	2
JZ REL	60 _	(A) = 0 则 PC←(PC) +2 + REL	2	2
JNZ REL	70 _	(A) ≠ 0 则 PC←(PC) +2 + REL	2	2
CJNE A, #DATA, REL	B4 _ _	(A) ≠ DATA PC←(PC) +3 + REL	3	2
CJNE A, DIRECT, REL	B5 _ _	(A) ≠ DIRECT PC←(PC) +3 + REL	3	2
CJNE Rn, #DATA, REL	B8 _ _ ~ BF _ _	Rn ≠ DATA　PC←(PC) +3 + REL	3	2
CJNE @ Ri, #DATA, REL	B6 _ _ ~ B7 _ _	(Ri) ≠ DATA PC←(PC) +3 + REL	3	2
DJNZ Rn, REL	D8 _ ~ DF _	(Rn) −1 ≠ 0 PC←(PC) +2 + REL	2	2
DJNZ DIRECT, REL	D5 _ _	DIRECT −1 ≠ 0 PC←(PC) +2 + REL	3	2
NOP	00	PC←(PC) +1	1	1
布尔位运算类 17 条				
MOV C, BIT	A2 _	C←(BIT)	2	1
MOV BIT, C	92 _	BIT←(C)	2	1
CLR C	C3	C←0	1	1
CLR BIT	C2 _	BIT←0	2	1
CPL C	B3	C←(/C)	1	1
CPL BIT	B2 _	BIT←/BIT	2	1
SETB C	D3	C←1	1	1
SETB BIT	D2 _	BIT←1	2	1
ANL C, BIT	82 _	C←C ∧ (BIT)	2	2
ANL C, /BIT	B0 _	C←C ∧ /(BIT)	2	2
ORL C, BIT	72 _	C←C ∨ (BIT)	2	2
ORL C, /BIT	A0 _	C←C ∨ /(BIT)	2	2
JC REL	40 _	(C) = 1 PC←(PC) +2 + REL	2	2
JNC REL	50 _	(C) = 0 PC←(PC) +2 + REL	2	2
JB BIT, REL	20 _ _	(BIT) = 1 PC←(PC) +3 + REL	3	2
JNB BIT, REL	30 _ _	(BIT) = 0 PC←(PC) +3 + REL	3	2
JBC BIT, REL	10 _ _	(BIT) = 1 PC←(PC) +3 + REL (BIT) = 0 PC←(PC) +3	3	2

在上面的指令表中，指令的操作用符号化表示。例如，MOV A，#DATA 执行的操作就是 A←DATA，箭头代表数据 DATA 的传送方向。右边是源操作数，左边是目的操作数，这样整个指令的表示就非常形象一看就知道是将立即数 DATA 传送到累加器 A。

5. MCS51 系列单片机汇编语言中常用的伪指令

伪指令是程序编制者对汇编程序发出的命令。它用于标明源程序中的起始地址位置、预定义的寄存器名称、预定义的标号地址、结束汇编的位置等。这些信息是对源程序进行汇编所必需的，在源程序通过汇编后生成的机器代码文件中，这些伪指令已没有意义了。因此，也就没有伪指令相应的机器代码，即它不是直接参加程序执行的指令。

MCS51 系列单片机汇编语言中常用的伪指令如下：

（1）ORG（ORIGIN）指明起始地址

用于指明源程序的起始地址及中间必须重新开始的地址。

格式：ORG <地址>

其中，地址为 16 位程序存储器的实际地址。在源程序起始处要设一条 ORG 指令。

例如　　ORG　　0000H
　　　　　LJMP　　MAIN

单片机上电复位后，自动从地址 0000H 处执行程序，因而必须在 0000H 地址处设一条长转移指令，转移到实际的主程序的起始地址 MAIN。

　　　　　ORG　　07FFH
MAIN：MOV　　A，#0FEH
　　　　　…

用 ORG 指令标明新的起始地址 07FFH。

（2）END 指明汇编的结束

格式
…
…
END

用于源程序的结尾，位于源程序的最后。它指示源程序到此结束后面的任何部分不予处理。

（3）EQU（EQUATE）赋值

用于给标号赋值。

格式　<字符名称><空格>EQU<空格><赋值项>

例如　LED_1　EQU　0100H

（4）DB（Define Byte）定义字节

用于对程序存储器的地址定义字节内容，每行最多定义 8 个数据字节，中间以逗号隔开，末尾不加逗号。

格式：　＜DB＞＜空格＞＜数据 1＞，＜数据 2＞，…＜数据 8＞

例如：　DB　0C0H，0FFH，88H，56H

（5）BIT 定义位

用于给字符名称赋值位地址

格式　＜字符名称＞＜空格＞BIT＜空格＞＜位地址＞

例如　SDA　　BIT　　P1.6

　　　SCL　　BIT　　P1.7

　　　CLK　　BIT　　20H

　　　OE　　 BIT　　2FH

二、MCS51 系列单片机汇编语言

1. 汇编语言

计算机程序设计语言有高级语言、汇编语言、机器语言。对单片机来说，可以用高级语言编程，也可用汇编语言编程，两种语言各有特点。

助记符指令与机器指令是一一对应的，它是由生产厂商设定的一种专用指令，每一系列的单片机都有自己的专用指令集。像 8051 具有 MCS51 系列单片机的指令集。但这种用助记符指令编辑的程序并不能为单片机所识别，必须通过软件将它变换为单片机能识别的机器代码（也就是机器语言），才能输入到单片机芯片的 Flash ROM 内被执行。这个过程就称为汇编。执行汇编的软件称为汇编软件。用助记符指令组成的计算机语言就称为汇编语言。

2. 汇编语言的特点

汇编语言可灵活地设置和分配片内 RAM 地址及程序存储器地址，且占用存储空间小、执行速度快，但要求编程人员要对计算机硬件有较好的了解。程序移植比较困难。

由于单片机本身资源有限无法加入汇编软件，因而对助记符指令组成的源程序，要用 PC 进行编辑和汇编，产生机器代码。由于是在异种机（PC）上进行汇编，所以称为交叉汇编。

3. 汇编语言语句格式

MCS51 系列单片机的汇编语言语句格式如下：

＜标号＞：＜操作码＞＜空格＞＜操作数 1＞，＜操作数 2＞，＜操作数 3＞；文字注释

其中，标号是可选项，由编程者自行决定。标号后面要加冒号。操作数的数量由采用的指令决定，最多 3 个，中间用逗号"，"分隔。分号；后面是文字注释。若 1 行不够，可另起 1 行，但前面仍要加分号。

4. 格式说明

"标号"是转移地址的标识符号。标号由 1~8 个 ASCII 码组成，但第 1 个必须是文字（英语字母），其余可以是文字、数字或其他特定字符，不能使用本汇编语言已定义了的符号作为标号。一个标号在程序中只能定义一次，不能重复定义。标号的文字一般应以英文缩略字符组成以便于阅读，最好不用拼音字符。这样有利于以后与 C 语言的连接。例如，DELAY（延时），DISP（显示），NEXT（下一个），START（开始），MAIN（主程序），TAB（表格），BEGIN（起始），INIT（初始化），LOOP（循环）等。如果不够也可以加下注，如 DELAY _ 1、DELAY _ 2 等。下注最好不要用"-"，而用下划线"_"。

"注释"是对本语句的简短解释。好的注释可以帮助对程序的理解和阅读。在分号后面的部分不参加汇编。

三、汇编语言程序的基本结构

一种良好的程序设计规则和方法是结构化程序设计。按照这种方法设计的程序，具有结构清晰、易于修改和维护方便的特点。结构化程序设计的基本思想是基于这样的考虑，即任何程序都可以用三种基本结构的组合来实现。这三种基本结构为顺序结构、分支结构和循环结构。

1. 顺序结构

顺序结构的程序流程是按照地址顺序依次顺序执行程序如图 3-14 所示。

2. 分支结构

分支结构是先对给定的条件进行判断，再根据判断的结果决定执行那一个分支，如图 3-15 所示。

3. 循环结构

循环结构是反复循环执行某段程序，如图 3-16 所示。

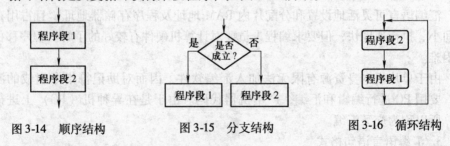

图 3-14　顺序结构　　　图 3-15　分支结构　　　图 3-16　循环结构

在这三种结构中，顺序结构是最简单的一种，也是最基本的一种，它可以独立存在。其他两种结构一般都包含有顺序结构。

在本章的程序讲解和编程练习中较多地使用了"延时程序"子程序，其程序结构常用的有单循环和双循环。由于前文所介绍的程序并没有对"延时程序"子程序延时时间的计算进行讲解，因此，在此结合程序的循环结构讲解延时程序的延时时间计算。

（1）单循环结构延时时间的计算

本款单片机使用的晶体振荡器频率为 6MHz，则 1 个机器周期时间为 $2\mu s$。

```
T2MS： MOV    R1，#0C8H    ；R1 = 200
X1：   NOP                ；1 个机器周期（2μs）
       NOP                ；1 个机器周期（2μs）
       NOP                ；1 个机器周期（2μs）
       DJNZ   R1，X1      ；2 个机器周期（4μs）
       END
```

延时时间 $= 200 \times (2 + 2 + 2 + 4) \mu s = 2000 \mu s = 2ms$。

（2）双循环结构延时时间的计算

```
T05S： MOV    R1，#0FAH    ；R1 = 250
X1：   MOV    R2，#0C8H    ；R2 = 200
X2：   NOP                ；1 个机器周期（2μs）
       NOP                ；1 个机器周期（2μs）
       NOP                ；1 个机器周期（2μs）
       DJNZ   R2，X2      ；2 个机器周期（4μs）
       DJNZ   R1，X1      ；2 个机器周期（4μs）
       END
```

延时时间 $= 250 \times (200 \times (2 + 2 + 2 + 4) \mu s) = 2000 \mu s = 500ms = 0.5s$。

四、MCS51 系列单片机

1. MCS51 系列单片机内部结构

MCS51 系列单片机是将 CPU、程序存储器、各种 I/O 接口、串行接口电路、定时器/计数器以及中断系统等电路组成并集成在同一块芯片上而得名，又称"微控制器"，其内部系统结构框图如图 3-17 所示。

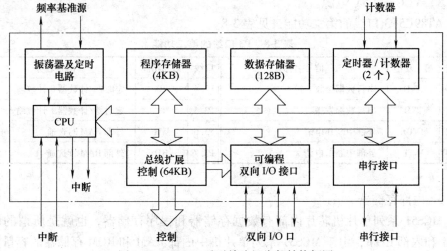

图 3-17　MCS51 系列单片机内部结构框图

2. MCS51 系列单片机 AT89C51 与 AT89C2051 芯片引脚排列图（见图 3-18）

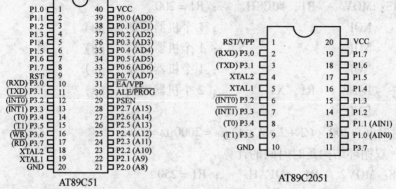

图 3-18　AT89C51 和 AT89C2051 引脚排列图

AT89C51 是标准的 40 引脚双列直插式集成电路芯片，信号引脚定义及简单功能说明简单介绍如下：

1）P0.0 ~ P0.7，P0 口 8 位双向口线；P1.0 ~ P1.7，P1 口 8 位双向口线；P2.0 ~ P2.7，P2 口 8 位双向口线；P3.0 ~ P3.7，P3 口 8 位双向口线。

2）ALE，地址锁存控制信号。

3）PSEN，外部程序存储器读选通信号。

4）EA，访问程序存储器控制信号。

5）RST，复位信号。

6）XTAL1 和 XTAL2，外接晶体引线端。

7）GND，地线。

8）VCC， +5V 电源。

AT89C5P3 口线的第二功能，见表 3-8。

表 3-8　P3 口线的第二功能

口线	第二功能	信号名称	口线	第二功能	信号名称
P3.0	RXD	串行数据接收	P3.4	T0	定时器/计数器 0 计数输入
P3.1	TXD	串行数据发送	P3.5	T1	定时器/计数器 1 计数输入
P3.2	INT0	外部中断 0 申请	P3.6	WR	外部 RAM 写选通
P3.3	INT1	外部中断 1 申请	P3.7	RD	外部 RAM 读选通

3. 内部存储器

MCS51 系列单片机芯片内部有数据存储器和程序存储器，也就是所谓的内部 RAM 和内部 ROM，由于 MCS51 系列单片机中内部 RAM 和 ROM 存储器的容量和形式不尽相同，为具体起见，我们以 AT89C51 为例进行说明。

（1）AT89C51 内部数据存储器配置图（见图 3-19）

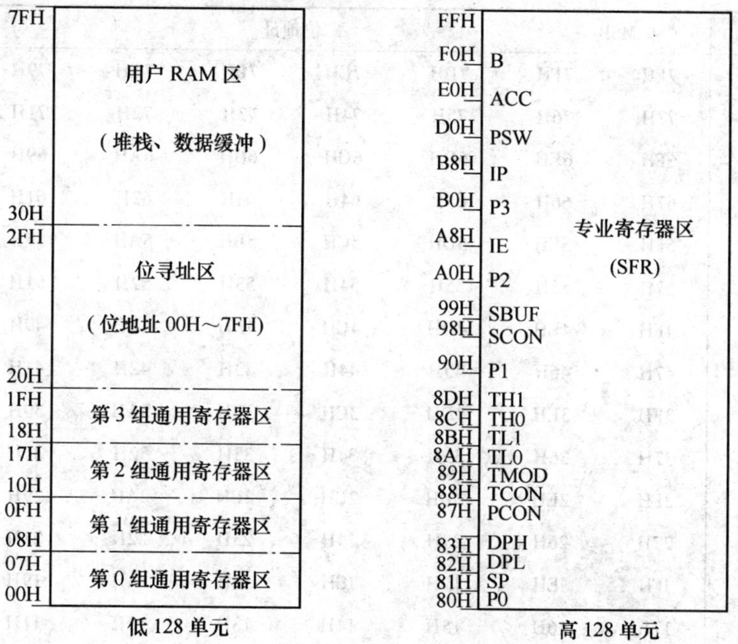

图 3-19　AT89C51 内部数据存储器配置图

（2）内部数据存储器低 128 单元

AT89C51 的内部共有 256 个数据存储器单元，通常把这 256 个单元按其功能划分为两部分：低 128 单元（单元地址 00H ~7FH）和高 128 单元（单元地址 80H ~FFH）。其中低 128 单元是单片机中供用户使用的数据存储器单元，称之为内部 RAM 的存储器，按用途可把低 128 单元可划分为 3 个区域：

1）寄存器区。内部 RAM 的前 32 个单元是作为寄存器使用的，共分为 4 组，每组有 8 个寄存器，组号依次为 0、1、2、3。每个寄存器都是 8 位，在组中按 R0 ~R7 编号。寄存器常用于存放操作数及中间结果等，由于它们的功能及使用不作预先规定，因此称之为通用寄存器，有时也叫工作寄存器。

2）位寻址区。内部 RAM 的 20H ~2FH 单元，既可作为一般 RAM 单元使用，进行字节操作，也可以对单元中的每一位进行位操作，因此把该区称之为位寻址区。位寻址区共有 16 个 RAM 单元，总计 128 位，位地址为 00H ~7FH。位寻址区是为位操作而准备的，是 MCS51 位处理器的数据存储空间，其中的所有位均可以直接寻址。位寻址区的位地址见表 3-9。

通常在使用中，"位"有两种表示方式。一种是以位地址的形式（如表 3-9 所示），例如，位寻址区的最后一个位是 7FH；另一种是以存储单元地址加位的形式表示，例如同样的最后位表示为 2FH. 7。

表3-9　位寻址区的位地址

单元地址	MSB←				位地址			→LSB
2FH	7FH	7FH	7DH	7CH	7BH	7AH	79H	78H
2EH	77H	76H	75H	74H	73H	72H	71H	70H
2DH	6FH	6EH	6DH	6CH	6BH	6AH	69H	68H
2CH	67H	66H	65H	64H	63H	62H	61H	60H
2BH	5FH	SEH	5DH	5CH	5BH	5AH	59H	58H
2AH	57H	56H	55H	54H	53H	52H	51H	50H
29H	4FH	4EH	4DH	4CH	4BH	4AH	49H	48H
28H	47H	46H	45H	44H	43H	42H	41H	40H
27H	3FH	3EH	3DH	3CH	3BH	3AH	39H	38H
26H	37H	36H	35H	34H	33H	32H	31H	30H
25H	2FH	2EH	2DH	2CH	2BH	2AH	29H	28H
24H	27H	26H	25H	24H	23H	22H	21H	20H
23H	IFH	IEH	IDH	ICH	IBH	IAH	19H	18H
22H	17H	16H	15H	14H	13H	12H	11H	10H
21H	0FH	0EH	0DH	0CH	0BH	0AH	09H	08H
20H	07H	06H	05H	04H	03H	02H	01H	00H

3）用户 RAM 区。在内部 RAM 低 128 单元中，通用寄存器占去 32 个单元，位寻址区占去 16 个单元，剩余 80 个单元，这就是供用户使用的一般 RAM 区，其单元地址为 30H～7FH。对于用户 RAM 区，只能以存储单元的形式来使用，其他没有任何规定或限制。但应当提及，在一般应用中常把堆栈开辟在此区中。

（3）内部数据存储器高 128 单元

内部数据存储器的高 128 单元是为专用寄存器提供的，因此称之为专用寄存器区，其单元地址为 80H～FFH，用于存放相应功能部件的控制命令、状态或数据。因这些寄存器的功能已作专门规定，故而称为专用寄存器（SFR），有时也称为特殊功能寄存器。MCS51 系列单片机中 80C51 的专用寄存器共有 22 个，其中可寻址的为 21 个。

1）专用寄存器的字节寻址。80C51 的 22 个专用寄存器中，有 21 个是可寻址的。在这 21 个是可寻址的专用寄存器中有 11 个寄存器是可以位寻址的。现将这些可寻址寄存器的名称、符号及地址列于表 3-10 中。注意表中寄存器符号前打星号（＊）的寄存器可以进行位寻址。

对专用寄存器的字节寻址问题有如下几点说明：

①21 个可寻址的专用寄存器是不连续地分散在内部 RAM 高 128 单元之中。尽

管还剩余许多空闲单元，但用户并不能使用。如果访问了这些没有定义的单元，读出的为不定数，而写入的数会被舍弃。

表 3-10 可寻址寄存器的名称、符号和地址

寄存器符号	寄存器地址	寄存器名称
* ACC	0E0H	累加器
* B	0F0H	B 寄存器
* PSW	0D0H	程序状态字
SP	81H	堆栈指示器
DPL	82H	数据指针低 8 位
DPH	83H	数据指针高 8 位
* IE	0A8H	中断允许控制寄存器
* IP	0B8H	中断优先控制寄存器
* P0	80H	I/O 接口 0
* P1	90H	I/O 接口 1
* P2	0A0H	I/O 接口 2
* P3	0B0H	I/O 接口 3
PCON	88H	电源控制及波特率选择寄存器
* SCON	87H	串行接口控制寄存器
SBUF	98H	串行数据缓冲寄存器
* TCON	99H	定时器控制寄存器
TMOD	89H	定时器方式选择寄存器
TL0	8AH	定时器 0 低 8 位
TL1	8BH	定时器 1 低 8 位
TL0	8CH	定时器 0 高 8 位
TL1	8DH	定时器 1 高 8 位

②在 22 个专用寄存器中，唯一一个不可寻址的专用寄存器就是程序计数器（PC）。PC 在物理上是独立的，不占据 RAM 单元，因此是不可寻址的寄存器。

③对专用寄存器只能使用直接寻址方式，在指令中既可使用寄存器符号表示，也可使用寄存器地址表示。

2）专用寄存器的位寻址。AT89C51 专用寄存器中可寻址位共有 83 个，其中许多位还有其专用的名称，寻址时既可使用位地址，也可使用位名称。专用寄存器的可寻址位加上位寻址区的 128 个通用位，构成了 MCS51 位处理器的整个数据位存储空间。各专用寄存器的位地址/位名称见表 3-11。

表 3-11   专用寄存器的位地址/位名称

寄存器符号	MSB←			位地址/位名称				→LSB
B	0F7H	0F6H	0F5H	0F4H	0F3H	0F2H	0F1H	0F0H
A	0E7H	0E6H	0E5H	0E4H	0E3H	0E2H	0E1H	0E0H
PSW	0D7H	0D6H	0D5H	0D4H	0D3H	0D2H	0D1H	0D0H
	CY	AC	F0	RS1	RS0	OV	—	P
IP	0BFH	0BEH	0BDH	0BCH	0BBH	0BAH	0B9H	0B8H
	—	—	—	PS	PT1	PX1	PT0	PX0
P3	0B7H	0B6H	0B5H	0B4H	0B3H	0B2H	0B1H	0B0H
	P3.7	P3.6	P3.5	P3.4	P3.3	P3.2	P3.1	P3.0
IE	0AFH	0AEH	0ADH	0ACH	0ABH	0AAH	0A9H	0A8H
	EA	—	—	ES	ET1	EX1	ET0	EX1
P2	0A7H	0A6H	0A5H	0A4H	0A3H	0A2H	0A1H	0A0H
	P2.7	P2.6	P2.5	P2.4	P2.3	P2.2	P2.1	P2.0
SCON	9FH	9EH	9DH	9CH	9BH	9AH	99H	98H
	SM0	SM1	SM2	REN	TB8	RB8	TI	RI
P1	97H	96H	95	94H	93H	92H	91H	90H
	P1.7	P1.6	P1.5	P1.4	P1.3	P1.2	P1.1	P1.0
TCON	8FH	8EH	8DH	8CH	8BH	8AH	89H	88H
	TF1	TR1	TF0	TR0	IE1	IT1	IE0	IT0
P1	87H	86H	85H	84H	83H	82H	81H	80H
	P0.7	P0.6	P0.5	P0.4	P0.3	P0.2	P0.1	P0.0

4. 内部程序存储器

AT89C51 内有 4KB ROM 存储单元，其地址为 0000H ~ 0FFFH，这就是我们所说的内部程序存储器（或简称为内部 ROM）。在程序存储器中有一组特殊的保留单元 0000H ~ 002AH，使用时应特别注意。其中 0000H ~ 0002H 是系统的启动单元。因为系统复位后，PC 变为 0000H，单片机从 0000H 单元开始取指令执行程序。使用时应当在这三个单元存放一条无条件转移指令，以便直接转去执行指定的程序。而 0003H ~ 002AH 共 40 个单元被均匀地分为五段，每段 8 个单元，分别作为五个中断源的中断地址区。具体划分如下：

1）0003H ~ 000AH，外部中断 0 中断地址区。

2）000BH ~ 0012H，定时器/计数器 0 中断地址区。

3）0013H ~ 001AH，外部中断 1 中断地址区。

4）001BH ~ 0022H，定时器/计数器 1 中断地址区。

5）0023H ~ 002AH，串行中断地址区。

中断响应后，系统能按中断种类，自动转到各中断区的首地址去执行程序。因此在中断地址区中应存放中断服务程序。但通常情况下，8 个单元难以存下一个完整的中断服务程序，因此一般也是从中断地址区首地址开始存放一条无条件转移指令，以便中断响应后，通过中断地址区，再转到中断服务程序的实际入口地址去。

5. MCS51 系列单片机系统的存储器结构特点

单片机存储器的结构与微型计算机的存储器有很大不同。MCS51 系列单片机的存储器结构有两个重要的特点：一是把数据存储器和程序存储器分开；二是存储器有内外之分。对于面向控制应用且又不可能具有磁盘的单片机系统来说，程序存储器是至关重要的，数据存储器也不可少。为此，单片机的存储器分为数据存储器和程序存储器，其地址空间、存取指令和控制信号各有一套。单片机应用系统的存储器除类型不同外，还有内外之分，即有片内存储器和片外存储器。片内存储器的特点是使用方便，对于简单的应用系统，有时只使用片内存储器就是够了。但片内存储器的容量受到限制，程序存储器一般只有 4KB，数据存储器也就是 128 个单元，这对于复杂一点的应用是不够的。为此，单片机应用系统时常需要在芯片之外另行扩展存储器。为了与芯片内固有的存储器区别，通常把扩展的存储器称之为外部存储器。为了扩展外部存储器，单片机芯片的引脚已经做了预先准备。例如通过口线最多可提供 16 位地址，对外部存储器的寻址范围达 64KB。此外还有一些引脚信号也是供存储器扩展使用的，例如 ALE 信号用于外部存储器的地址锁存控制，PSEN 信号用于外部程序存储器的读选通，EA 信号用于内外程序存储器的访问控制等。总的来说，由芯片内存储器和芯片外扩展存储器构成了单片机应用系统的整个存储器系统。

由于本书篇幅有限，对单片机的硬件结构和原理就不做进一步详细讲述了。

第四章　嵌入式 C 语言基础

第一节　C 语言初步

一、嵌入式 C 语言特点

1. 标准 C 语言

C 语言是一种计算机高级程序设计语言，应用非常普遍，它具有以下一些基本特点：

1）具有高级语言面向用户、容易记忆、便于阅读等优点，又有面向硬件和系统，可以直接与底层硬件交互的能力。

2）它是一种结构化程序设计语言，便于采用自顶向下的设计方法，程序结构清晰、牢固，便于维护。

3）便于模块化，每个模块功能独立，为团队集体开发创造了良好的条件。

4）具有丰富的运算符，非常利于计算处理。

5）很容易利用众多的库函数，提高了程序开发的效率。

6）数据类型丰富，具有较强的数据处理能力。

7）具有良好的可移植性，通过不同的 C 语言编译器，可以在不同的单片机上执行。

由于 C 语言具有上述众多优点，因而它既适宜编写系统软件，也适宜编写应用软件。

2. 嵌入式 C 语言

所谓嵌入式系统，是指将操作软件或固件程序嵌入到机器芯片内，从而构成一个控制系统。包括单片机系统在内，由于芯片容量较小，通常直接用汇编语言编程，代码效率较高。但近来情况有所变化，有如下几个方面因素：

1）单片机芯片容量增大，速度提高。运行软件的能力大大增强。

2）随着片上系统（System on Chip，SoC）的出现，系统硬件集成度大大提高，开发重点转移到软件方面。

3）软件复杂性提高，程序大型化，导致必须以团队化的开发方式编程。

4）软件开发的速度和可维护性成为主要因素。

5）技术交流及方便阅读的需要。

以上几方面导致了在嵌入式系统中应用高级语言变得非常必要。但在众多高级语言中，为什么 C 语言被青睐呢？可能是只有 C 语言具备与底层硬件交互的能力，因而在嵌入式系统中应用高级语言方面，C 语言是最佳的选择。如何让读者较容易的具备嵌入式 C 语言的基本应用技能，从而为大量学习应用实例创造条件是本书的一个特点。

嵌入式 C 语言与被控对象结合紧密，编程除具有标准 C 语言的特点外，与标准 C 语言相比，还有如下一些要求：

1）对一些关键字进行了一定的扩展。

2）对核心芯片的结构有一定了解。

3）了解被控对象的硬件系统特性。

这些特点是学习者必须考虑的。本书后面如果不特别指明，C 语言即指嵌入式 C 语言，不再加"嵌入式"前提。

3. C 语言编译器

C 语言程序可以在不同单片机之间移植。但这种移植的条件就是要靠与单片机对应的 C 语言编译器。例如，C 语言程序要想通过编译生成 8051 系列单片机的机器代码，就必须在 Keil C51 编译器下才能通过。对 AVR 系列单片机也必须有专用的 C 语言编译器才可以生成相应的代码。因此，编译器对生成机器代码是至关重要的。Keil C51 编译器可以生成高质量的 8051 机器代码，只比汇编语言稍多一些。后面要学习的内容，就是在 Keil μVision 2 开发环境下进行的。读者可以将两种语言编程进行对比，就可以深切体会到 C 语言的优势。现在网上可以下载到 Keil uVision 3，但要有 2KB 代码限制，会给使用带来不便。因而我们仍然以 Keil μVision 2 为主。

二、第一个 C 语言源程序

本书为避免一开始就进入大量概念性文字的叙述，从而影响读者学习兴趣，所以必需的基础知识读者可自行查阅 C 语言编程的书籍，我们尽量按照边做边学的特点开始 C 语言的学习。

【例 4-1】　计算 a + b 的和并输出到 P1 口

（1）编程　（因为对 Keil μVision2 的操作在汇编语言学习中已练习过，在此不再重复）

1）创建文件夹 D：\ c51\ exam_ 1c（要求每一个文件夹只放一个项目）。

2）进入 Keil C51 界面。

3）在文件夹内创建项目 exam_ 1c，与文件夹同名，以方便查找。

4）选择器件 Atmel AT89C51。

5）单击主菜单"项目/目标"，进入目标窗口，将晶体振荡频率改为 6MHz。

6）单击"输出"，进入输出窗口。将 hex 项写"✓"，表示 hex 文件输出有效，单击"确定"按钮返回。

7）单击"文件/新建"，进入编辑窗口。单击"文件/另存为"，输入新文件名 exam_ 1c. c，所有 C 源文件名后缀必须为"．c"。

8）在编辑窗口键盘输入 C 源程序，具体如下：

```
1    #include < reg51. h >                    //声明包括的头文件
2    #define uchar unsigned char             //声明宏定义 uchar
3                                             //中间空格
4    void   main( void)                       //主函数
5    {                                        //起始符
6            uchar a = 80，b = 60；             //定义局部变量
7            P1 = a + b；                       //执行语句，计算结果
8    }                                        //结束符
```

程序左侧的行号（1、2、3…）是为了解释的方便而设，不用输入。

9）单击工作区 Target1（目标），选择 Source Group 1（源文件组），单击鼠标右键，在弹出的菜单中选择 "Add Files to Group' Source Group 1"，在文件窗口中选源文件 exam_1c. c，单击 "Add" 按钮，再单击 "Close" 按钮关闭窗口。在工作区即显示源文件 exam_ 1c. c，表示源文件已加入目标工作区。

10）单击 "文件→保存"，保存源文件。

11）在目标工作区选源文件 ex-am_1c. c，单击鼠标右键，选目标编译，如果源文件无语法错误，则在窗口下方信息栏会显示编译完成，无错误，无警告，并生成 HEX 文件，如图 4-1 所示。

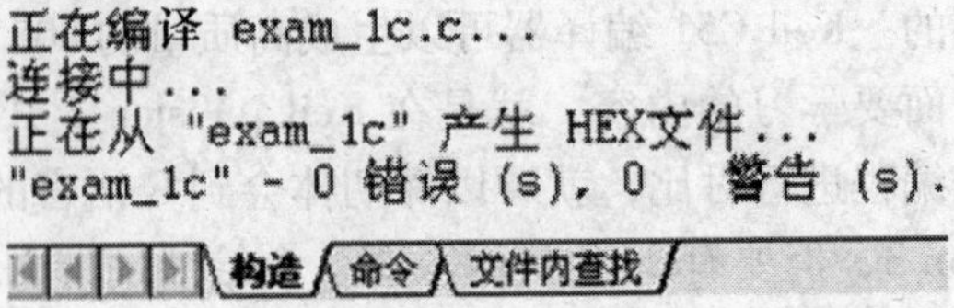

正在编译 exam_1c. c...
连接中...
正在从 "exam_1c" 产生 HEX文件...
"exam_1c" - 0 错误 (s)，0　警告 (s).

构造 / 命令 / 文件内查找 /

图 4-1　编译结果信息

若源文件内有语法错误，必须根据信息栏的指示修改源程序，直到文件编译通过为止。程序编译通过是进入仿真运行的必要条件，请注意 C 语言程序的编辑格式，C 语言程序对大小写的编译是有区别的，一般均用英语小写字符。

（2）程序解释

1）第 1 行，说明程序所用的头文件是 < reg51. h >。C 语言程序为什么能与8051 系列单片机的硬件联系起来呢？就是这个头文件的作用。

在头文件中，对 8051 的各端口及 SFR 地址都进行了定义。其中 P1 必须用大写。对于 8051 兼容的芯片，第 1 行的头文件 < reg51. h > 是必要的。否则 C 语言编译器将编译出错。

2）第 2 行，是为了对变量的数据类型 unsigned char 进行简化而重新定义了一个 uchar，这样输入会简化不少。当然，如果你不用这个新定义直接输入 unsigned char 也可以。

3）第 3 行，一般在主程序开始前要空出一行，可以加强注意。

4）第 4 行，主程序名要用 main 表示。前面的 void 表示主函数无返回值。后面的 (void) 表示无形式参数（简称形参）。关于形参与实际参数（简称实参）后

面还要介绍。

5）大括号"｛"表示函数的开始，第 8 条语句的大括号"｝"表示函数的结束。对于每一个函数必须成对出现大括号。

6）第 6 行，声明常量 a、b 的数据类型是 uchar 型。C 语言中规定可连续定义常量和变量，中间可用逗号隔开。每条语句最后必须有分号，表示本语句被执行。

7）第 7 行，执行 a + b 并将结果赋予端口 P1。" + "号与普通算术符号相同。" = "号在这里并不是等号，而是赋值号。其意义是将 a + b 的结果赋予 P1。赋值号与等号不同，使用时要注意。赋值的意义是将运算结果的值赋予端口 P1 或赋予一个变量。变量的原有内容被改变为新内容。而数学中的等号是两个量相等，并不改变原有值。P1 必须大写。

8）第 8 行，作为 C 语言，到第 7 行语句就已经结束了。与主函数开始的大括号成对出现，结束也必须有"｝"作为结束。

（3）编译前检查

程序编辑结束后，必须进行编译，生成 hex 文件，才能下载到目标机中被执行。由于 C 语言书写格式要求严格，若不注意，往往会导致编译不能通过。为此，程序编辑结束后，应审查以下几点：

1）数据类型如无特别需要，变量类型应尽量采用 unsigned char，其范围为 0 ~ 255。它只占用一个字节，存取速度快。

2）尽量采用局部变量。

3）主函数放在最后。

4）一般变量用小写英文字符。单片机内部 SFR 要用大写英文字符。

5）检查所有标识符，关键字是否正确。

6）所有字符除中文注释外，均用 ASCII 码编辑。

7）函数如无返回值，前面应加 void 。如无形参，后面应加（void）。

8）变量使用前，必须先声明，并注意不要超出变量范围。

（4）执行

1）软仿真。我们利用 Keil C51 的软仿真能力，可以很方便地在编辑平台上进行程序的调试，检验程序的执行结果。它无需连接硬件目标系统，因而称为"软仿真"。这为程序的设计者带来了很大方便。

在主菜单中单击"调试→开始"，进入调试状态。

单击"外围端口/I/O-Ports/Port1"，显示 P1 状态窗口。

单击"W 监视 & 调用堆栈窗口"，在信息栏显示变量表内容，如图 4-2 所示。

双击变量 a 的 0x00，输入 80，系统将自动变为 0x50。双击变量 b 的 0x00，输入 60，系统自动变为 0x3C，如图 4-3 所示。

单击"跟踪"（调试工具栏），执行到语句 8 停止。P1 = 1000 1100 = 0x8C。

"0x"表示十六进制数，转换为十进制数为 $8 \times 16 + 12 = 140$，结果正确，如图4-4所示。

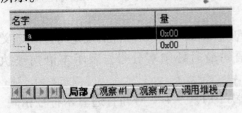

图4-2 变量a、b的内容

图4-3 变量a、b的赋值

2）下载到目标机　操作方法与第一章中提到的下载方法相同。可以用串行接口，也可以用USB转换器。执行后，"1"灯灭，"0"灯亮。可由灯的状态得到 P1 = 1000 1100，即灯的状态为●○○○○●●○○。

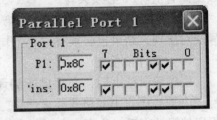

图4-4 P1口状态

三、编译预处理

在C语言程序中，除了要完成程序功能所必需的声明性语句和执行性语句外，还有另一类语句。它的作用不是执行程序的功能，而是让编译系统了解，在对源程序进行编译前，进行处理。这种语句称为编译预处理语句，类似于汇编语言中的伪指令。为了与执行语句区别，编译预处理语句以#号开头，语句结束不用分号。

编译预处理语句有三种：文件包含、宏定义和条件编译。

1. 文件包含

例4-1程序的第1条 #include < reg51. h > 就是文件包含预处理语句。" < ＞ "内包含的是头文件名。这个文件必须放在程序的开头部分。由于有了文件包含及众多可以调用的头文件，C语言程序才可以做到精炼、简洁。

文件包含的功能是在编译源程序前，用包含文件的内容取代预处理语句。即从存储器中读取包含的文件，然后将它写入预处理语句的位置，作为程序的一部分。

当用 " < ＞ "注明包含文件时，其意义是通知编译系统要按标准路径搜索包含文件，也可以用双引号注明包含文件，其意义是通知编译系统先在被包含源文件的路径中搜索包含文件，若找不到，则按系统标准路径搜索包含文件。一般情况下，已经知道包含文件不在当前路径内，可以用 " < ＞ "注明。文件包含及头文件的使用，可以避免重复性劳动，提高编程效率，这也是C语言编程的一个重要特点。

2. 宏定义

#define　标识符　字符串

宏定义就是用标识符代替字符串

例如，#define uchar unsigned char　就是一个宏定义语句。它以 uchar 代替较麻烦的 unsigned char。这样做，输入时要简单得多。再如

#define　STD　0

#define　DSD　1

用 STD　代替　0，用 DSD　代替 1 。

3. 条件编译（请参考其他书籍）

四、头文件 reg51. h

由于头文件 <reg51. h> 是 C 语言编程中必须用的一个重要头文件。它包含了 8051 特殊功能寄存器 SFR 中全部存储单元的定义。因而有必要将它记录下来，随时进行参考。

进入路径：C：\ keil \ c51 \ INC \ REG51. H，双击执行，将在记事本屏幕上显示以下内容：

```
/ *   BYTE   Register   * /
sfr   P0      = 0x80;
sfr   P1      = 0x90;
sfr   P2      = 0xA0;
sfr   P3      = 0xB0;
sfr   PSW    = 0xD0;
sfr   ACC    = 0xE0;
sfr   B       = 0xF0;
sfr   SP      = 0x81;
sfr   DPL    = 0x82;
sfr   DPH    = 0x83;
sfr   PCON   = 0x87;
sfr   TCON   = 0x88;
sfr   TMOD   = 0x89;
sfr   TL0     = 0x8A;
sfr   TL1     = 0x8B;
sfr   TH0     = 0x8C;
sfr   TH1     = 0x8D;
sfr   IE      = 0xA8;
sfr   IP      = 0xB8;
sfr   SCON   = 0x98;
sfr   SBUF   = 0x99;
/ *   BIT   Register   * /
```

```c
/*   PSW   */
sbit   CY      = 0xD7;
sbit   AC      = 0xD6;
sbit   F0      = 0xD5;
sbit   RS1     = 0xD4;
sbit   RS0     = 0xD3;
sbit   OV      = 0xD2;
sbit   P       = 0xD0;
/*   TCON   */
sbit   TF1     = 0x8F;
sbit   TR1     = 0x8E;
sbit   TF0     = 0x8D;
sbit   TR0     = 0x8C;
sbit   IE1     = 0x8B;
sbit   IT1     = 0x8A;
sbit   IE0     = 0x89;
sbit   IT0     = 0x88;
/*   IE   */
sbit   EA      = 0xAF;
sbit   ES      = 0xAC;
sbit   ET1     = 0xAB;
sbit   EX1     = 0xAA;
sbit   ET0     = 0xA9;
sbit   EX0     = 0xA8;
/*   IP   */
sbit   PS      = 0xBC;
sbit   PT1     = 0xBB;
sbit   PX1     = 0xBA;
sbit   PT0     = 0xB9;
sbit   PX0     = 0xB8;
/*   P3   */
sbit   RD      = 0xB7;
sbit   WR      = 0xB6;
sbit   T1      = 0xB5;
sbit   T0      = 0xB4;
sbit   INT1    = 0xB3;
```

```
sbit   INT0    = 0xB2；
sbit   TXD     = 0xB1；
sbit   RXD     = 0xB0；
/ *    SCON    */
sbit   SM0     = 0x9F；
sbit   SM1     = 0x9E；
sbit   SM2     = 0x9D；
sbit   REN     = 0x9C；
sbit   TB8     = 0x9B；
sbit   RB8     = 0x9A；
sbit   TI      = 0x99；
sbit   RI      = 0x98；
```

注意，在应用 SFR 内部寄存器时，必须与头文件的写法一致，要用英文大写，否则编译会出错。看到上面文件，对 reg51.h 中的内容就一目了然了。只要在 C 语言程序开头加入此文件，C 语言编译器就会自动识别 8051 的有关设置。由于 C 语言包含众多头文件，从而使语句精炼简洁。这就是 C 语言比汇编语言更方便的原因。

第二节 数 据 运 算

执行各种运算的符号称为运算符，参加运算的量称为运算量，包含运算符的运算式称为表达式，它是 C 语言的一种执行语句。C 语言的运算符种类繁多，与此对应的运算功能也非常丰富，这也是 C 语言的一大特色。

一、赋值运算
赋值运算就是将一个表达式的值赋予一个变量。格式为

变量 = 表达式

上式中" = "号是赋值运算符，左边的运算量必须是变量，右边的表达式可以是常量、变量和函数。例如，a = 80 和 P1 = c 都是赋值运算。这里" = "号与数学中的" = "号意义是不同的。

二、算术运算
1. 说明

算术运算必须有两个常量或变量参加运算，它的运算符、名称及功能见表 4-1。

表 4-1 算术运算的运算符、名称及功能

运算符	名 称	表达式	功 能
+	加	a + b	求 a 与 b 之和

（续）

运算符	名　称	表达式	功　能
−	减	a − b	求 a 与 b 之差
*	乘	a * b	求 a 与 b 之积
/	除	a / b	求 a 除以 b 之商
%	取余	a % b	求 a 除以 b 之余数

注：其中取余运算的运算量必须是整数型常量或变量。

2. 【例4-2】　a = 23，b = 05，求 a * b 之积，并分别显示百位、十位和个位。

a、b 及其乘积的范围在 unsigned char 以内。其输出需要 3 个字节，P1、P2、P0 分别以二进制数显示。

（1）编程

```
#include < reg51. h >
#define  uchar  unsigned  char
void   main ( )
        {
                uchar a = 23;                        //变量声明
                uchar b = 5;                         //变量声明
                c = a * b;                           //乘法运算
                P1 = c/100;                          //得百位数
                P0 = (c%100)/10;                     //得十位数
                P2 = (c%100)%10;                     //得个位数
        }
```

本例只用软仿真观察输出状态，若读者需下载到实验机执行，应注意本实验机 P0 口已加上拉电阻 8 × 10kΩ，但 P2 和 P0 口未用均无法显示，可以用逻辑笔或数字多用表测试输出状态，验证输出。

（2）编译

（3）软仿真调试

1）进入调试状态。显示米黄色箭头标志。

2）显示 P0、P1、P2 状态窗口。初始化全部为 0xFF。

3）单击"跟踪"，一步步执行程序。可看到 P1 = 00000001 = 1，P0 = 00000001 = 1，P2 = 00000101 = 5。

4）P1 口输出为结果的百位数，P0 口输出为结果的十位数，P2 口输出为结果的个位数。按显示结果应为 23 × 5 = 115。显示证明程序结果正确。由此例可以看出，用 C 语言编写程序简洁、清晰、容易阅读。

三、增量运算

1. 说明

增量运算是运算量本身进行运算后，结果仍赋予本身。增量运算见表4-2。

表4-2 增量运算表

运算符	名 称	表达式	功 能
++	增1	a++或++a	a = a + 1
– –	减1	a – –或– – a	a = a - 1
~	取反	~a	a = ~a

对变量进行自加或自减运算，其运算符可以在变量前或变量后。若 a = 5，++ a 后，a = 6，再 – – a 后，a = 5；若 a = 5 a ++ 后，a = 6，再 a – – 后，a = 5。两种形式结果相同。但若增量运算符与其他运算符联合组成一个表达式，则增量运算符在变量前或变量后，其结果是不同的。例如

令 a = 5 x = a ++。运算后，x = 5，a = 6。即先进行赋值运算，然后进行增量运算。

令 a = 5 x = ++ a。运算后，x = 6，a = 6。即先进行增量运算，然后进行赋值运算。

再例如

令 a = 5 x = a – –。 运算后，x = 5，a = 4。即先进行赋值运算，然后进行增量运算。

令 a = 5 x = – – a。 运算后，x = 4，a = 4。即先进行增量运算，然后进行赋值运算。

2. 【例4-3】 a = 8，b = 6 进行增减量运算，并验证结果

（1）编辑 C 语言源程序

```
#include < reg51. h >
#define uchar unsigned char
void main( void)
{
            uchar a = 8,b = 6;
            P1 = a ++ ;
            P2 = a;
            P0 = ++ b;
            P3 = b;
}
```

（2）编译

（3）软仿真

程序执行后，P1 = 8，a = 9，P2 = 9，先赋值后运算。P0 = ++ b，执行后，先运算后赋值，P0 = b + 1 = 7，b = 7。软仿真调试结果：P1 = 00001000 = 8，P2 =

00001001 = 9，P0 = 00000111 = 7，P3 = 00000111 = 7。证明程序运算结果正确。读者可自行在 Keil μVision 2 平台上验证。

若下载到实验机，P0、P2、P3 可以用逻辑笔观察结果。

四、关系运算和逻辑运算

1. 关系运算

关系运算是对两个运算量进行关系的比较。关系运算见表 4-3。

表 4-3　关系运算表

运算符	名　　称	表达式	功　　能
>	大于	a > b	a 大于 b
<	小于	a < b	a 小于 b
==	等于	a == b	a 等于 b
>=	大于等于	a >= b	a 大于等于 b
<=	小于等于	a <= b	a 小于等于 b
! =	不等于	a ! = b	a 不等于 b

2. 逻辑运算

逻辑运算表示运算量的逻辑关系见表 4-4。

表 4-4　逻辑运算表

运算符	名　　称	表达式	功　　能
&&	逻辑与	a && b	a 逻辑与 b
‖	逻辑或	a ‖ b	a 逻辑或 b
!	逻辑反	! a	a 逻辑反

3.【例 4-4】　将 a = 14，b = 36 进行关系运算及逻辑运算

（1）编辑 C 语言源程序

```
#include < reg51. h >
#define uchar unsigned char
sbit   P1_0 = P1^0;
sbit   P1_1 = P1^1;
sbit   P1_2 = P1^2;
sbit   P1_3 = P1^3;
void main( void)
{
                uchar a = 14,b = 36;
                if ( a > b)
```

```
        P1_0 = 1 ;                    //若 a > b,则 P1_0 = 1
    else
        P1_0 = 0 ;                    //否则,P1_0 = 0
    P1_1 = a&&b ;                     //逻辑与
    P1_2 = a ‖ b ;                    //逻辑或
    P1_3 = ! a ;                      //逻辑反
    a = 0 ;                           //变量赋值
    P1_1 = a&&b ;
    P1_2 = a ‖ b ;
    P1_3 = ! a ;
}
```

（2）编译

（3）软仿真

if-else 语句的含义是，若 a > b 成立（结果为"1"），则执行下面的语句，否则执行 else 下面的语句。P1 复位后为 0xFF。

1）执行 if-else 语句，因 a > b 不成立，结果为 P1_0 = 0。

2）a 整体逻辑状态为 1,b 整体逻辑状态为 1,所以 a&&b 结果为 1,P1_1 = 1。

3）a ‖ b 逻辑或结果也为 1,P1_2 = 1。

4）! a = 0,P1_3 = 0。

5）在 a = 0 条件下,a&&b = 0,P1_1 = 0。

6）在 a = 0 条件下,a ‖ b = 1,P1_2 = 1。

7）在 a = 0 条件下,! a = 1,P1_3 = 1。

软仿真结果证明程序运算正确。这里要注意的是,上面的逻辑运算是对变量整体逻辑而言的,与变量的大小无关。若 a = 14,它的逻辑值为 1,若 a = 36,它的逻辑值也为 1。

五、位运算

位运算是以运算量的二进制位为单位所进行的运算。它包括两部分:位逻辑运算和位移位运算。

1. 位逻辑运算（见表 4-5）

表 4-5　位逻辑运算表

运算符	名　　称	表达式	功　　能
&	位与	a&b	a 位与 b
‖	位或	a‖b	a 位或 b
~	位反	~ a	a 位反
^	位异或	a ^ b	a 位异或

位逻辑运算的规律与基本逻辑是相同的,只不过是按位进行而已。一般位逻辑运算都是以十六进制数形式进行。例如,

设 a = 0x85, b = 0x36, 执行 a&b 则按二进制展开:

$$
\begin{array}{lll}
a & 1000\ 0101 & \\
b & 0011\ 0110 & \\
\hline
a \& b & 0000\ 0100 & = 0x04
\end{array}
$$

设 a = 0x85, b = 0x36, 执行 a^b 则按二进制展开:

$$
\begin{array}{lll}
a & 1000\ 0101 & \\
b & 0011\ 0110 & \\
\hline
a\char`^b & 1011\ 0011 & = 0xB3
\end{array}
$$

状态相同结果为 0,不同结果为 1。

2. 位移位运算

有位左移和位右移两种,见表 4-6。

表 4-6 移位运算表

运算符	名　称	表达式	功　能
>>	右移	a>>1	a 右移 1 位
<<	左移	a<<1	a 左移 1 位

在左移运算中,右端的空位补 0,左端移出位则舍弃。例如,a = 0x45 = 01000101,执行 a<<1,则为 10001010,应补 0, a = 0x8A。

在右移运算中,左端的空位补 0,右端移出位则舍弃。例如,a = 0x45 = 01000101,执行 a>>1, 0 则为 00100010,应补 0, a = 0x22。

带符号的运算数右移时,左端的空位按原符号位复制,右端移出位则舍弃。

3.【例 4-5】 位运算编程

(1) 编辑 C 语言源程序

```c
#include < reg51. h >
#define uchar unsigned char
void main( void)
{
        uchar   a = 0x85, b = 0x36;         //对变量赋值
        P1 = a&b;                           //a,b 位与,赋值 P1
        P2 = a^b;                           //a,b 位异或,赋值 P2
        P3 = a<<1;                          //左移一位,赋值 P3
        P0 = a>>1;                          //右移一位,赋值 P0
}
```

（2）编译源程序

（3）软仿真调试

对于具有赋值运算符的复合语句，先执行后面运算，再执行赋值运算。

1）进入调试状态，连续执行"跟踪"，在 P1、P2、P3、P0 口可显示结果。

2）运算验证。按条件将 a = 0x85，b = 0x36，执行位运算具体如下：

$$a = 10000101$$
$$\&\ \underline{b = 00110110}$$
$$00000100 = 0x04 \quad 显示正确$$

$$a = 10000101$$
$$\wedge\ \underline{b = 00110110}$$
$$10110011 = 0xB3 \quad 显示正确$$

P3 = a << 1，左移 1 位后　a = 00001010 = 0x0A　显示正确，左位取消，右位补 0。

P0 = a >> 1，右移 1 位后　a = 01000010 = 0x42　显示正确，右位取消，左位补 0。

若下载到实验机，P2/P3/P0 可用逻辑笔观察结果。

六、条件运算

1. 说明

设 e1、e2、e3 为表达式，运算 e1? e2：e3 称为条件运算。其过程是首先计算 e1，若其值成立为真，则结果为 e2，否则结果为 e3。例如，x = (a > b)? a: b，若 a > b 为真，x = a，否则 x = b。

2. 【例 4-6】　a = 56，b = 24，计算 x = (a > b)? a: b 的结果

（1）编辑 C 语言源程序

```
#include < reg51. h >
#define uchar unsigned char
void main( void)
{
        uchar  a = 56, b = 24, x;
        x = ( a > b)? a: b;
        P1 = x;
        x = ( a < b)? a: b;
        P2 = x;
}
```

（2）编译源程序

（3）软仿真调试

1）P1 输出窗口显示 x = 00111000 = 0x38 = 56，正确。

2）P2 输出窗口显示 x = 00011000 = 0x18 = 24，正确。

七、运算顺序

当多种运算符组成一个运算表达式时，运算的优先顺序和结合性就显得十分重要。

1. 运算符的优先级

优先级决定了表达式中各运算符进行运算的先后顺序。优先级高的先执行，优先级低的后执行。例如，a + b * c 运算表达式中，乘法的优先级高于加法，所以要先执行乘法，后执行加法。

2. 运算符的结合性

当多个优先级相同的运算符组成的运算表达式，当结合性规定是从左到右，则运算必须从左到右逐个进行，当结合性规定是从右到左则运算必须从右到左逐个进行。

3.【例 4-7】 设 a = 16，b = 2，c = 5，d = 3，计算 a + +/b * b >> c% — d

（1）按运算符的优先级属性可以决定下面的顺序：

计算 x = a + +/b * b = 8 * 2 = 16 = 0x10，其中 a + +/b 是后置计算，要先计算 a/b 的值，然后计算（a/b）* b，而 a + + 的值并不影响 x 的值。

$$x = a + +/b * b$$
$$P1 = x = 00010000$$
$$y = 16 >> 5\%2 \qquad\qquad 5\%2 = 1$$
$$y = 16 >> 1$$
$$P2 = y = 00001000 = 8$$

（2）软仿真调试

调试结果证明程序与计算结果相同。

第三节 流程控制

流程控制是结构化程序设计中的重要条件。结构化程序设计使得程序的逻辑结构清晰，层次分明，有效地增强了程序的坚固性，保证了程序的质量，提高了程序开发的效率。

结构化程序设计的基本思想是，任何程序都可用三种基本结构表示，即顺序结构、选择结构、循环结构。实现上述各种结构的程序流程语句就是流程控制语句。

一、C 语言的流程控制语句分类

1）分支语句：if-else、switch-case。

2）循环语句：for、while、do-while。

3）退出语句：break、continue、goto、return。

二、分支语句 if-else

if-else 条件分支语句是选择结构的一种形式，是最常用的语句之一。

1. 流程图（见图 4-5）

2. 程序格式

> if（表达式）
>> 语句 1；
>
>> else
>> 语句 2；

译句的执行过程是，首先计算 if 后面的表达式，若表达式成立，即结果不为 0，则执行语句 1，越过语句 2 向下执行；若表达式不成立，即结果为 0，则执行语句 2，然后顺序向下执行。

3.【例 4-8】 查询 +1 键状态，若按下，则点亮灯 D0，否则继续查询

（1）编辑 C 语言源程序

```
#include < reg51. h >
#define uchar unsigned char
sbit   INC = P2^0;          // +1 键
sbit   D0 = P1^0;           // 灯 D0
sbit   D1 = P1^1;           // 灯 D1
void main( void)
{
                if( ! INC)              //若 INC = 0,则执行语句 1
                {
                D0 = 0;                 //D0 亮
                D1 = 1;                 //D1 灭
                }
        else                            //若 INC = 1,则执行语句 2
        {       D0 = 1;                 //D0 灭
                D1 = 0;                 //D1 亮
                }
}
```

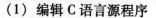

图 4-5　if-else 分支语句

（2）编译

（3）执行（软仿真调试）

复位后，所有端口为 0xFF 状态。开始查询 +1 键状态。若 +1 键为 1，则灯 D1 点亮。当 +1 键为 0，则灯 D1 灭，灯 D0 亮。

4. if-else 嵌套语句

有时必须对某些端口的状态进行查询，可以用 if-else 嵌套语句实现。

【例4-9】 查询 INC ~ H 键是否按下，若按下则输出到 P1 口显示

(1) 编辑 C 语言源程序

```c
#include < reg51. h >
#define uchar unsigned char
sbit    INC = P2^0;
sbit    DEC = P2^1;
sbit    H = P2^2;
void    main(void)
{
    uchar   a;
    while(1)
    {
        if( ! INC)
            a = 0xFE;
        else if( ! DEC)
            a = 0xFD;
        else if( ! H)
            a = 0xFC;
        P1 = a;
    }
}
```

(2) 编译

(3) 执行（软仿真）

进入仿真用软件调出 P1，P2 端口状态。单击"跟踪"，当无任何键按下，P1 = 0xFF；当其中任一键按下，则 P1 显示对应键的键码。当键抬起，键码保存。当另一键按下，键码随之改变。

5. if-缺省

有时 else 是缺省的。这意味着如果 if 后面的表达式成立（不为 0），则执行 if 下面的语句，否则直接向下执行。

【例4-10】 查询键 INC 键状态

(1) 编辑 C 语言源程序

```c
#include < reg51. h >
#define uchar unsigned char
sbit    INC = P2^0;
sbit    D0 = P1^0;
void    main(void)
```

```
            {
                while(1)
                    {
                        if( ! INC)
                            {
                                D0 = 0;
                            }
                    }
            }
```

（2）编译

（3）软仿真

当无键按下，P1 = 0xFF。当 INC = 0，则 D0 亮；当 INC = 1，则 D0 状态保持。只有复位才能重新开始。

三、开关分支语句 switch-case

1. 程序格式

```
switch（表达式）
    {
        case  判值1：  语句组1；  break；
        case  判值2：  语句组2；  break；
        …
        defaut  语句组；  break；
    }
```

语句的执行过程是，首先计算表达式，将结果与 case 设定值比较，若相等，即执行 case 后面的语句。然后用 break 跳出 switch 语句。

若找不到相等的 case 值，则执行 defaut 跳出 switch 语句。也可以不设 defaut，当找不到相等的 case 值，将不执行任何语句返回。

2. 【例4-11】 查询键值

（1）编辑 C 语言源程序

```
#include < reg51. h >
#define uchar unsigned char
  key( )                                 //键查询
    {
                uchar a, c;
                c = P2;                   //P2 状态输入
                switch（c）               //计算变量值
                    {
```

```
                            case 0xFE：a = 0；break；   //若 c = 0xFE,则 a = 0
                            case 0xFD：a = 1；break；
                            case 0xFB：a = 2；break；
                            case 0xFF：a = 3；break；
                        }
        while(P2! = 0xFF)；                              //等待键抬起
        return(a)；                                      //返回值 a
    }
void    main()
    {
        uchar    a；
        while(1)
            {
            a = key()；                                  //键值为 a
            if(a == 0)
                {
                P1 = 0xFE；                              //若 a = 0,则 P1 = 0xFE
                }
            else if(a == 1)
                {
                P1 = 0xFD；
                }
            else if(a == 2)
                {
                P1 = 0xFB；
                }
            else if(a == 3)
                {
                P1 = 0xFF；
                }
            }
}
```

(2) 编译

(3) 执行

1) 软仿真。

①进入软仿真软件。调出 P1 及 P2 状态图。

②在主函数中，单击"跟踪"执行到 a = key( )，继续单击"跟踪"，进入到子函数 key( )。

③由于无键按下，返回 a = 3。

④继续单击"跟踪"，进入 key( )。设 P2.0 = 0，返回值 a = 0。主函数 a = 0，P1 = 0xFE。

⑤当有键按下后，P2.0 只能暂时为 0，返回前必须抬起。

⑥在调试操作时，应一直单击"跟踪"，以保证执行子函数。

2) 将程序下载到实验机。执行后，按 + 1 键，P1 = 0xFE。再按一下 - 1 键，P1 = 0xFD。

四、for 语句

for 循环语句常用于不要求精确延时的程序。

1. 流程图（见图 4-6）

2. 格式

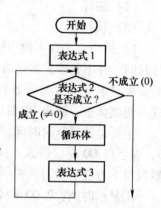

图 4-6　for 语句流程图

> for（表达式 1；表达式 2；表达式 3）
>   {
>   语句组；
>   }

语句的执行过程是，首先计算表达式 1，向下执行语句组，转去执行表达式 3，将结果按表达式 2 进行判断，若成立（不为 0），则再执行语句组，再执行表达式 3，继续循环执行，直到按表达式 2 进行判断，若结果不成立（为 0），则结束循环，向下执行。

3. 利用 for 循环进行延时，控制灯闪烁。

【例 4-12】　灯 D0 闪烁运行，间隔 0.5s。

（1）编辑 C 语言源程序

```c
#include < reg51. h >
#define uchar unsigned char
sbit    P1_0 = P1^0;
void delay(void)
{
        uchar i,j,k;
        for(i = 0;i < 5;i ++ )
            {
            for(j = 0;j < 100;j ++ )
                {
                for(k = 0;k < 167;k ++ )
```

```
                              {;}
                          }
                      }
  }
void main( void)
{
        loop:        P1_0 = ~ P1^0;
                     delay( );
                     goto loop;
}
```

（2）编译

（3）执行

1）软仿真。在本例中，使用了 3 个 for 循环进行延时。但每一个空语句的执行时间，并不是像汇编语言那样是按晶体振荡器频率计算出的空指令的执行时间，而要决定于 C 语言编译器的空语句时间，可以通过软仿真计算得到。现在让我们进入调试状态，调出 P1 窗口。

主要是计算延时时间。单击"跟踪"，P1.0 = 0，表示灯 D0 亮。进入 {;} 空语句。在目标管理器窗口下方显示执行一次空运行的时间。

①显示时间：0.00080400 sec。单击"跟踪"，执行一次空运行。

②显示时间：0.00081000 sec，如图 4-7 所示。

由此可计算出执行一个空语句运行的时间为
$0.00080400 - 0.00081000 s = 0.000006 s = 6 \times 10^{-6} s$
$= 6 \mu s$。

③单击"RST"，返回开始状态。单击"跟踪"，执行到 delay（）。单击"单步"，可以得到整个延时子函数的时间 $6 \times 167 \times 100 \times 5 \mu s = 501000 \mu s = 0.5 s$。实际显示：0.50685s。

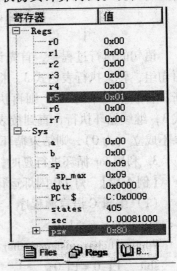

图4-7 执行时间

2）下载到实验机。可观察到灯 D0 的闪烁，间隔时间约为 0.5s。

（4）程序点评

本例的目的是理解 for 循环语句，并通过仿真计算每一个空语句执行时间为 $6\mu s$。这为以后计算延时时间提供了条件。如果想实际观察 for 循环语句的执行，可以进行单步执行，即一步步执行即可了解每一个循环的执行过程。为了简化，延时子函数也可以写为如下形式：

```
        void delay( void)
```

```
    {
        uchar i,j,k;
        for(i=0;i<6;i++)
            for(j=0;j<250;j++)
                for(k=0;k<250;k++);
    }
```

这个效果与原来相同。用 C 语言软件进行的延时与直接用纯硬件 NOP 空指令的延时时间是不同的。C 语言的软件延时除受设置的晶振频率的影响，还受编译器的影响，准确度不是很高。若必须精确延时，要加头文件 < intrins. h > 及_NOP_( );语句。

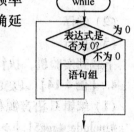

图 4-8　while 语句流程图

五、循环语句 while

1. 流程图（见图 4-8）

2. 格式

```
        while（表达式）
        {
            语句组；
        }
```

语句的执行过程是，首先计算表达式的值，若结果成立（非 0），则执行循环体内语句组，重复执行直到结果不成立（=0）则结束循环，向下执行。

无限循环，因为表达式的结果恒定为 1，等于结果永远非 0，就是无条件循环。

条件循环，只有表达式的结果成立才进入循环，一旦不成立，则结束循环。

随机跳出循环，在无限循环条件下，一旦随机条件成立，则跳出循环，否则一直循环下去。

3. **【例 4-13】** P1 口循环输出二进制码

（1）编辑 C 语言源程序

```
#include < reg51. h >
#define uchar unsigned char
void delay(void)                           //延时 0.5s
{
        uchar i,j,k;
        for(i=0;i<5;i++)
            for(j=0;j<100;j++)
                for(k=0;k<167;k++);
}
void main(void)
{
```

```
            uchar   a = 0xff;
            while(1)                          //无限循环
               {
                  P1 = a;
                  delay();                     //延时0.5s
                  a -- ;                       //a 减1
               }
            }
```

(2) 编译

(3) 执行

下载到实验机，执行后，观察 P1 口的变化。

4. 【例 4-14】 以变量 a 为表达式

(1) 编辑 C 语言源程序

```
#include < reg51. h >
#define uchar unsigned char
void main( void)
   {
               uchar   a = 0;
               while( a <= 50)
                  {
                     a ++ ;
                  }
         P1 = a;
   }
```

(2) 编译

(3) 软仿真

由于无延时，本例只能在软仿真窗口中执行。

5. 【例 4-15】 当 +1 键按下，立即跳出 while 循环

(1) 编辑 C 语言源程序

```
#include < reg51. h >
#define uchar unsigned char
sbit    INC = P2^0;
void delay(void)                              //延时0.5s
    {
               uchar i,j,k;
               for(i = 0;i < 5;i ++ )
```

```
        for(j = 0;j < 100;j + + )
            for(k = 0;k < 167;k + + ) ;
    }
void main(void)
    {
            uchar   a = 0;
            while(1)
                {
                    a + + ;
                    delay( );
                    if( ! INC) break;
                }
            P1 = a;
    }
```

（2）编译

（3）执行

1）软仿真。单击"跟踪"，a + 1，一直进行。当 + 1 键为 0 时（按下时），立即停止变化。

2）下载到实验机。执行后，当按下 + 1 键，立即停止变化。

六、循环语句 do-while

1. 流程图（见图4-9）

2. 程序格式

```
        do
            {
                语句组;
            } while（表达式）;
```

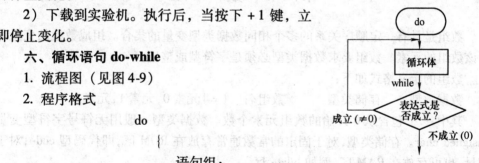

图 4-9 do-while 语句流程图

do-while 循环的执行过程是，首先执行语句组，然后计算表达式的值，当表达式的结果成立（非0），则再执行语句组，直到表达式结果不成立（=0）结束循环。其特点是至少执行一次语句组。

3. **【例 4-16】** 查询按键是否抬起

（1）编辑 C 语言源程序编程

```
#include < reg51. h >
#define uchar unsigned char
sbit INC = P2^0;
void   main(void)
```

```
    {
        while(1)
        {
            if( ! INC)                              //若 INC = 0
            {
                P1 = 0xFE;                          //灯 D0 亮
                do
                {
                    { ; }
                } while( ! INC) ;                   //INC = 1 退出
            }
        }
    }
```
（2）编译
（3）执行

软仿真。若 INC = 1,不动作。当按下 + 1 键,D0 灯亮,直到 INC = 1 退出。

第四节　数　　组

数组是具有一定顺序关系的多个相同数据类型变量的集合。组成数组的变量称为该数组的元素。数组要求数据类型必须是字符型或整型。

数组的定义格式如下:

数据类型　　　存储类型　　　数组名[ ] = {元素 0,元素 1,元素 2,…};

其中,[ ] 包含从 0 开始的数组元素个数。数据类型一般用无符号字符型变量 unsigned char。存储类型,对于固定的常数通常存放在 ROM 区,即代码型 code;对于变量,也可存放在 RAM 区,例如 bdata 区。

如果要在 ROM 区设置一系列常数,单独表示就很麻烦,而要用数组表示就非常方便,例如:

unsigned char code form[ ] = {2,4,6,8};

可以用下列方式取出数组内容:

form[0] = 2
form[1] = 4
form[2] = 6
form[3] = 8

若将 [ ] 中设一变量 i , 则变化 i 的值, 可以读取数组任何元素的内容。

一、一维数组练习

单一元素量的数组称一维数组。

1. 【例 4-17】 读取数组内容

（1）编辑 C 语言源程序

```
#include <reg51.h>
#define uchar unsigned char
uchar   code   a[ ] = {2,4,6,8};
void   main(void)
{
                  P1 = a[0];              //读取元素 0 内容
                  P0 = a[1];              //读取元素 1 内容
                  P2 = a[2];              //读取元素 2 内容
                  P3 = a[3];              //读取元素 3 内容
}
```

（2）编译

（3）执行

进行软仿真。程序执行后，P1 = 00000010 = 2，P0 = 00000100 = 4，P2 = 00000110 = 6，P3 = 00001000 = 8。

（4）程序点评

本例是练习从数组内读取数据到端口显示。但这个结果是在软仿真的平台内观察的。若要想下载到实验机，对 P0、P2、P3 口要用逻辑笔实际测试结果。P0 口必须加上拉电阻 $8 \times 10k\Omega$。

2. 【例 4-18】 读取数组内容，并在 P1 口分时显示。

（1）编辑 C 语言源程序

```
#include <reg51.h>
#define uchar unsigned char
uchar   code   a[ ] = {2,4,6,8};
void   delay(void)
{
          uchar  i,j,k;
              for(i = 0;i < 10;i ++ )                //延时 10 × 0.1s = 1s
              for(j = 0;j < 100;j ++ )
                  for(k = 0;k < 167;k ++ );
}
void   main(void)
{
```

```
            uchar  i;
            while(1)
              {
                  for(i=0;i<4;i++)
                    {
                      P1=a[i];                    //读取数组内容
                      delay();
                    }
              }
    }
```

（2）编译

（3）执行

进行软仿真，程序执行后，P1 口显示数组的内容。

二、多维数组

只有单一元素量的数组称一维数组。但在有些情况下，需要 [x] [y] 坐标共同确定数据常数。例如，对于 LED 点阵的字形码就需要水平和垂直坐标确定数据常数，这就要用多维数组。例如下面一个数组

unsigned char code a[2][3] = { {1,3,5} , {2,4,6} } ;

调用时，按两部分进行，即：

a[0][0]=1

a[0][1]=3

a[0][2]=5

a[1][0]=2

a[1][1]=4

a[1][2]=6

1. 【例4-19】 多维数组内容提取

（1）编辑 C 语言源程序

```
#include < reg51.h >
#define uchar unsigned char
uchar  code  a[2][3] = { {1,3,5} , {2,4,6} } ;        //多维数组定义
void  delay(void)
{
      uchar  i,j,k;
              for(i=0;i<5;i++)                      //延时0.1×5s=0.5s
                for(j=0;j<100;j++)
                  for(k=0;k<167;k++);
```

```
    }
void   main(void)
{
            uchar   i,j;
            while(1)
              {
                for(i =0;i <2;i ++)                    //i 等于第 1 行
                  for(j =0;j <3;j ++)                  //j 等于第 1 列
                    {
                        P1 = a[i][j];
                        delay();
                    }
              }
}
```

（2）编译

（3）执行

进行软仿真，程序执行后，按 i、j 参数的变化，调出多维数组内容到 P1。

当 a = [i][j] = [0][1] =3 时，P1 = a，显示 P1 =000000110。

$$a = [0][0] =1$$
$$a = [0][1] =3$$
$$a = [0][2] =5$$
$$a = [1][0] =2$$
$$a = [1][1] =4$$
$$a = [1][2] =6$$

这种方式对 LED 点阵的数据提取是非常合适的。

2. 【例 4-20】 多维数组内容提取——流水灯

（1）编辑 C 语言源程序

```
#include < reg51.h >
#define uchar unsigned char
uchar code LED[2][8] = {{0xFE,0xFD,0xFB,0xF7,0xEF,0xDF,0xBF,0x7F},
                        {0x7F,0xBF,0xDF,0xEF,0xF7,0xFB,0xFD,0xFE}};
                                                            //流水灯代码
void   main(void)
{
            uchar   i,j;
            while(1)
```

```
                        {
                    for( i = 0 ; i < 2 ; i ++ )
                        for( j = 0 ; j < 8 ; j ++ )
                            {
                                P1 = LED[ i ][ j ] ;
                            }
                        }
                    }
```

（2）编译

（3）执行

进行软仿真，程序执行后，按 i，j 参数的变化，调出多维数组内容到 P1。可以一步步地执行，观察 P1 口输出。其效果就是上下循环的流水灯。相比用移位语句和一维数组，本程序更加简洁。

（4）程序点评

本例是多维数组的应用。由于省去延时，本程序只能在软调试平台上执行，用 P1 口观察输出结果。

第五节 函 数

C 语言程序的特点是程序整体是由一个或多个称为函数的程序块组成。每个函数都具有独立的功能。因此，C 语言程序是十分适宜实现模块化结构化的程序设计语言。本节将介绍关于函数的基本内容。

一、函数的特点

所谓"函数"，从数学意义上讲就是表示变量之间的变化关系。例如：

$$y = x^2 + 5$$
$$当 x = 0 \quad y = 5$$
$$当 x = 1 \quad y = 6$$
$$当 x = 2 \quad y = 9$$
$$\cdots$$

它表示变量 x 和变量 y 之间的变化关系，$y = x^2 + 5$ 就是函数。在 C 语言的函数中，必须有一个并且只能有一个函数称为主函数，即 main。不管 main 函数是在前还是在后，程序总是从主函数 main 开始执行。主函数中的所有语句或子函数执行完，则程序结束。每个函数模块称为该函数的定义。用户可以自己定义需要的函数，编译系统也提供标准函数，在程序中可以直接调用。例如，头文件就是标准库函数。

在函数内部不允许再定义任何其他的函数，但可以调用另外一个已定义的函数，这称为函数调用。这样的函数模块既保持了独立性，又具有高度的灵活性。在调用一个函数时，只需知道它的功能、输入和输出条件，而无需了解函数内部的程序内容，就像我们使用存储卡一样，这种特性为软件的结构化提供了有利条件。

二、函数的定义

1. 函数的类型

在建立一个函数模块时，与变量一样，必须先定义然后才能被调用。函数定义的格式如下：

```
函数数据类型        函数名（形式参数）
{
        局部变量声明
        语句组
}
```

这里，函数数据类型是指函数本身返回值的类型，而不是指函数内部变量的类型。有两种情况：一是对于无返回值的函数，用"void"表示；二是对于有返回值的函数，按返回值的数据类型声明。

对于形式参数，若需要则按形参类型声明，若不需要形参，则按 void 声明。

2.【例 4-21】 某函数模块

```
void k_0(void)
{
        if( ! INC)
        {
                a = 1;
        }
        else
        {
                a = 0;
        }
}
```

或写为

```
void   k_0(void)
{
        if( ! INC)
                a = 1;
        else
                a = 0;
}
```

更简单一些,可写为

```
void    k_0(void)
{
    if( ! INC)  a = 1;
    else        a = 0;
}
```

上面 3 种都是合格的形式。本例中，已声明函数无返回值，也无需形参。

3. 【例 4-22】　某函数模块

```
uchar    k_0(void)
{
    uchar   a;
    P2 = 0xFF;
    if( ! P2_0)  a = 5;
    else        a = 0;
    return   a;
}
```

本例中，已声明函数有返回值，返回值的数据类型是无符号字符型 uchar，无需形参。return 后面的变量是函数的返回值。按规定，return 后面只能有 1 个返回值。

4. 【例 4-23】　某延时函数模块

```
void    delay(uchar   n)
{
    uchar   i,j,k;
    for( i = 0 ;i < n;i ++ )
        for( j = 0 ;j < 250;j ++ );
}
```

本例中，已声明函数无返回值，形参 n 的数据类型是无符号字符型 uchar。n 的范围可以在 1 ~ 255 内设置。

三、函数的数据传送

1. 利用参数传值调用

使用参数在函数间传送数据时，主调函数的参数必须是实参，也就是必须是实际值。被调函数的参数是形参，可以是一个或几个变量。实参的个数、顺序和数据类型必须与形参一致。

主调函数被执行后，实参值即被传送到被调函数中执行，完成后返回主调函数的程序中继续向下执行。这种调用称为传值调用。

【例 4-24】　D0 灯闪烁，间隔时间 0.5s

(1) 编辑 C 语言源程序

#include < reg51. h >

```
#define uchar unsigned char
sbit    D0 = P1^0;
void    delay(uchar   n)
    {
              uchar   i,j,k;
              for(i = 0;i < n;i ++ )
                for(j = 0;j < 100;j ++ )
                  for(k = 0;k < 167;k ++ );
    }
void    main(void)
    {
              while(1)
                {
                    D0 = ~ D0;
                    delay(5);
                }
    }
```

（2）编译

（3）执行

进行软仿真,单击"单步",P1.0 = 0,延时,P1.0 = 1,延时……这就相当于表示 D0 取反,灯闪烁运行,间隔时间为 0.5s。

（4）程序点评

本例中,主调函数是 delay(5),其中(5) 是实参。由于一个空执行 {} 时间为 6μs,总延时时间为 6 × 167 × 100 × 5μs = 500ms = 0.5s。

由于传值调用的引入,通过改变实参,可以使延时时间在很大范围内变化,而程序本身无需改变。如果设实参为 1,则延时时间为 100ms。如果设实参为 255,则延时时间为 100ms × 255 = 25.5s。利用传值调用,可以灵活设置延时时间。

若形参的数据类型为 uchar 型,实参范围只能为 1 ~ 255。若为 uint 型,实参最大可以到 65535。但为了让程序快速运行,一般应尽量用 uchar 型。

2. 利用函数返回值传送

【例 4-25】　调用函数 a + b 的和

（1）编辑 C 语言源程序

```
#include < reg51. h >
#define uchar unsigned char
uchar    add(uchar a,b)
    {
```

```
            uchar c;
            c = a + b;
            return  c;
    }
void   main(void)
    {
            uchar c;
            c = add(5, 6);
            P1 = c;
    }
```

(2)编译

(3)执行

进行软仿真,单步执行,P1 = 0000 1011 = 0x0B。因为 c = 5 + 6 = 11 = 0x0B。证明程序执行结果正确。执行到大括号程序停止。

(4)程序点评

本例通过程序执行,验证了函数的传值调用功能。add(5,6)中的数值就是实参。由于传值调用,将实参送到 add(),执行后,利用返回值 c 送回主函数。必须注意,主程序中的变量 c 必须设置变量类型为 uchar,否则会出错。传值调用为程序提供了很大的灵活性。若将 add( )形参类型改为 uint,变量 c 的范围可以到 65536。

3. 利用全局变量传送

【例4-26】

(1) 编辑 C 语言源程序

```
#include < reg51. h >
#define uchar unsigned char
uchar   data   c;                              //全局变量设在 data 区
add()
    {
            uchar a = 25, b = 30;
            c = a + b;
    }
void   main()
    {
            add();                             //调函数
            P1 = c;                            //全局变量输出
    }
```

(2)编译

（3）执行

进行软仿真，连续单击"单步"执行，P1 = 00110111 = 0x37，c = 25 + 30 = 55 = 0x37，程序执行正确。注意，单步执行到大括号即停止，不能再向下执行。

单击"RST"，系统复位，程序从头开始。

（4）程序点评

本例验证了函数用全局变量执行传值调用。由于 c 是全局变量，因而可以执行 add( )，并显示结果。在 add( ) 中不用加返回值。在主函数 main 中只执行 add( )，不要加赋值 c 。因为执行了 add( ) 就得到了 c 值。

四、关于变量的作用范围

变量按作用范围分有全局变量和局部变量。全局变量通常在程序的开始处定义，它对程序中的各个模块都有效。全局变量在存储器中一旦定义，在程序的整个运行期间就不会改变。局部变量是在函数模块内部定义的变量，它只在本函数内部有效，一旦函数运行结束，局部变量即被清除，不再占用存储空间。全局变量会影响函数的独立性。因此，应尽量少用或不用全局变量。

第六节　指　　针

指针（point）是 C 语言中最具特色的功能之一。指针表示的是变量的地址而不是变量本身，而指针变量即是地址的变量。由于可以对地址变量进行运算，给程序设计带来很大灵活性，使程序更加简洁和清晰，可以对计算机硬件进行更好的交互。

一、基本概念

指针变量也是一种变量，它与变量的定义是相同的，也为

数据类型　　　存储类型　　　变量名

例如，定义无符号字符型变量 unsigned　char　a ;

指针变量　　　　　　　　　unsigned　char　*p;

这里，p 表示指针变量名，* 号表示它是指针变量，表示与一般变量的区别，是指针变量定义时必需的符号。因为 point 就是指针，所以字符 p 也成为定义指针变量的通用符号。

虽然变量已经定义，但这时 a 与 *p 并没有任何关系。下面建立它们之间的联系：

p = &a

这里，符号 & 是取地址运算，即取变量 a 的地址赋予指针变量 p 。取消了 * 号，表示 p 是地址值。

a = *p

这里，符号 * 表示取地址 p 中的内容赋予变量 a 。这时，* 号的意义与指针变量定义中用的 * 号意义是有区别的。指针变量定义中的 * 号，只是一个定义

符号，并没有实际运算意义。而 a = * p 语句中的 * 号是取地址中的数据内容，是运算符。两者形式虽然相同，但应用场合不同，意义也不同。

使用指针处理数据的原理：设有两个变量 a 和 b，为了将 a 值复制到 b 中去，有两种方法。一是直接赋值，即

$$b = a$$

另一种是使用指针，设一指针变量

$$* pa$$

pa = &a　　　//对指针变量赋值，指针与变量 a 建立联系

b = * pa　　　//取 * pa 内容赋予 b，即 b = a。

虽然两种方法都可以达到同样结果，但意义却有所不同。指针变量是存放另一个变量地址的变量。它不是一般的数据，而是一个地址。这样就可以通过指针对其所指向内存区域中的数据进行各种处理。这种地址变量，对于硬件的操作具有重要意义。

二、指针与数组

在 C 语言中，指针与数组之间的关系十分密切。数组是相同数据类型的集合，数组用其下标变化对数组中的元素进行处理。例如，定义一个数组：

unsigned char　code　a [4] = {…};

则 C 语言编译器会在一定的内存区域为该数组分配 4 个连续的存储空间，分别是 a [0]、a [1]、a [2]、a [3]。用 a [i] 表示，即可以通过变量 i 的变化，取得数组中的元素内容。

通过指针也可以得到数组中的元素。例如，定义一个指针

unsigned char * pa ;

pa = &a[0];　　　　　　　//对指针赋值

也就是　　　pa = a;　　　　　　　　　//指针指向数组的首地址

a[0] = * pa　　　　　　　//取地址中的数据

a[1] = * (pa + 1)

a[2] = * (pa + 2)

a[3] = * (pa + 3)

则使用 a[i] = * (pa + i)，即可以通过 i 的变化，取得数组中的元素。这与直接用数组进行处理结果是相同的。

三、举例

1. 【例 4-27】 取地址中的内容运算

（1）编辑 C 语言源程序

```
#include < reg51. h >
#define uchar unsigned char
uchar  a;                              //定义变量 a
```

```
uchar    data    * pa;                              //定义指针变量 * pa;
void main(void)
{
        a = 0x36;                                   //a 赋值
        pa = &a;                                    //取 a 地址赋予 pa
        P1 = * pa;                                  //取 a 地址的内容赋于端口 P1
}
```

（2）编译

（3）执行

程序执行后，P1 = 00110110 = 0x36。这里为了区别不同的指针变量定义，* p 是不能省略的，在 * p 后面加入一个字符写为 * pa，或写为 * pb ·* px 等。

本例中的程序证明，* pa 的运算结果就是 a 值。因为 a 的地址是由 C 语言编译器决定的，无需用户参与。

（4）程序点评

本例执行的结果，证明了取地址运算符和取地址中数据运算符的运算结果。

2. 【例 4-28】　指针法读取数组内容

（1）编辑 C 语言源程序

```
#include < reg51. h >
#define uchar unsigned char
uchar  code  a[ ] = {2,4,6,8};                     //定义数组
void delay(void)
{
        uchar  i,j;
        for(i = 0;i < 5;i ++ )                      //延时 5 × 100ms
          for(j = 0;j < 100;j ++ )
            for(k = 0;k < 167;k ++ );
}
void main(void)
{
        uchar  c, d;                               //定义局部变量
        uchar  * pa;                               //定义指针
        pa = a;                                    //将数组首地址赋予指针
        while(1)
          {
        for(i = 0;i < 4;i ++ )
          {
```

```
        c = a[i];               //取数组内容
        d = * (pa + i);         //用指针取数组内容
        P1 = d;                 //输出到 P1
        delay();                //延时 0.5s
        }

    }

}
```

由于 pa = a(即 pa = &a[0]),也就是将数组 a[0]的地址赋予 pa,下面关系成立:

$$i = 0 \qquad pa = \&a[0] \qquad\qquad a[0] = *pa \qquad\qquad P1 = a[0]$$
$$i = 1 \qquad (pa + 1) = \&a[1] \qquad a[1] = *(pa + 1) \qquad P1 = a[1]$$
$$i = 2 \qquad (pa + 2) = \&a[2] \qquad a[2] = *(pa + 2) \qquad P1 = a[2]$$
$$i = 3 \qquad (pa + 3) = \&a[3] \qquad a[3] = *(pa + 1) \qquad P1 = a[3]$$

(2) 编译

(3) 执行

1) 软仿真。进入仿真,单步执行,当 i = 0 时,c = 0x02,d = 0x02,P1 = 00000010 = 02。可以观察变量及 P1 输出。

当 i = 1、2、3 时,其输出与数组对应值相同。此例证明直接用数组取值与用指针法数组取值完全相同,即变量 c 与 d 是同一个值。

2) 下载到实验机。程序执行后,应可以在 P1 口看到数组内容的变化。

(4) 程序点评

本例验证了数组与指针的关系。pa = a 就是 pa = &a[0],从而得到数组的元素内容,与直接用数组运算是一致的。

3. 【例 4-29】 用地址作为函数的传送变量

(1) 编辑 C 语言源程序

```c
#include < reg51. h >
#define uchar unsigned char
add( uchar * w, uchar * z)
{
        uchar a, b, c;
        a = * w;                //取地址 w 内容赋予 a
        b = * z;                //取地址 z 内容赋予 b
        c = a + b;              //求和值
        return(c);              //返回值 c
}
void main( void)
{
```

```
        uchar   a=4, b=5,c;        //变量初始化
        uchar   *x, *y;            //定义指针变量
        x = &a;                    //定义 a 的地址为 x
        y = &b;                    //定义 b 的地址为 y
        c = add(x,y);              //调用子函数 add( )
        P1 = c;                    //输出到 P1
}
```

（2）编译

（3）执行

软仿真

1）进入仿真，单击"跟踪"。

2）变量运算结果及 P1 口显示证明，程序正确执行。

（4）程序点评

函数 add(x,y)中,x, y 是函数的实参,也是变量 a、b 的地址。主调函数将此地址变量传送到 add( )函数的形参 *w 和 *z,在函数中再取地址的内容到变量 a、b,并进行加法运算,将结果通过返回值 c 返回到主函数,并在 P1 口显示结果。

这是一个简单例子，用以说明用地址作为形参进行函数间数据传送。

4.【例 4-30】　用数组名作为函数的传送变量

（1）编辑 C 语言源程序

```
#include < reg51. h >
#define uchar unsigned char
sum(uchar *f, uchar n)                  //加法和子函数
{
        uchar   i,s;                    //i,s 为局部变量
        for(i=0;i<n;i++)                // n=4
        {
            s=s+ *(f+i);                // *(f+1)就是数组 a[f+i]
        }
    return(s);                          //返回值 s
}
void    main()
{
        uchar   a[ ]={1,2,3,4};         //定义数组 a 的内容
        uchar *pa, n=4, s;              //定义指针变量 *pa,局部变量 s
        pa = a;                         //指针变量赋值 pa = &a[0]
        s = sum(a,n);                   //a,n 为函数 sum 的实参
```

```
        P1 = s;                          //输出到 P1
}
```

（2）编译

（3）执行

1）进入软仿真，单击"跟踪"执行。

2）输出加法运算结果到 P1，P1 = 00001010 = 0 × 0A = 10。

（4）程序点评

这里，函数传送的实参是一个包括一系列实数的数组 a [ ]。实际上是将 &a [0]首地址传送给被调函数的形参 * f。当被调函数有了首地址，就可以按数组地址的变化 * （g + i）调出其中的数据内容 s，进行加法运算。完成后，返回 s，并传送到主函数，输出到 P1。注意，虽然主函数中的变量名 s 与返回值 s 同名，但仍然是两个独立的变量，必须在主函数及子函数中分别定义。这一点也是 C 语言的特点和优点。

第七节　编程练习（一）

通过上面的学习，初步了解了嵌入式 C 语言的基本知识。本节将围绕实验机本身提供的硬件资源进行的编程练习。

一、LED 灯

1.【例 4-31】　流水灯

（1）编辑 C 语言源程序

```
#include < reg51. h >
#define uchar unsigned char
void    delay(uchar n)                    //延时(形参 n)n × 0.1s
{
    uchar   i,j,k;
    for(i = 0;i < n;i ++ )
      for(j = 0;j < 100;j ++ )
        for(k = 0;k < 167;k ++ );
}
void    main(void)
{
    uchar   a,i;
    while(1)
      {
        a = 0xFE;                        //初始状态
```

```
        P1 = a;                          //输出到 P1
        for( i = 0;i < 8;i + + )
            {
            P1 = a;
            delay(5);                     //延时 0.5s
            a < < = 1;                    //左移 1 位
            a = a|0x01;                   //最低位为 1
            }
        a = 0xBF;                         //返回起点
        for( i = 0;i < 6;i + + )
            {
            P1 = a;                       //输出到 P1
            delay(5);                     //延时 0.5s
            a > > = 1;                    //右移 1 位
            a = a|0x80;                   //最高位为 1
            }
        }
    }
```

（2）编译

作为编程练习，"//"后面的注释部分无需输入。键入时，要注意每一条语句的格式，例如，"{ }"、";"等不能遗漏，所有标点符号用英文输入状态下的符号。

（3）执行

1）软仿真。操作方法见前节。编译通过后，点"调试"进入软仿真状态。

①点击"外围设备"，调出 P1 状态。点击"W 监视及堆栈"，调出变量窗口。

②执行时，所有操作均采用"单步"，一步步地执行。

变量 i 及 a,P1 口变化如下：

初始化	P1 = 1111 1110	
i = 0	P1 = 1111 1110	延时 0.5s
i = 1	P1 = 1111 1101	延时 0.5s
i = 2	P1 = 1111 1011	延时 0.5s
i = 3	P1 = 1111 0111	延时 0.5s
i = 4	P1 = 1110 1111	延时 0.5s
i = 5	P1 = 1101 1111	延时 0.5s
i = 6	P1 = 1011 1111	延时 0.5s
i = 7	P1 = 0111 1111	延时 0.5s
i = 0	P1 = 1011 1111	延时 0.5s

i = 1	P1 = 1101 1111	延时 0.5s
i = 2	P1 = 1110 1111	延时 0.5s
i = 3	P1 = 1111 0111	延时 0.5s
i = 4	P1 = 1111 1011	延时 0.5s
i = 5	P1 = 1111 1101	延时 0.5s

返回初始化,开始下一轮循环。

③跟随语句的执行,可以看到 P1 状态的变化。

2) 将程序下载到实验机。将上面 C51 源程序编译后的 HEX 文件通过 STC-ISP 下载软件写入目标板(实验机)观察结果,应显示流水灯效果。

(4) 程序点评

1) 延时子函数的延时计算: $t = 6\mu s \times 167 \times 100 \times 5 = 500ms = 0.5s$

2) 因为变量 a 左移 1 位后,最低位必须是 1。用逻辑位或 0x01 来保证。

3) 因为变量 a 右移 1 位后,最高位必须是 1。用逻辑位或 0x80 来保证。

2. 【例4-32】 广告灯

所谓广告灯,就是可以任意变化显示方案的灯。也就是将灯的显示码存入芯片的 ROM 内,执行时可顺序调出,达到彩灯的效果。显示码可以任意设置。

(1) 编辑 C 语言源程序

```
#include < reg51. h >
#define uchar unsigned char
uchar    code    a[ ] = {0xFE,0xFC,0xF8,0xF0,0xE0,0xC0,0x80,0x00
                0x80,0xC0,0xE0,0xF0,0xF8,0xFC};    //显示灯代码
void    delay(uchar    n)
{
    uchar  i,j,k;
        for(i=0;i<n;i++)
        for(j=0;j<100;j++)
         for(k=0;k<167;k++);
}
void    main(void)
{
        uchar  i;
        while(1)
        {
            for(i=0;i<14;i++)     //0~13 次循环
            {
                P1 = a[i];        //调数组 a 的内容
```

```
                    delay(5);              //延时 0.5s
                }
            }
}
```

（2）编译

（3）执行

1）软仿真。实际上就是将显示码放入数组，每次调用数组内容输出到 P1 口。

2）下载到目标机，具体操作见第一章。

（4）程序点评

本例用数组 a 存储显示码，存储类型为 code 型，放在 ROM 区。用 for 循环调用数组内容输出到 P1 口，分时以灯的二进制码显示，形成广告灯效果。用存储代码的方法可以对编码进行任意编排，比用移位方法简单得多。

3.【例 4-33】　用指针法显示广告灯

（1）编辑 C 语言源程序

```
#include < reg51. h >
#define uchar unsigned char
uchar   code   a[ ] = {0xFE,0xFC,0xF8,0xF0,0xE0,0xC0,0x80,0x00, 0x80,
                       0xC0,0xE0,0xF0,0xF8,0xFC,0xFE,0xFF};
                                            //显示灯代码
void   delay(void)
    {
        uchar   i,j,k;
            for(i = 0;i < 5;i ++ )
              for(j = 0;j < 100;j ++ )
                for(k = 0;k < 167;k ++ );
    }
void   main(void)
    {
        uchar   i, * pa;
            while(1)
                {
                    for(i = 0;i < 16;i ++ )
                      {
                        pa = a;                //等效于 pa = &a[0]
                        P1 = * (pa + i);        //pa + i = &a[i], * (pa + i) = a[i]
                        delay();               //延时 0.5s
```

```
                    }
                }
        }
```

（2）编译

（3）执行

1）软仿真。单击"单步"执行程序，核对 P1 口的输出状态，与数组的内容相同，证明程序正确。

2）下载到实验机，显示相同效果。

（4）程序点评

本例与例 4-30 相同，只不过调用方式改为指针。根据指针的定义 pa = a 等效于 pa = &a[0]，即数组 a[0] 的地址。若将数组的元素序号用变量 i 代表，则可以表示 pa + i = &a[i]。当然，∗(pa + i) = a[i]，取地址 pa + i 的内容就是数组的内容。所以 P1 = ∗(pa + i)，P1 就是数组 a 的内容，即

$$i = 0 \qquad P1 = a[0]$$
$$i = 1 \qquad P1 = a[1]$$
$$i = 2 \qquad P1 = a[2]$$
$$\cdots$$
$$i = 15 \qquad P1 = a[15]$$

二、数码管静态显示器

本实验机的数码管显示器是以两片 74HC164 组成两管静态共阳显示器。其特点是在新数据刷新前原数据一直保持，不需扫描。因而显示亮度好，显示稳定，无闪烁。

1. 【例 4-34】 用字形码在数码管显示十六进制数 0x35

（1）编辑 C 语言源程序

```c
# include < reg51. h >              //头文件
#define uchar unsigned char        //宏定义
sbit   din = P3^3;                 //定义 74HC164 数据线
sbit   ck = P3^4;                  //定义 74HC164 移位脉冲线
void   send( uchar   byte)          //移位子函数
{
        uchar   i;                 //局部变量
        ck = 0;                    //准备
        for( i = 0; i < 8; i + + )
        {
                if( ( byte&0x80) = = 0x80)
                {
```

```
                    din = 1;                //若与运算结果为0x80,则 D7 = 1
                }
            else
                {
                    din = 0;                //若与运算结果为0x00,则 D7 = 0
                }
            ck = 1;
            ck = 0;                         //ck 产生移位脉冲下降沿
            byte << = 1;                    //左移一位,循环直到跳出
            }
        }
    void    main( void)
        {
            send(0x92);                     //低位数码管,"5"字形码是0x92
            send(0xb0);                     //高位数码管,"3"字形码是0xb0
        }
```

（2）编译

对于 C 语言程序,必须通过编译生成 HEX 文件才能被执行。由于输入字符错误、语法错误、变量设置格式错误等问题,会导致编译不能通过。因此,对每一个语句应注意检查语法格式。在信息栏显示出错信息时,应按显示的内容进行修改,然后重新编译,直到通过为止。

（3）执行

编译通过,只说明语法通过,若让程序运行达到预定目标,必须经过调试。

一般来说,一段程序,不管是汇编语言程序还是 C 语言程序,不经过任何调试检验直接下载到目标机执行就能通过是不太可能的,除非粘贴已调试好的程序,或很简单的程序。调试过程是程序由设计到运行之间必须经过的一个阶段。其中调试平台的性能和设计者操作的熟练程度是决定调试进度的关键因素。

调试的目的是通过使用跟踪、单步、断点等手段检验程序运行中各个变量、参数是否正确,从而确定程序能否达到设计要求。调试分为软仿真调试和在线仿真调试两种。软仿真是在不连接硬件系统的条件下,单纯地在计算机上模拟硬件系统的运行。它可以避免硬件系统的故障和损坏。这对初学者特别有利,可以放心地在模拟系统上通过各种方法运行程序,检验它的运行结果。

1）软仿真调试。

①单击"调试"→"开始→停止",在 main 的第 1 条语句处出现米黄色箭头图标,表示已经进入调试状态。

②单击"外围设备"→"I/O-Ports"→"Port_3",显示 P3 状态窗口。

③单击"视图"→"符号窗口"→"din",数据 din 的位地址为 0xB0.3。

④单击"视图"→"M 存储器窗口",在下面信息栏显示地址内容,如果是第一次使用,内容是片内 RAM 的状态。初始值全部为 00。

⑤单击"视图"→"W 监视 & 调用堆栈窗口",在信息栏显示变量窗口。

⑥连续单击"跟踪"执行程序,进入 send（ ）子函数内,在变量窗口显示形参 byte 和 i 的值。

⑦连续单击"跟踪"执行程序,观察变量 byte、i、din 的变化,具体如下:

		din
i = 0	byte = 0x92 = 10010010	
		1xxx xxxx
i = 1	0x24 = 00100100	01xx xxxx
i = 2	0x48 = 01001000	001x xxxx
i = 3	0x90 = 10010000	1001 xxxx
i = 4	0x20 = 00100000	01001 xxx
i = 5	0x40 = 01000000	001001 xx
i = 6	0x80 = 10000000	10010010
i = 7	0x00 = 00000000	01001001

由于 74HC164 是由低位到高位输入,因而 i = 7 时 din 的数值应为 10010010,即 0x92,也就是 5 的字形码。

⑧跳出 for 循环,执行下一个语句,结果为

```
a b c d e f g h     a b c d e f g h
0 0 0 0 1 1 0 1     0 1 0 0 1 0 0 1
```

显示 35。

跟踪运行证明,变量 byte、din 移位正确,能准确地在数码管移位输出字形码 0x92（5）。继续执行跟踪,下一个字形码 0xb0（3）也是正确的。可以点击"RST",复位后重新开始,反复进行,了解变量变化状态,加强对程序的理解。

通过调试,证明程序运行达到要求。

2）下载到实验机。将 HEX 文件下载到目标机。若有串行接口,可设置为 COM1。若无串行接口,可用 USB/RS232 转换器,将通信线 DB9 端口接转换器的输出,另一端接实验机的通信插座 T2,转换器的 USB 插口接 PC 的 USB 接口。

①检测计算机的 COM 接口编号。

②进入 ISP 软件界面,MCU 型号为 STC89C51RC。

③设置串口号：COM1 或已查明的串行接口号。

④打开源程序 HEX 文件,下载到界面的文件窗口。

⑤设置通信速率：2400 ~ 38400bit/s。

⑥单击下载,然后打开实验机电源,开始下载文件。

结束后,在实验机上应显示"35"。

（4）程序点评

本例采用变量传送的方式，将主调函数 send（ ） 中的实参（字形码）传送到被调函数 send（ ） 的形参。这种变量传送方式是 C 语言中的主要传送方式。在下面的程序例中要经常被用到。

2.【例 4-35】 将字形码放入数组，显示十六进制数 0x48。

（1）编辑 C 语言源程序

```
1    #include < reg51. h >
2    #define uchar unsigned char
3    uchar code form[ ] = {0xC0,0xF9,0xA4,0xB0,0x99,0x92,0x82,0xF8,0x80,
4                          0x90,0x88,0x83,0xC6,0xA1,0x86,0x8E};
5    sbit din = P3^3;
6    sbit   ck = P3^4;
7
8    void send( uchar   byte)
9    {
10            uchar  i;
11            ck = 0;
12            for( i = 0;i < 8;i + + )
13               {
14                   if( ( byte&0x80) == 0x80)
15                       din = 1;
16                   else
17                       din = 0;
18                   ck = 1;
19                   ck = 0;
20                   byte < < = 1;
21               }
22    }
23    void main( void)
24    {
25            uchar  a;
26            a = 0x48;
27            send( form[ a&0x0F] );
28            send( form[ ( a&0xF0) > >4] );
29    }
```

程序中的序号和注释是为分析用，不用输入。

（2）编译

（3）执行

1）软仿真。本例只是将实参的字形码变为由数组获取。对低位数码管只屏蔽高 4 位，取低 4 位输入数组，得到低位字形码（见语句 27）。对高位数码管要先屏蔽低 4 位，然后左移 4 位，输入数组，得到高位字形码（见语句 28）。

①单击"视图"→"W 监视 & 调用堆栈窗口"，出现变量信息栏。

②图标在第 25 语句处开始，单击"跟踪"，一步步地执行程序。当转入子函数 send（）内第 14 条语句，在信息栏显示局部变量 byte 及 i 的当前值，byte = form[0x48&0x0F] = 0x80。数码管的低位应是 0x08，它的字形码应是 0x80，i = 0。

③继续单击"跟踪"，到执行第 28 条语句，byte = form[0x04] = 0x99，即 04 的字形码，显示 0x99，i = 0。

din 及 ck 的变化与上节相同，不再重复。由上面的变化可以看到，程序准确地进行移位。通过软仿真执行，证明程序正确。

2）下载到实验机，显示"48"。

（4）程序点评

本例将显示字形码放入数组，要显示的变量先取低 8 位字符作为数组的元素，调出对应的字形码，作为实参送 send（）。下一个取显示变量的高 8 位字符，调出对应的字形码，作为实参送 send（）。

3.【例 4-36】 秒进位计数器

（1）编辑 C 语言源程序

```
#include < reg51. h >            //包括头文件
#define uchar unsigned char      //定义宏
sbit   din = P3^3;               //74HC164 数据位
sbit   ck = P3^4;                //74HC164 移位时钟
uchar code form[ ] = {0xC0,0xF9,0xA4,0xB0,0x99,0x92,0x82,
                 0xF8,0x80,0x90};   //0~9 字形码
void   delay(void)               //延时时间 t = 1×100×10 = 1000ms
{
         uchar   i,j,k;
         for(i = 0;i < 10;i ++)
           for(j = 0;j < 100;j ++)
             for(k = 0;k < 167;k ++);
}
void   send(uchar   byte)
{
         uchar   i;
```

```
                    ck = 0;
                    for( i = 0; i < 8; i ++ )
                        {
                            if( ( byte&0x80 ) == 0x80 )
                                {
                                    din = 1;
                                }
                            else
                                {
                                    din = 0;
                                }
                            ck = 1;
                            ck = 0;
                            byte <<= 1;
                        }
    }

void    main( )
    {
                    uchar    a = 0;              //定义局部变量
                    while( 1 )                   //无限循环
                        {
                        send( form[ a% 10 ] );   //取除 10 余数的字形码
                        send( form[ a/10 ]; );   //取除 10 的字形码
                        a = a + 1;               //a + 1
                        delay( );                //延时 1s
                        if( a == 60 ) a = 0;     //若 a = 60 则 a = 0
                        }
    }
```

（2）编译

（3）执行

1）软仿真

①单击"调试"→"开始/停止调试"，进入调试状态，main 显示米黄色图标。

②单击"跟踪"，进入子函数 send( )，byte = form[0%10] = form[0] = 0xC0。

③单击"跟踪"，完成 send( )，进入第 2 个 send( )，byte = form[0/10] = form[0] = 0xC0。

④连续单击"单步"，a = 0 + 1 = 1。因 a≠60，所以继续循环。

⑤连续单击"单步"，直到 a = 60，则 a = 0 重新下一轮循环。

通过软仿真调试，可以证明程序正确执行，达到预定目标。

2) 下载到实验机。程序执行后,从 00 开始秒计数,到 59 后回 00 循环进行。

（4）程序点评

本例只是将变量 a 进行/10 和%10 运算，得到低位和高位数，进行取字形码并送 send（）显示。

三、独立键应用

所谓独立键，就是各个按键的功能线之间没有电的连接，每个按键独立存在。这种连接方法一只按键要占用一个接口。常用于键少的应用场合。作为机械按键还有一特点，即在刚按下或抬起时的瞬间，有极短时间的抖动，这种抖动会影响程序对按键状态的查询，导致误判。因此，在查键程序开始后第一次查询若获知按键按下，必须延时 10 ~ 20ms 再次查询，若再次查到按键被按下，才可确认。若再次查询按键并没有闭合，则认为按键未被按下，无效。具体流程如图 4-10 所示。

流程图的作用就是将一个应用任务转化为计算机的工作流程。这是用计算机解决应用问题的必要前提。这也被称为算法，是实际编程的依据。特别对较复杂的任务，一个好的流程图是非常重要的。对于任何程序，只有三种基本结构，即顺序结构、分支结构和循环结构。由于实现的任务不同，对每一个程序，可以包括一个或几个不同类型结构。对于一个流程图的实现，可以用不同的程序语言。由于程序语言的特点和功能不同，解决任务的能力也不同。

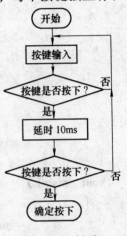

图 4-10 键消抖动流程图

1. 【例 4-37】 单键开合控制

（1）编辑 C 语言源程序

```
#include < reg51. h >
#define   uchar   unsigned   char
sbit   P2_0 = P2^0;                    //定义 +1 键
sbit   D_0 = P1^0;                     //定义灯 D0
void   delay(void)                     //延时 10 × 1ms
{
        uchar   i,j;
        for(i = 0;i < 10;i ++ )
            for(j = 0;j < 167;j ++ );
}
```

```
     void    main()
1    {
2                while(1)
3                  {
4                if(! P2_0)                    //若 +1 键按下,向下执行
5                delay();                      //延时 10ms 消抖动
6                if(! P2_0)                    //若 +1 键按下,向下执行
7                  {
8                    D_0 = ~ D_0;             //灯 D0 状态取反
9                    while(! P2_0);           //若键抬起,跳出循环,否
                                              则继续等待
10                   }
11                 }
12   }
```

（2）编译

（3）执行

1）软仿真。

①单击"调试"图标,进入软调试状态。

②调出 P2/P1 窗口。使 P2.0 输入为 0,相当于 +1 键按下,则 P1.0 = 0,相当于灯 D0 亮。使 P2.0 输入为 1,相当于 +1 键抬起,则 P1.0 = 1,相当于灯 D0 灭。反复执行,则 P1.0 反复取反状态,表示程序执行正确。

2）下载到实验。按 +1 键,灯 D0 亮,键抬起。再按 +1 键,灯 D0 灭,键抬起。如此反复操作。当键抬起后,灯仍保持原状态。注意,使 P2.0 = 0 时,必须输入/输出全为 0,若只输入为 0,输出仍为 1,等于键并未按下,无效（"√"表示 1,"　"空白表示 0）。

（4）程序点评

本例练习按键控制。当查询到键按下时,进入功能执行。完成后必须再次查询键是否抬起。否则会出现错误。

2.【例 4-38】　多键控制。按 +1 键,灯 D0 亮。按 -1 键,灯 D1 亮。按 H 键,灯 D2 亮。

（1）编辑 C 语言源程序

1）流程图,如图 4-11 所示。

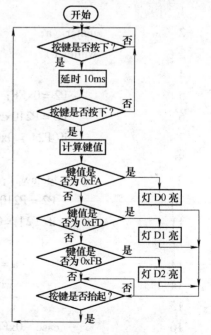

图 4-11　流程图

2）程序

```
#include < reg51. h >
#define  uchar  unsigned  char
void   delay(void)                            //延时 10 × 1ms
{
          uchar   i,j;
          for(i = 0;i < 10;i ++ )
          for(j = 0;j < 167;j ++ );
}
void   key_up(void)
  {
          while(1)
            {
                P2 = 0xFF;             //P2 输入
                P2 = P2|0xF8;          //屏蔽 d7 ~ d3
                if(P2 ==0xFF) break;   //若 a = 0xFF,说明键全部抬起
            }                          //跳出循环
}
void   main()
1  {
2          uchar   a;
3          while(1)
4            {
5              P2 = 0xFF;                  //P2 状态输出
6              P2 = P2|0xF8                 //屏蔽位 d7 ~ d3
7              if(P2! =0xFF)                //若 a≠0xFF,则有键按下
8                {
9                delay();                   //延时 10ms 消抖动
10                P2 = P2|0xF8;             //屏蔽位 d7 ~ d3
11                if(P2! =0xFF)             //若有键按下,进入计算
12                  {
13                      a = P2;             //输入到变量
14                      switch(a)           //检查 P2 状态
15                        {
16                case   0xFE：  P1 =0xFE; break；  //INC = 0,则灯 D0 亮
17                case   0xFD：  P1 =0xFD; break；  //DEC = 0,则灯 D1 亮
```

```
18                    case  0xFB：  P1 = 0xFB；break；  //H = 0,    则灯 D2 亮
19                             }
20                           }
21                         }
22                    key_up( )；              //等待键抬起
23            }
```

注：程序注释中，INC 为 + 1 键，DEC 为 – 1 键，H 为 H 键。

（2）编译

（3）执行

1）软仿真。

①单击"调试"→"开始/停止调试"进入调试状态，米黄色图标指向第 5 语句。

②单击"外部设备"→"I/O-Port"→"Port 1/Port 2"，显示 P1 及 P2 窗口，表示已经准备好观察条件。

③设 P2.0 = 0。相当于按下 + 1 键。

④单击"单步"，由于 P2.0 = 0，所以 a = 0xFE 成立，灯 D0 = 0。

⑤重复点击"单步"，程序进入 key_ up（）。置 P2.0 = 1，则表示键已抬起，跳出循环。

⑥按上述方法，可以模拟 –1 键和 H 键按下/抬起的效果，在此不再重复。

2）下载到目标机。按前述方法进行。程序执行后，按 + 1 键，灯 D0 亮，抬起。按 – 1 键，灯 D1 亮，抬起。按 H 键，灯 D2 亮，抬起。

（4）程序点评

通过端口模拟键的按下和抬起，证明程序可以完成预定任务。优点是在仿真环境下可以方便地反复运行，并修改程序，反复编译，直到程序达到预定目标，而且不必担心硬件质量的影响。

第八节　编程练习（二）

一、定时器/计数器

本实验机装有一只蜂鸣器，可以发出各种声音。涉及乐曲编程时，就必须了解定时器/计数器的设置。另外，很多实用项目也会用到它。这部分内容在本书第三章汇编语言中已经介绍过，但考虑到可能有读者直接看 C 语言部分，因此本节将先简单介绍一下定时器/计数器，作为 C 语言编程的前导。

1. 定时器/计数器 TC0/TC1 介绍

定时器/计数器，即 Timer/Counter，是 8051 系列单片机内的一个组件，简写为 T/C。有两个相同的定时器/计数器，T/C0 和 T/C1。若作为定时器用，由内部机器时钟脉冲作为定时计数，累积到计满溢出停止，这个脉冲数就是定时时间。若作为

计数器用，要由外部输入脉冲作为计数器，累计计数个数，累积到计满溢出停止，脉冲数就是计数个数。

一般作为定时器选用 16 位计数器，这时最大定时时间就是机器周期时间 ×65536。若晶体振荡器频率为 6MHz，则定时器最大定时时间为

$$2\mu s \times 65536 = 0.13s$$

为了控制 T/C 工作，在 8051 系列单片机内设有关的寄存器。

（1）定时模式寄存器（TMOD）

其各位标志如下：

MSB							LSB
GATE	T/C1	M1	M0	GATE	T/C0	M1	M0
0	0	0	0	0	0	0	0

------------T/C1----------- ------------T/C0-----------

MSB 表示最高有效位，LSB 表示最低有效位。

单片机复位后，TMOD = 0x00。其中，低 4 位控制 T/C0，高 4 位控制 T/C1。

GATE 是一个选通门。当 GATE = 0 时，不管 $\overline{INT1}$ 或 $\overline{INT0}$ 引脚是高电平或低电平，均不影响定时器的选通；当 GATE = 1 时，只有 $\overline{INT1}$ 或 $\overline{INT0}$ 引脚为高电平，才能作为定时器选通条件之一。

T/C = 0 为定时器方式，T/C = 1 为计数器方式。

M1 M0 是选择定时器/计数器工作模式位：

0 0 mode 0 13 位定时器/计数器（不常用）。

0 1 mode 1 16 位定时器/计数器，TH 为高 8 位，TL 为低 8 位。

1 0 mode 2 8 位自动重装载定时器/计数器，当 TL 计数溢出后，TH 内容自动重新装载到 TL。

1 1 mode 3 T/C0，分成两个 8 位定时器，T/C1 停止计数。

（2）定时控制寄存器（TCON）

其各位标志如下：

MSB							LSB
TF1	TR1	TF0	TR0	IE1	IT1	IE0	IT0
0	0	0	0	0	0	0	0

MSB 表示最高有效位，LSB 表示最低有效位。

单片机复位后，TCON = 0x00。

TF1 是 T/C1 的溢出标志。当 T/C1 计数溢出时，TF1 = 1。进入中断服务程序后，由硬件自动清"0"。

TR1 是 T/C1 运行控制位。若令 TR1 = 1，T/C1 进入工作，TR1 = 0，T/C1 停止工作，均由软件控制。

TF0 是 T/C0 的溢出标志。当 T/C0 计数溢出时，TF0 = 1，进入中断服务程序后，由硬件自动清 0。

TR0 是 T/C0 运行控制位。若令 TR0 = 1，T/C0 进入工作，TR0 = 0，T/C0 停止工作。均由软件控制。

IE1 是外部脉冲触发中断$\overline{INT1}$请求标志位。当单片机检测到$\overline{INT1}$引脚上出现外部中断脉冲的下降沿时，则 IE1 = 1，请求中断，进入中断服务程序后由硬件自动清 0。

IT1 是外部脉冲触发中断$\overline{INT1}$类型控制位。由软件设置或清除。当 IT1 = 1 时，是下降沿触发；当 IT1 = 0 时，是电平触发。

IE0 是外部脉冲触发中断$\overline{INT0}$请求标志位。其功能和操作类同 IE1。

IT0 是外部脉冲触发中断$\overline{INT0}$类型控制位。其功能和操作类同 IT1。

2. 【例 4-39】 灯 D0 闪烁运行，间隔时间 0.5s。用 T/C0 控制定时，查询方式

(1) 确定定时器 T/C0 各 SFR 的内容

1) 确定 TMOD 值。

例如，选用 T/C0 做定时器，工作方式选 mode 1，即 16 位定时器，则 TMOD = 0000 0001B = 0x01。

2) 计算定时常数 TH0/TL0。

例如，定时时间设为 0.5s。在晶体振荡器频率为 6MHz 时 T/C0 的最大定时时间只达到 0.13s，但可用软件达到要求。T/C0 定时时间选 T/C0 = 0.1s，靠软件重复 5 次，总定时时间 T = 5 × 0.1 = 0.5s。设定时常数为 T0，则

$$T0 = 2^{16} - \text{定时时间}(\mu s)/\text{机器周期}(\mu s)$$
$$T0 = 65536 - (100 \times 10^3/2)$$
$$= 65536 - 50000$$
$$= 15536$$

实际上，T0 就是一个预设计数值。15536 + 50000 = 65536，刚好计满产生溢出，表示定时时间到。因为 T/C0 是由 2 个 8 位定时器组成，必须将 T0 分解为高 8 位 TH0 和低 8 位 TL0，即

$$TH0 = 15536/256 = 60 = 0x3C$$
$$TL0 = 15536 - (256 \times 60) = 176 = 0xB0$$

也可以用 C 语言列出表达式：

$$TH0 = (65536 - 100 \times 10^3/2)/256 = 60 = 0x3C$$
$$TL0 = (65536 - 100 \times 10^3/2)\%256 = 176 = 0xB0$$

3) 确定 TCON 值。

TCON = 00H，其 TR0 在软件中设置，TF0 在软件中检测。

(2) 编辑 C 语言源程序

#include < reg51. h >

```
#define   uchar   unsigned   char
sbit    D0 = P1^0;
void   main( )
```

1	{	
2	uchar a = 0;	//局部变量定义
3	TMOD = 0x01;	//TMOD 赋值
4	TH0 = 0x3C;	//TH0 赋值
5	TL0 = 0xB0;	//TL0 赋值
6	TR0 = 1;	//开定时器 T/C0
7	while(1)	//循环等待溢出
8	{	
9	if(TF0)	//若 TF0 = 0,则跳出继续循环
10	{	
11	a = a + 1;	//若 TF0 = 1 计数溢出
12	if(a == 5)	
13	{	
14	D0 = ~ D0;	//若 a = 5 则灯 D0 取反
15	a = 0;	
16	}	
17	TH0 = 0x3C;	//重置寄存器
18	TL0 = 0xB0;	
19	TF0 = 0;	//TF0 复位
20	}	
21	}	
22	}	

（3）编译

（4）执行

1）软仿真。调试的方法是根据 T/C0 内容，通过人工施加变化控制定时器溢出标志位 TF0 的状态，观察程序的执行。操作如下：

①进入软仿真状态，调出端口 P1 状态窗口。

②单击"外部设备"→Timer→Timer0，调出定时器 T/C0 窗口。

③单击"跟踪"，执行到第 9 语句，Timer 0 的定时常数已设定。但由于 TF0 = 0，程序在此停留等待。人工置 TF0 = 1，即"√"，表示定时器溢出。

④单击"跟踪"，进入 a = a + 1 = 0 + 1 = 1。当进入语句 17、18、19，重置后，TF0 = 0。再次进入 TF0 查询状态。

⑤重复以上操作，直到变量 a = 5，灯 D0 取反，D0 = 0，D0 点亮。

⑥在 T/C0 处于运行状态时，若直接由 TL0/ TH0 增加到溢出，一直单击"跟踪"，这要消耗约几小时的时间。要解决这个问题，必须让 TF0 = 1，人工产生定时器 T/C0 溢出。

⑦从第 11 语句开始执行，完成一次循环后，a = a + 1。再次设 TF0 = 1 进入下一次循环，直到 a = 0x05。

⑧由于 a = 0x05，执行语句 14，D0 取反，同时 a = 0。

程序又返回到第 9 语句，重新开始下一次循环。这样连续执行，每隔 $0.1 \times 5 = 0.5s$，灯 D0 变化一次。

2）下载到实验机　程序执行后，灯 D0 闪烁，间隔 0.5s。

（5）程序点评

在本例中，充分利用了调试的方法，对程序的走向，变量的控制进行了详细的仿真。在不涉及硬件条件下，检验了程序的运行。为实际硬件执行创造了条件。

3.【例 4-40】　利用定时器 T/C0 做方波发生器，占空比为 50%，频率为 1kHz，查询方式

（1）确定定时器 T/C0 各 SFR 的内容

1）确定 TMOD 值。

选用 T/C0 做定时器。工作方式选 mode 1，即 16 位定时器。TMOD = 0000 0001B = 0x01。

2）计算定时常数。

要求 P2.7 输出频率 f = 1kHz，周期 T = 1/1kHz = 1ms，占空比 50%，据此定时器的定时时间应为 1ms/2 = 0.5ms。设定时常数为 T0，有

$$T0 = 65536 - (0.5 \times 10^3 / 2)$$
$$= 65536 - 250$$
$$= 65286$$

因为 T/C0 是由 2 个 8 位定时器组成，必须将 T0 分解为高 8 位 TH0 和低 8 位 TL0，即

$$TH0 = 65286/256 = 255 = 0xFF$$
$$TL0 = 65286 - (256 \times 255) = 65286 - 65280 = 0x06$$

3）确定 TCON 值。

其中 TR0 作为 T/C0 的启动在程序中设置，TF0 由溢出决定，TCON 初值仍为 00。

（2）编辑 C 语言源程序

```
#include < reg51. h >
#define  uchar  unsigned   char
sbit    BZ = P2^7;                            //蜂鸣器设置
void    main( )
```

```
            TMOD = 0x01;                    //TMOD 设置
            TH0 = 0xFF;                     //定时常数高 8 位
            TL0 = 0x06;                     //定时常数低 8 位
            TR0 = 1;                        //启动 T/C0
            while(1)

                if(TF0)                     //若 TF0 = 1,则进入

                    BZ = ~ BZ;              //蜂鸣器发声
                    TH0 = 0xFF;             //重置
                    TL0 = 0x06;
                    TF0 = 0;                //关闭 T/C0


}
```

（3）编译

（4）执行

1）软仿真。本例与上例基本相同，若上例已经理解，本例可略去调试。

2）下载到目标机。程序执行后，蜂鸣器发出 1kHz 音频声。单击"RST"，可模拟莫尔斯电码发报。

（5）程序点评

本例练习定时器发声，采用查询方式。

二、关于中断的概念

所谓中断，就是计算机为提高运行效率而采用的一种方式。例如对一个变量，当它发生状态改变时，就要立即进行处理。为此就必须时刻查询这个变量的状态。例如，例 4-37 中，对定时器 T/C0 的溢出标志位 TF0 必须不间断地查询它的状态。但这样做就要浪费计算机大量的运行时间，很显然这是我们不希望的。而采用中断方式，就可以有效地克服这种缺点。当一个变量一旦发生要求的改变时，计算机立即自动触发中断，转向一段服务程序，执行完成后，自动返回主程序的原断点继续运行。这就不必要时刻查询这个变量的状态，在不发生改变时，可以放心让机器做其他工作。这样就解放了计算机的大量能力，提高了运行效率。

1. 有关中断的设置

（1）选择中断源

8051 系列单片机的中断机制，共设置有 5 种中断源，见表 4-7。

表 4-7　5 种中断源

中断源名称	入口地址	中断号 n	中断源名称	入口地址	中断号 n
外部中断 0	0x0003	0	定时器 1 中断	0x001B	3
定时器 0 中断	0x000B	1	串行口中断	0x0023	4
外部中断 1	0x0013	2			

（2）设置寄存器

与中断执行有关的 SFR 有两个，即中断允许寄存器 IE 和中断优先级寄存器 IP。

1）中断允许寄存器 IE。

MSB　　　　　　　　　　　　　　　　　　　　　　　　LSB

EA	×	ET2	ES	ET1	EX1	ET0	EX0
0	0	0	0	0	0	0	0

复位后，IE = 0x00，禁止一切中断。各位状态的设置如下：

①EA 为总允许位。若 EA = 0，禁止一切中断；EA = 1，允许中断。

②×表示无效，是保留位。

③ET2 为定时器 2 中断允许位。若 ET2 = 0，此位禁止；ET2 = 1，此位允许有效（EA = 1 时）。

④ES 为串行口中断允许位。若 ES = 0，此位禁止；ES = 1，此位允许有效（EA = 1 时）。

⑤ET1 为定时器 1 中断允许位。若 ET1 = 0，此位禁止；ET1 = 1，此位允许有效（EA = 1 时）。

⑥EX1 为外部中断 1 允许位。若 EX1 = 0，此位禁止；EX1 = 1，此位允许有效（EA = 1 时）。

⑦ET0 为定时器 0 中断允许位。若 ET0 = 0，此位禁止；ET0 = 1，此位允许有效（EA = 1 时）。

⑧EX0 为外部中断 0 允许位。若 EX0 = 0，此位禁止；EX0 = 1，此位允许有效（EA = 1 时）。

2）中断优先级寄存器 IP。

MSB　　　　　　　　　　　　　　　　　　　　　　　　LSB

×	×	PT2	PS	PT1	PX1	PT0	PX0
0	0	0	0	0	0	0	0

复位后，IP = 00H，无优先级，各位状态的设置（该位置 "1"，表示优先级为高，清 "0" 表示优先级为低）如下：

①×表示无效，是保留位。

②PT2 为定时器 2 优先级设置位。PT2 = 1，优先级为高。

③PS 为串行口中断优先级设置位。PS = 1，优先级为高。

④PT1 为定时器 1 中断优先级设置位。PT1 = 1，优先级为高。

⑤PX1 为外部中断 1 优先级设置位。PX1 = 1，优先级为高。

⑥PT0 为定时器 0 中断优先级设置位。PT0 = 1，优先级为高。

⑦PX0 为外部中断 0 优先级设置位。PX0 = 1，优先级为高。

所谓优先级设置，即设置计算机对中断响应的选择权。当几个通道同时发生中断时，计算机只能选择一个通道进行响应，即具有高优先级的通道才能被响应。

当多个高优先级中断发生或无优先级设定时，要按照下面自然优先级响应中断：

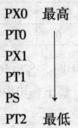

PX0　最高

PT0

PX1

PT1

PS

PT2　最低

（3）中断服务函数定义

在 C 语言中，若应用中断功能，必须先定义中断服务函数。其一般形式如下：

函数类型　　　函数名称　　〔interrupt　n〕〔using　m〕

其中，n 是中断号，m 是选定的工作寄存器组编号，0 ~ 3 代表 4 个工作寄存器。中断服务函数编程中的规则如下

1）中断函数中，不能有任何参数声明。

2）中断函数不能设返回值。应设为 void 型。

3）中断函数不能直接调用。

如果在中断函数中调用了其他函数，则被调用函数所用的寄存器组必须与中断函数所用寄存器组相同。

2.【例 4-41】 利用定时器 T/C0 控制灯 D0 闪烁，定时时间为 1s，采用中断方式

（1）确定定时器 T/C0 各 SFR

1）确定 TMOD 值。选用 T/C0 为定时器，工作方式选 mode 1，即 16 位定时器，TMOD = 0000 0001B = 0x01。

2）计算定时常数。项目要求定时时间为 1s，选 T/C0 定时时间为 T/C0 = 0.1s，靠软件重复 10 次，总定时时间 T = 10 × 0.1s = 1s。

$$定时常数\ T0 = 65536 - (100 \times 10^3/2)$$
$$= 65536 - 50000$$

将 T0 分解为高 8 位 TH0 和低 8 位 TL0，为

$$TH0 = 15536/256 = 60 = 0x3C$$
$$TL0 = 15536 - (256 \times 60) = 176 = 0xB0$$

3）确定 TCON 值。TR0 在程序中设置，其他位为 0，TCON = 0x00。

4）确定 IE 值。EA = 1，允许总中断。ET0 = 1 允许 T/C0 中断。其他位为 0，IE = 1000 0010 = 0x82。

5）确定 IP 值。因只有一个中断，可以不设置优先级，仍保持复位状态 IP = 0x00。

（2）编辑 C 语言源程序

```
#include < reg51. h >
#define   uchar   unsigned   char
uchar    a;                                //全局变量定义
sbit    D0 = P1^0;                         //灯定义
void   timer_0(void)   interrupt   1   uing   0    //T/C0 中断服务子函数
{
1                TR0 = 0;                  //关闭 T/C0
2                TH0 = 0x3C;               //定义 TH0
3                TL0 = 0xB0;               //定义 TL0
4                a = a + 1;
5                if( a == 5 )
6                   {
7                      D0 = ~ D0;          //灯取反
8                      a = 0;
9                   }
10               TR0 = 1;                  //打开 T/C0
}
void   main( )
{
11               a = 0;
12               TMOD = 0x01;
13               TH0 = 0x3C;
14               TL0 = 0xB0;
15               EA = 1;                   //开总中断
16               ET0 = 1;                  //开 T/C0 中断
17               TR0 = 1;                  //打开 T/C0
18               while(1);                 //等待中断
}
```

（3）编译

（4）执行

1）软仿真。

①进入调试，米黄色标志箭头停在第 11 语句处。

②调出 P1 状态窗口。

③调出 Timer 0 窗口。

④调出变量窗口。

⑤连续单击"跟踪"，在语句 18 等待中断处，令 TF0 = 1，即在 Timer 0 窗口的 TF0 处打"√"。单击"跟踪"，程序即跳转到中断服务子函数。

⑥连续单击"跟踪"，由于 a + 1，a ≠ 5，所以返回主函数继续等待下一次中断。

⑦中断 5 次，由于 a = 5，D0 取反，a = 0。等待下一个 5 次中断。

通过调试，证明程序达到要求。

2）下载到实验机。执行程序，灯 D0 闪烁，间隔时间为 0.5s。

（5）程序点评

本例采用用 T/C0 中断方式控制灯闪烁。变量 a 应为全局变量。不管在主函数或在中断函数中均有效。在变量 a 信息栏内，因为它不是局部变量，所以单击 F2 键，才可以观察 a 的变化。

3. 【例 4-42】 乐曲编程《生日快乐歌》

（1）乐曲编程简介

对于一个音符，有两个属性：一是音高，即音符对应的音名（频率）；二是时值，即占有的节拍数。对于声音的频率，按定时器 T0 的工作方式 1（16 位计数）在 P2.7 口产生方波，驱动蜂鸣器发声。对于节拍，按延时函数产生，不同的节拍数由不同延时倍率保证。用定时器产生方波，比较准确。对于节拍，准确度要求不高，用延时函数产生是合适的。

要对一首乐曲（主要是歌曲）进行编程，就是将歌曲简谱的每个音符按顺序编辑成两组代码，一组是音符的音高代码，一组是音符的时值代码。节拍按每拍 0.5s 计算。完成后与程序一齐存入片内存储器。执行程序，即可听到歌曲的演奏声。

也可以将乐曲代码单独存入外部扩展存储器，例如 24C02 或 24C64。开机后立即将乐曲的所有音符代码读入片内 RAM，然后执行发音程序。如果片内 RAM 足够大，也可以开机后直接存入 RAM，然后执行。

编程前，第一步将乐曲的简谱写出。第二步将每个音符的音高根据音高表列出编码。第三步按乐曲节拍列出编码。

（2）编辑 C 语言源程序

1）流程图，如图 4-12 所示。

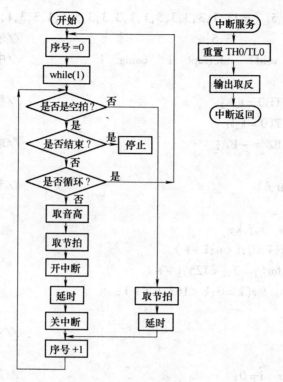

图 4-12 流程图

2）C 语言程序如下：

```
#include < reg51. h >
#define uchar unsigned char
uchar t_h,t_l;                                //全局变量
sbit    BZ = P2^7;                            //声音输出
uchar code tab_1[ ] = {0x07,0x07,0x08,0x07,0x0A,0x09,0x07,0x07,0x08,
                0x07,0x0B,0x0A,0x07,0x07,0x0E,0x0C,0x0A,0x09,
                0x08,0x0D,0x0D,0x0C,0x0A,0x0B,0x0A,0x14};
                                              //乐曲音符音高
uchar code tab_2[ ] = {0xFB,0xFB,0xFC,0xFC,0xFC,0xFD,0xFD,0xFD,0xFD,
                0xFE,0xFE,0xFE,0xFE,0xFE,0xFE,0xFE,0xFF,0xFF,
                0xFF,0xFF};                   //TH0
uchar code tab_3[ ] = {0x05,0x90,0x0C,0x46,0xAC,0x0B,0x34,0x82,0xC8,
                0x06,0x22,0x56,0x85,0x9A,0xC1,0xE4,0x03,0x11,
                0x2B,0x42};                   //TL0
uchar code tab_4[ ] = {1,2,3,4,6,8,16};       //节拍表
```

```
uchar code tab_5[] = {1,1,3,3,3,5,1,1,3,3,3,5,1,1,3,3,1,1,5,1,1,3,3,
                3,5};                              //乐曲音符节拍
void  timer_0(void)  interrupt  1   using  1       //中断服务函数
{
        TH0 = t_h;                                 //重置
        TL0 = t_l;
        BZ = ~ BZ;                                 //端口发音
}
void beat(uchar n)                                 //节拍函数
{
        uchar   i,j,k;
          for(i = 0;i < n;i ++ )
            for(j = 0;j < 125;j ++ )
              for(k = 0;k < 167;k ++ );
}
void main()                                        //主函数
{
        uchar  i = 0;                              //局部变量
        TMOD = 0x01;                               //TMOD 设置
        EA = 1;                                    //开总中断
        ET0 = 1;                                   //开 T/C0 中断
        TR0 = 0;                                   //关 T/C0 定时
        while(1)                                   //进入循环
          {
              if(tab_1[i] == 0x00)                 //若值为 0
                {
                    beat(tab_4[tab_5[i]]);         //取空拍值
                    i = i + 1;                     //继续下一音
                }
              else if(tab_1[i] == 0x15)            //若值为 0x15
                    i = 0;                         //从 0 循环
              else if(tab_1[i] == 0x14)            //若值为 0x14
                {
                    break;                         //跳出循环停止
```

```
            }
    else                                    //若以上均不成立，
                                                则进入发音
        {
            TH0 = tab_2[ tab_1[ i ] ];          //取 TH0
            TL0 = tab_3[ tab_1[ i ] ];          //取 TL0
            t_h = TH0;                          //备用
            t_l = TL0;                          //备用
            TR0 = 1;                            //开 T/C0 定时器
            beat( tab_4[ tab_5[ i ] ] );        //取节拍值
            TR0 = 0;                            //关 T/C0 定时器
            i = i + 1;                          //下一个音循环
        }
    }
}
```

（3）编译

（4）执行

1）软仿真。

①进入"调试"，调出 P2 口状态。调出 Timer0。

②连续单击"单步"，执行语句。由于第一个音符≠00，≠15，≠14，直接执行到取 TH0/TL0，开 Timer 0，取节拍值。在此期间，由 T/C0 按中断服务函数发音。当节拍延时结束，立即关 T/C0，停止发音。完成一个音符，进入下一个音符的提取。如此循环，直到 0x14，循环结束。

③若结束符为 0x15，则表示继续从头循环发音。若为 0x00，则为空拍，不发音，执行空拍后，取下一音符。

2）下载到目标机。执行后，蜂鸣器发出《生日快乐歌》曲调。

（5）程序点评

本例练习乐曲编程。音符的发声由定时器中断产生。中断的定时时间取决于 TH0/TL0 的数值。即相当于音符的音高。发声的延时时间由节拍决定。本例只列出了两个曲目。有兴趣的读者只需改变 tab_1 内容（音高），tab_5 内容（节拍）即可以练习其他乐曲。

《生日快乐歌》的曲谱及音高节拍编码表分别如图 4-13 和图 4-14 所示。

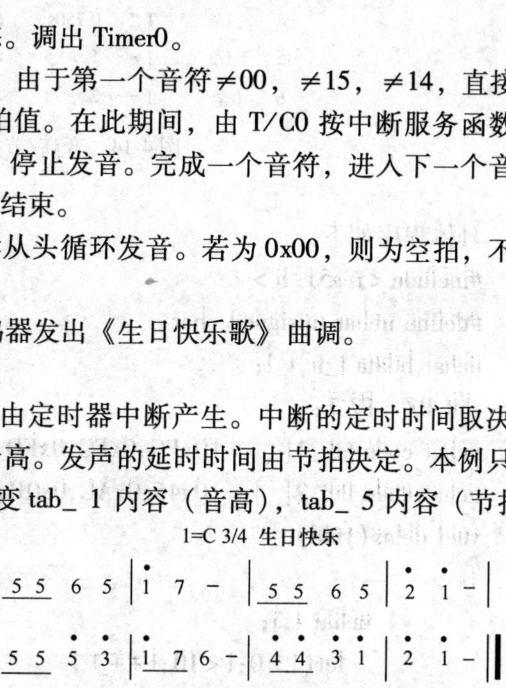

1=C 3/4 生日快乐

$$5\ \ 5\ \ 6\ \ 5\ \ |\ \ 1\ \ 7\ \ -\ \ |\ \ 5\ \ 5\ \ 6\ \ 5\ \ |\ \ 2\ \ 1\ \ -\ \ |$$

$$5\ \ 5\ \ 5\ \ 3\ \ |\ \ 1\ \ 7\ \ 6\ \ -\ \ |\ \ 4\ \ 4\ \ 3\ \ 1\ \ |\ \ 2\ \ 1\ \ -\ \ |$$

图 4-13　《生日快乐歌》曲谱

4.【例 4-43】　电子琴练习，利用目标机的 5 只键演奏 C 调 "1，2，3，4，5"

（1）编辑 C 语言源程序

分析电子琴的程序，主要是两部分：5 只键的扫描和 T/C0 中断服务程序。上电即进入键扫描状态，若无键按下，则继续扫描等待。一旦发现有键按下，即进入 T/C0 初始化。开中断，从对应的键号开始取 TH0/TL0，并由中断服务程序发声。当查询到键若未抬起，则继续中断发声。若查询到键已抬起，则返回继续键扫描，等待下次按键。

中央 C

唱名	5	6	7	1	2	3	4	5	6	7	1	2	3	4	5	6	7	1	2	3
序号	00	01	02	03	04	05	06	07	08	09	0A	0B	0C	0D	0E	0F	10	11	12	13
TH0	FB	FB	FC	FC	FC	FD	FD	FD	FD	FE	FE	FE	FE	FE	FE	FE	FF	FF	FF	FF
TL0	05	90	0C	46	Ac	0B	34	82	C8	06	22	56	85	9A	C1	E4	03	11	2B	42

以上序号，TH0/TL0 按十六进制

编号	音符	简谱	时值	n	节拍
0	1/16	⊥	0.125s	1	1/4 拍
1	1/8	⊥	0.250s	2	1/2 拍
2	1/8	1•	0.375s	3	3/4 拍
3	1/4	1	0.500s	4	1 拍
4	1/4	1•	0.750s	6	1.5 拍
5	1/2	1-	1　s	8	2 拍
6	全	1--	2　s	16	4 拍

节拍部分编码按十进制

图 4-14　音高/节拍编码表

具体程序如下：

```c
#include < reg51.h >
#define uchar unsigned char
uchar bdata t_h,t_l;                                //全局变量
sbit BZ = P2^7;                                     //定义蜂鸣器
uchar code tab_1[ ] = {0xFC,0xFC,0xFD,0xFD,0xFD};   //1,2,3,4,5 TH0
uchar code tab_2[ ] = {0x46,0xAC,0x0B,0x34,0x82};   //TL0
void delay(void)
{
    uchar i,j;
        for(i = 0;i < 10;i ++ )
        for(j = 0;j < 167;j ++ );
}
```

```
key()                                              //键扫描函数
{
        uchar   b,c = 0x00;
            P2 = 0xFF;                             //P2 输入
            P2 = P2|0xE0;                          //屏蔽 d7 ~ d5
            if(P2! = 0xFF)
                {
                    delay();                       //延时消抖动
                    P2 = 0xFF;
                    P2 = P2|0xE0;                  //P2 输入
                    if(P2! = 0xFF)                 //屏蔽 d7 ~ d5
                    b = P2;                        //P2 状态送变量
                    switch(b)                      //变量计算
                    {
                    case   0xFE: c = 0x00; break;  // +1 键按下
                    case   0xFD: c = 0x01; break;  // -1 键按下
                    case   0xFB: c = 0x02; break;  //H 键按下
                    case   0xF7: c = 0x03; break;  //AD 键按下
                    case   0xEF: c = 0x04; break;  //wr 键按下
                    default:    c = 0x05; break;   //退出
                    }
                }
            else
                {
                    b = 0xFF;      c = 0x05;        //退出
                }
        return(c);                                 //返回值 c
}
key_up()                                           //查询键是否抬起?
{
        P2 = 0xFF;
        while(P2! = 0xFF);
}
void   timer_0(void)   interrupt   1   using   1   //中断服务子函数
{
        TH0 = t_h;                                 //重置
```

```
            TL0 = t_l;
            BZ = ~ BZ;                              //发声
    }
void   main()
{
            uchar i;
            TMOD = 0x01;                            //TMOD
            while(1)
                {
                i = key();                          //键查询
                if(i! = 0x05)                       //若返回值 c 不等于
                                                        0x05
                    {
                    TH0 = tab_1[i];                 //取键号的 TH0
                    TL0 = tab_2[i];                 //取键号的 TL0
                    t_h = TH0;                      //传送变量
                    t_l = TL0;
                    EA = 1;                         //开中断
                    ET0 = 1;                        //开 T/C0 中断
                    TR0 = 1;                        //开 T/C0 定时
                    key_up();                       //等待键抬起
                    }
                TR0 = 0;                            //关 T/C0
                }
}
```

(2) 编译

(3) 执行

1) 软仿真。

①进入"调试",调出 P2 口状态。调出 Timer0。

②连续单击"跟踪",执行语句,由于 P2 无键按下,key () 子函数的返回值 c = 0x05,进入循环查键。TR = 0,T/C0 关闭,系统等待。

③若置 P2.0 = 0,连续单击"单步",执行语句,由于有键按下,key () 子函数的返回值 c = 0x00,相当于按下 +1 键,i = 0x00。

④进入键号取值。TH0 = 0xFC,TL0 = 0x46,对应于"do"音。

⑤连续单击"单步",由于开中断,导致 Timer 0 中断发音。

⑥到达 key_ up (),等待键抬起。当键抬起后,TR0 = 0,关闭 Timer 0 发音。

进入下一轮查键。

通过调试，证明程序可以满足设计要求。

2）下载到目标机执行程序，依次按下 +1、–1、H、AD、WR 键，发音 1、2、3、4、5（do、re、mi、fa、sol）音。

（4）程序点评

本例在实验机建立一个 5 键电子琴，可以验证电子琴的编程原理。

5.【例 4-44】 频率计

若用 T/C0 做定时器，用 T/C1 做计数器，当有脉冲输入时，在一定时间内将计数结果保存并显示，就是频率计。下面我们用 T/C0 作为定时器，用 T/C1 做计数器，P3.5（T1）作为外触发输入计数脉冲，并用数码管显示结果。

（1）编程

```c
#include < reg51. h >
#define uchar unsigned char
sbit   din = P3^3;                              //74HC164 数据线
sbit   ck = P3^4;                               //74HC164 脉冲线
uchar  code  form[ ] = {0xC0,0xF9,0xA4,0xB0,0x99,0x92,0x82,
                        0xF8,0x80,0x90};        //0 ~ 9 字形码
void send( uchar  byte)
{
        uchar  i;
        ck = 0;
        for( i = 0;i < 8;i ++ )
            {
                if( ( byte&0x80) == 0x80)
                din = 1;
                else
                    din = 0;
            ck = 1;
            ck = 0;
            byte <<= 1;
            }
}
void   main( )
{
        uchar a;
        send(0xFF);                             //关显示低位数码管
```

```
            send(0xFF);                    //关显示高位数码管
            TMOD = 0x51;                   //TMOD = 01010001
            TH0 = 0x3C;                    //T/C0 为 0.1s(100ms)
            TL0 = 0xB0;
            TH1 = 0;                       //16 位计数器复位
            TL1 = 0;                       //16 位计数器复位
            TR0 = 1;                       //开定时器
            TR1 = 1;                       //开计数器
            while(1)
            {
                if(TF0)                    //若 TF0 = 1 定时器溢出
                {
                a = TL1;                   //计数低 8 位保存
                send(form[a%10]);          //低位数码管送显示
                send(form[a/10]);          //高位数码管送显示
                TR0 = 0;                   //关闭定时器
                TR1 = 0;                   //关闭计数器
                TH0 = 0x3C;                //重置
                TL0 = 0xB0;                //重置
                TF0 = 0;                   //TF0 复位
                TR0 = 1;                   //重开定时器
                TR1 = 1;                   //重开计数器
                TL1 = 0;                   //计数结果复位
                }
            }
}
```

(2) 编译

(3) 执行

1) 软仿真。

①进入软仿真调试状态。米黄色图标指向 main ( ) 主函数第 1 条语句。

② 连续单击"单步"向下执行，到 if (TF0) 停止等待。因为 T0 未溢出。这时，TH0 = 0x3C，TL0 = 0xB0，TH0 = 0x00，TL0 = 0x00。调出 P3 口。

③手动单击 P3.5 (T1)，发下降沿脉冲，即置 0，置 1，共 50 次。在 T/C1 的 TL0 栏内即显示输入的次数 0x32 = 50，即表示输入 50 次计数值。

④置 TC0 的 TF0 = 1，定时器 T/C0 溢出。程序向下执行，a = TL1 = 0x32。

⑤单击"单步"，执行 send (form [a%10])，因为 a = 50，a%10 = 0，传送的

实参 byte = 0xC0。即 0 的字形码。

⑥单击"单步"，执行 send（form［a/10］），因为 a = 50，a/10 = 5，传送的实参 byte = 0x92 。即 5 的字形码。

⑦单击"单步"，向下执行。重置 TH0/TL0，开 TR0，TR1 进入下次测试。

从调试的结果，证明程序正确。

2）下载到目标实验机。若进行硬件部分执行，除主机运行上面程序外，还必须用另一单片机组成一个已知频率的发生器，将计数脉冲输入到主机，然后观察显示结果，应与已知频率相同。

（4）程序点评

本例要求了解定时器既可以做定时器，也可以做计数器。当在一定时间内，计入外部输入的计数脉冲值，就是频率计。此例对理解定时和计数的原理是很合适的。

6.【例 4-45】　外部中断练习

在外部中断 0（$\overline{INT0}$）的输入端 P3.2 加一个下降沿脉冲，触发外部中断 0，控制一个二进制位 xbit 的状态。xbit 的初始状态为 0。

（1）外部中断简介

8051 单片机本身设有两个外部中断输入端，分别为 $\overline{INT0}$ 和 $\overline{INT1}$。外部中断 0（$\overline{INT0}$）的中断服务程序入口的地址为 0x0003，外部中断 1（$\overline{INT1}$）的中断服务程序入口的地址为 0x0013。在 C 语言中中断服务函数可以用下列格式进行声明：

　　　　　　extern_int0（void）　　interrupt 0　　using 0

其中，extern 表示外部，extern_ int0（void）表示外部中断服务函数的名称，（void）表示此函数无返回值，interrupt 0 表示中断编号为 0，using 0 表示函数放于寄存器 0 区。为了避免与其他数据相互影响，也可以用 using 1，表示函数放于寄存器 1 区。

外部中断的激活方式（不管是 $\overline{INT0}$ 或 $\overline{INT1}$）有两种：一种是电平激活，另一种是脉冲边沿激活。这两种方式可以靠 TCON 寄存器的外部中断类型控制位 IT0 和 IT1 来控制。当为 1 时，是后沿触发中断。当为 0 时，是低电平触发中断。

为了可靠地触发中断，对于后沿触发至少高电平要保持 1 个机器周期，而下降沿也要至少保持 1 个机器周期。对于 6MHz 晶振，高电平保持至少 2μs，低电平也至少保持 2μs。

（2）编辑 C 语言源程序

```
#include < reg51. h >
#define uchar unsigned    char
bit    bdata    xbit = 0;                     //定义位变量
void    extern_int0( void)    interrupt 0    using 0        //外部中断 int0 服务函数
    {
```

```
            xbit = ~ xbit ;                          //标志位取反
    }
    void   delay( )                                  //延时 1s
    {
            uchar   i,j,k;
            for( i = 0 ; i < 10 ; i + + )
                for( j = 0 ; j < 100 ; j + + )
                        for( k = 0 ; k < 167 ; k + + ) ;
    }
    void   main( )
    {
                uchar    i;
                P1 = 0xFF;
                EA = 1 ;                              //开总中断
                EX0 = 1 ;                             //开INT0中断
                IT0 = 1 ;                             //中断类型为后沿触发
                i = P1 ;
                while( 1 )
                    {
                        if( xbit! = 0)
                            {
                                i + + ;
                                P1 = i ;                //输出到 P1
                                delay( ) ;             //延时 1s
                            }
                    }
    }
```

（3）编译

（4）执行

1）软仿真。

①调出 P1 和 P3 口状态。

②连续单击"跟踪"，当未产生外部中断 0 时，xbit = 0，P1 口不产生变化。

③当置 P3.2 = 0，产生一个下降沿中断，程序转入中断服务函数，xbit = 1，中断返回后，导致 P1 + 1 产生变化。

若继续产生下降沿中断，则 xbit = 0，P1 口停止变化。如此反复。可以检验外部中断 0 的效果。

2）下载到实验机。进行如下操作：

若总中断被打开，外部中断 0 被打开，TCON 的 IT0 = 1，若未产生外部中断 0，则 xbit = 0，程序继续循环，P1 口不产生变化。

当第 1 次在 P3.2 产生一个下降沿时，立即触发外部中断 0，并执行中断服务函数，导致 xbit = 1。P1 口的状态产生 + 1 变化。直到再次产生中断，xbit = 0 为止。

当又产生中断时，xbit = 1，P1 口的状态再次产生 + 1 变化。直到再次产生中断，xbit = 0 为止。

这样，就验证了外部中断 0 的机制。

（5）程序点评

本例验证外部中断机制。用位变量 xbit 作为引导。当 INT0 产生下降沿外部中断时，导致 xbit 取反。当 xbit = 1，P1 + 1，即表示外部中断的效果。

第九节　编程练习（三）

一、I^2C 总线器件

1. 24C02 的性能

集成电路内部总线（Inter Intergrated Cicuits，I^2C）的特点是具有 I^2C 内部总线传输协议。从器件与主控器件之间的传输只需两条传输线，可以在传输总线上并联多个器件，传输协议可以对总线上的任一器件单独进行读/写，组网非常方便，利用端口少，保存的信息掉电不消失，信息保存可达 100 年，因而在单片机系统中得到广泛应用。下面我们以 Atmel 公司的 24C02 为例进行详细说明。

24C02 为两线传输串行 CMOS E^2PROM（即电可擦除可编程只读存储器）。其采用标准 5V 电源，范围 4.5 ~ 5.5V，容量为 256 × 8 位/2KB，具有硬件写保护引脚，自写周期为 10ms。

其引脚功能如下：A0 ~ A2 为地址输入，SDA 为串行数据，SCL 为串行时钟输入，WP 为写保护，NC 为空脚，如图 4-15 所示。

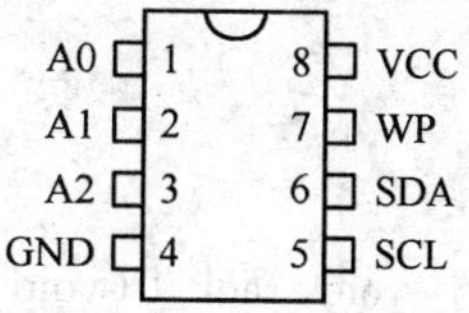

图 4-15　24C02 引脚

2. 时序

参见有关 Atmel 公司的 24C02 产品手册。

二、24C02 编程

【例 4-46】 24C02 数据写入

（1）编辑 C 语言源程序

```
#include < reg51. h >
#include < intrins. h >          //用于 NOP 的头文件
#define   uchar  unsigned  char   //宏定义
#define   _nop_()                 //空语句
```

```
sbit    sda = P2^6 ;                                    //24C02 数据线
sbit    scl = P2^5 ;                                    //24C02 时钟线
void    stop( void)                                     //停止子函数
{
              sda = 0 ;
              _nop_( ) ;_nop_( ) ;
              scl = 1 ;
              _nop_( ) ;_nop_( ) ;_nop_( ) ;
              sda = 1 ;
              _nop_( ) ; _nop_( ) ;
}
void    start( void)                                    //开始子函数
{
              sda = 1 ;
              _nop_( ) ;
              scl = 1 ;
              _nop_( ) ;
              _nop_( ) ;
              _nop_( ) ;
              sda = 0 ;
              _nop_( ) ;
              _nop_( ) ;
              nop_( ) ;
              scl = 0 ;
              _nop_( ) ;
}
void    ack_0( void)                                    //ack_0 子函数
{
              scl = 0 ;
              _nop_( ) ; _nop_( ) ;
              scl = 1 ;
              _nop_( ) ;
              if( sda == 1 ) ;                           //若 sda = 1 则等待
              scl = 0 ;                                  //否则返回
}
void    wr_byte( uchar datax)                           //单字节写入(形参)
```

```
                    {
                            uchar   i;
                            scl = 0;
                            for(i = 0;i < 8;i ++ )
                                {
                                        if((datax&0x80) == 0x80)   //若数据 D7 位为 1
                                        {
                                                sda = 1;           //则 sda = 1
                                        }
                                        else
                                        {
                                                sda = 0;           //否则 sda = 0
                                        }
                                        scl = 1;
                                        _nop_();_nop_();_nop_();
                                        scl = 0;
                                        _nop_();
                                        datax <<= 1;               //数据左移 1 位
                                }
                    }
        void    write(uchar   addr,uchar   datax)                  //写入地址内容到存储
                                                                      器
                    {
                            start();
                            wr_byte(0xA0);                         //写入器件地址
                            ack_0();
                            wr_byte(addr);                         //写入数据地址
                            ack_0();
                            wr_byte(datax);                        //写入数据
                            ack_0();
                            stop();                                //停止
                    }
        void    delay()                                            //延时 10ms
                    {
                            uchar   i,j;
                            for(i = 0;i < 10;i ++ )
```

```
                        for(j=0;j<167;j++);
    }
void   main( )
    {
                        write(0x00,0x38);                //(地址,数据)
                        delay( );                        //延时10ms
    }
```

（2）编译

（3）执行

1）软仿真。

①进入仿真，单击"跟踪"，当遇到子函数时，单步执行，到达 wr_ byte（）子函数。执行语句，可以看到通过实参传送到 wr_ byte（）的变量 datax 的值。通过一步步执行语句，可以证明，写入 din 的内容就是 datax。

②继续执行语句，可以证明其他变量也可以正确传送并写入 din。

2）下载到目标机。因为不能直接显示写入 24C02 存储器的内容，所以必须读出。可以直接执行程序，然后将存放"宏指令解释程序"的芯片加入实验机，即可读出地址"00"的内容，应当是0x38。

（4）程序点评

本例验证了 24C02 写入程序。intrins. h 头文件用于空指令_ nop_ （），相当于延时2μs。

第十节　编程练习（四）

一、8051 系列单片机与 PC 通信

1. 8051 系列机串行接口介绍

（1）串行接口的特色

8051 系列单片机具有一个全双工串行接口，即 P3.0（RxD）串行接收和 P3.1（TxD）串行发送。所谓全双工是指发送和接收可以同时进行，半双工是指可以发送和接收，但不能同时进行，"单工"即只能发送或接收一种功能。利用串行接口可以在单片机之间进行通信，也可以与 PC 上位机进行通信。由于单片机的显示和存储功能有限，因而与 PC 通信是非常必要的。对一些复杂的控制系统，需要以局部单片机组成一套控制网。例如，汽车控制系统就是一种网络化的综合控制系统。利用串行接口将主 MCU 与各分 MCU 组成一套复杂的系统。串行接口的最重要功能就是通信能力，当然 P3.0/P3.1 也可以作为通用端口进行输入和输出。

（2）通信波特率

8051 串行接口组成的通信系统是一种异步通信系统，即通信双方在发送与接

收时，只靠通信双方的软件控制同步。有两个条件必须保证：

1）通信双方传送的数据格式必须一致。

2）通信双方传送的数据传输速率，也就是波特率必须一致。

所谓波特率，用 Baud 表示，也就是每秒传送的二进制位数，单位是 bit/s（bit per second）。

例如：波特率 Baud =2400bit/s，就是每秒传送 2400 个二进制位。波特率在串行接口异步通信中是一个由用户决定的保证通信可靠的重要参数。

（3）串行接口控制寄存器 SCON 设置

串行接口控制寄存器 SCON 如下：

(MSB)							(LSB)
SM0	SM1	SM2	REN	TB8	RB8	TI	RI
7	6	5	4	3	2	1	0

SM0 和 SM1 是串行接口工作模式选择位，共有 4 种模式，见表 4-8。

表 4-8 串行接口工作模式选择

SM0	SM1	模式	功　能	波特率
0	0	0	同步移位寄存器	$f_{osc}/12$
0	1	1	8 位 UART	可变
1	0	2	9 位 UART	$f_{osc}/64$ 或 $f_{osc}/32$
1	1	3	9 位 UART	可变

SM2 是多机通信使能位，通常设为 0。

REN 允许接收位。由软件设置，REN =1，允许接收；REN =0，禁止接收。

TB8 发送数据的第 9 位，可以由软件置"1"或置"0"，也可以作为奇偶校验位。

RB8 接收数据的第 9 位。

TI 发送结束标志。当 TI 由 0 变为 1 时，表示 SBUF 缓冲区一帧数据发送结束，可以作为查询标志，也可以作为中断申请标志，但 TI 必须由软件清"0"，准备下一次发送。

RI 接收结束标志。当 RI 由 0 变为 1 时，表示 SBUF 缓冲区一帧数据接收结束，可以作为查询标志，也可以作为中断申请标志，RI 由软件清"0"。

（4）通信格式

PC 与单片机通信均采用异步通信方式，即非同步接收发送（Universal Asynchronous Receiver Transmitter，UART）。其通信格式如图 4-16 所示。

8 位 UART 中，起始位（1）+数据位（8）+停止位（1）共 10 位作为一帧进行传送。一般异步通信按方式 1（即 8 位 UART）进行。传送过程中的数据校验按

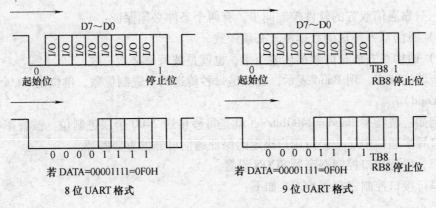

图 4-16　异步通信格式

传送字节的校验和进行检验。

SCON 的设置如下：

作为发送端：SCON = 0100 0000B = 0x40，方式 1，8 位 UART，无奇偶位。SM0 = 0，SM1 = 1，SM2 = 0，REN = 0，TB8 = 0，RB8 = 0，TI = 0，RI = 0。

作为接收端：SCON = 0101 0000B = 0x50，方式 1，8 位 UART，无奇偶位。SM0 = 0，SM1 = 1，SM2 = 0，REN = 1，TB8 = 0，RB8 = 0，TI = 0，RI = 0。

（5）定时器设置

在异步通信方式中，用定时器作为波特率发生器。因而必须设置定时器 T1。选用工作方式 2，TL1 作为工作 8 位计数器，TH1 作为预置 8 位计数器。当 TL1 计数满溢出后，TH1 预置的内容自动装入 TL1 内，保证连续工作。要用 T1 作为波特率发生器，定时器模式寄存器 TMOD = 0010 0000B = 0x20。

（6）波特率计算

确定 T1 作为波特率发生器，接下来要根据波特率要求值计算出 TH1/TL1 的数值，再根据实际 TH1/TL1 值计算出实际波特率，与标准波特率的误差要 ≤2.5%。异步通信的波特率按 PC 串行接口的标准有一系列标准数值：300bit/s、600bit/s、1200bit/s、2400bit/s、4800bit/s、9600bit/s、19200bit/s、38400bit/s 等。波特率越高，通信速度越快，效率就越高。但稳定性及正确性的保证就越困难。一般对单片机的数据通信要求不很高，用串行接口即可达到，一般为 2400～9600bit/s。下面按步骤进行波特率计算：

波特率计算公式：

$$\text{Buad} = (2^{\text{smod}}/32)(f_{\text{osc}}/12(256-n)) \tag{4-1}$$

式中，smod 是 SFR 中的 PCON 寄存器的 PCON.7 位，复位后 PCON.7 = 0。若计算需要，也可设为 1；f_{soc} 是 MCU 的晶体振荡频率，取 $f_{\text{soc}} = 6\text{MHz} = 6 \times 10^6 \text{Hz}$；$n$ 是 TH1（TL1）定时常数。

1）若设 Baud = 2400，则 $n = 256 - (2^{smod}f_{soc})/(12 \times 32 \times Baud)$

$$n = 256 - (2^0 \times 6 \times 10^6)/(12 \times 32 \times 2400)$$

$$n = 256 - 6.5 = 249.5$$

因定时常数必须为整数，所以取 $n = 249$，将 n 代入式（4-1），反算 B：

$$B = (2^0 \times 6 \times 10^6)/12 \times 32 \times (256 - 249) = 2232$$

与标准波特率 2400 的误差为

$$\alpha = (2400 - 2232)/2400 = 7\% \quad 负误差$$

此误差超出要求的范围。

2）设 smod = 1，PCON = 1000 0000B = 80H，重新计算 n：

$$n = 256 - (2^{smod}f_{osc})/(12 \times 32 \times Baud)$$

$$n = 256 - (2^1 \times 6 \times 10^6)/(12 \times 32 \times 2400)$$

$$n = 256 - 13 = 243$$

将 n 代入式（4-1），反算 Baud：

$$Baud = (2^1 \times 6 \times 10^6)/12 \times 32 \times (256 - 243) = 2403$$

与标准波特率 2400 的误差：

$$\alpha = (2403 - 2400)/2400 = 0.125\% \quad 正误差$$

此误差在要求的范围。因而，取 smod = 1，PCON = 1000 0000B = 0x80 是合适的。TL1 = TH1 = 0xF3。

3）在单片机的晶体振荡器中，常看到 $f_{osc} = 11.0592MHz$，为何取这个数值呢？因为这个晶体振荡器数值精确地对应波特率 Baud = 9600bit/s。

$$n = 256 - 3 = 253 \quad smod = 0$$

$$Baud = (2^0 \times 11.0592 \times 10^6)/12 \times 32 \times (256 - 253) = 9600$$

TL1 = TH1 = 253 = 0xFD 即可满足要求。

4）串行接口数据发送与接收过程。对工作方式 1、2、3 只是数据传输的帧格式不同，过程机制是相同的。

（7）通信设置

确定 SCON。若用工作方式 1，发送和接收有效。SCON = 01010000B，REN = 1。

确定 TCON。用工作方式 2 作为波特率发生器。TCON = 00100000B。

按确定的波特率计算 TL1/TH1（TL1 = TH1）。

令 TR1 = 1，启动波特率发生器。

数据送 ACC。

ACC 送 SBUF，MCU 立即开始从串行接口发送数据，直到 TI = 1 表示一帧数据发送结束 TI 清 0。

查询 RI 是否为 1，若为 1，表示一帧数据接收完成。RI 清 0，SBUF 送 ACC，转数据处理。注意，串行口的 SBUF 作为发送和接收共用的缓冲区，波特率发生器只能用定时器 T1。

2.【例4-47】 串行接口自发自收编程

U1 的串行接口 TXD（P3.1）与 RXD（P3.0）连接，进行自发自收。接收的数据在 P1 口以二进制灯显示结果。

（1）编程

```c
#include <reg51.h>
#define uchar unsigned char
sbit    P3_0 = P3^0;                    //定义接收端 RxD
sbit    P3_1 = P3^1;                    //定义发送端 TxD
void    main()
{
                    TMOD = 0x20;        //00100000B   T/C1 mode = 2
                    PCON = 0x80;        //SMOD = 1
                    TL1 = 0xF3;         //Baud = 2400bit/s
                    TH1 = 0xF3;         //TH1 = TL1
                    SCON = 0x50;        //串行模式 1,REN = 1 允许接收
                    TR1 = 1;            //开始 T/C1 定时,启动波特率
                    SBUF = 0x89;        //缓冲区发送数据
                    while(RI == 0)RI = 0; //RI = 0 等待
                    P1 = SBUF;          //缓冲区接收数据送 P1
                    TI = 0;             //TI 清 0
}
```

（2）编译

（3）执行

在实验机 STC89C51RC 芯片的 10 及引脚 11 用杜邦线进行连接，如图 4-17 所示。机器上电执行程序，应在 P1 口显示 1000 1001B = 0x89。

（4）程序点评

本例验证了 8051 本身的串行收发程序。8051 串行接口设有一个 SBUF 寄存器（Series Buffer），只要将要发送的数据传送到 SBUF 内，即自动启动发送过程。可以立即检测 RI 的状态。若 RI = 0，则继续等待接收。若 RI = 1，则表示已收到 PC 发来的数据，可以将 SBUF 内容进行处理。

图 4-17 自发自收连接图

二、应用举例

1.【例4-48】 由单片机发送 16 个数据，由 PC 接收显示在屏幕上

（1）编辑 C 语言源程序

```c
#include <reg51.h>
#define uchar unsigned char
```

```
sbit    P2_0 = P2^0;                    //程序启动键( +1 键)
void    send(uchar    datax)            //发送数据子函数
    {
        SBUF = datax;                   //数据送缓冲区
        while(TI ==0);                  //等待 TI =1
        TI =0;                          //TI 复位
    }
void    delay()                         //延时 10ms
    {
        uchar   i,j;
          for(i =0;i <10;i ++)
            for(j =0;j <167;j ++);
    }
void    main()
    {
        uchar    i;
        if(! P2_0)                      //若 +1 键 =0 进入发送
            {
            delay();
            if(! P2_0)
                {
                TMOD =0x20;             //T/C1 mode 2
                PCON =0x80;             //smod =1
                SCON =0x50;             //mode 1,8 位数据
                TH1 =0xF3;              //6MHz    Bund =2400bit/s
                TL1 =0xF3;
                TR1 =1;                 //开 T/C1 定时,启动波特率
                for(i =0;i <16;i ++)    //进入发送循环
                    {
                        send(0x50);     //发送数据
                    }
                }
            }
    }
```

(2) 编译
(3) 执行

下载到实验机 程序执行后，在 PC 上启动"串口调试助手"。若 STC 用 COM1 串口下载，而"串口调试助手"也用 COM1，为避免冲突，要在 STC 下载后，应重启计算机。若"串口调试助手"已安装在计算机上，则双击 Uart Assist（异步接收发送器助手），显示"串口调试助手"界面。

1）设置通信参数。

串口号：COM1（若用 USB/RS232 转换器，则按系统的串行接口号设置）。

波特率：2400bit/s（若用 11.059MHz 晶体，则为 9600bit/s）。

校验位：NONE（无）。

数据位：8 位。

停止位：1 位。

接收区设置："√"十六进制显示。

2）PC 设置完后，打开屏幕串口，显示红色标志，表示串行接口已接通。

3）实验机上电复位后，按"+1"键（P2.0），单片机开始发送字符。在 PC 的接收区屏幕上立即显示 50 50 50 50…共 16 个字符，表示 PC 接收正常，如图 4-18 所示。

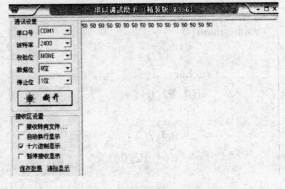

图 4-18 PC 串行接口接收

2.【例 4-49】 PC 发字符数据 0x50，由单片机接收在 P1 口显示。

（1）编辑 C 语言源程序

```c
#include < reg51.h >
#define uchar unsigned char
void main( )
  {
                    TMOD = 0x20;        //同发送
                    PCON = 0x80;        //同发送
                    SCON = 0x50;        //同发送
                    TH1 = 0xF3;         //同发送
                    TL1 = 0xF3;
                    TR1 = 1;            //开 T/C1 定时,启动波特率
                    while( RI == 0 );   //等待 RI = 1
                    P1 = SBUF;          //缓冲区内容送 P1
                    RI = 0;             //RI 复位
  }
```

（2）编译

（3）执行

1）重启计算机，双击 Uart Assist，进入"串口调试助手"界面。串接口参数设置同上例。

2）打开屏幕串接口，显示红色标志，十六进制发送。

3）实验机上电复位，按"＋1"键进入接收状态。在 PC 屏幕的发送区键入 50，点击"发送"，在 P1 口显示 01010000B，表示使单片机接收正常，如图 4-19 所示。

4）也可以单击"清除显示"，使单片机复位，按"＋1"键进入接收状态。在屏幕发送区键入 50，单击"发送"，P1 口应重复显示 0101 0000B。

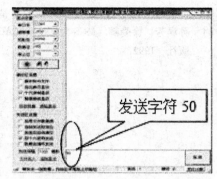

图 4-19　PC 发送字符

本书由于篇幅有限，有关 C 语言的基础知识，例如关键字、标识符、数据类型、常量、变量及存储类型等请参考有关书籍，请读者原谅。

参 考 文 献

[1] 谭浩强. C 程序设计 [M]. 北京：清华大学出版社，1992.
[2] 孙涵芳，徐爱卿. MCS-51/96 系列单片机原理及应用 [M]. 北京：北京航空航天大学出版社，1992.